"十二五"普通高等教育本科国家级规划教材
南开大学数学教学丛书

微分几何

（第三版）

孟道骥　梁　科　著

科学出版社
北　京

内 容 简 介

作者在长期的教学实践中编写了本书. 本书主要介绍了微分几何方面的基础知识、基本理论和基本方法. 主要内容有：Euclid空间与刚性运动，曲线论，曲面的局部性质，曲面论基本定理，曲面上的曲线，高维 Euclid空间的曲面等. 除第一章外其余各章均配有习题，以巩固知识并训练解题技巧与钻研数学的能力.

本书可作为大学数学类各专业本科生的教学用书，也可供数学教师和数学工作者参考.

图书在版编目(CIP)数据

微分几何/孟道骥，梁科著. —3版. —北京：科学出版社，2016. 1
("十二五"普通高等教育本科国家级规划教材・南开大学数学教学丛书)
ISBN 978-7-03-046637-2

Ⅰ.①微… Ⅱ.①孟…②梁… Ⅲ.①微分几何-高等学校-教材
Ⅳ.①O186.1

中国版本图书馆 CIP 数据核字(2015)第 300791 号

责任编辑：林 鹏 李鹏奇 王 静/责任校对：钟 洋
责任印制：张 伟/封面设计：陈 敬

科学出版社出版
北京东黄城根北街 16 号
邮政编码：100717
http://www.sciencep.com
天津市新科印刷有限公司印刷
科学出版社发行 各地新华书店经销
*
1999 年 1 月第 一 版 开本：720×1000 1/16
2008 年 3 月第 二 版 印张：12 1/2
2016 年 1 月第 三 版 字数：252 000
2023 年 4 月第十七次印刷

定价：39.00 元

(如有印装质量问题，我社负责调换)

丛书第三版序

《南开大学数学教学丛书》于 1998 年在科学出版社出版，2007 年出版第二版，整套丛书列入“普通高等教育‘十一五’国家级规划教材”中. 又过去几年了，整套丛书又被列入“‘十二五’普通高等教育本科国家级规划教材”中. 这些都表明本丛书得到了使用者、读者以及南开大学，特别是科学出版社的有效支持与帮助，我们特向他们表示衷心的感谢！

我们曾被问及这套丛书的主编，编委会是哪些人. 这套丛书虽然没有通常意义上的主编和编委会，但是有一位“精神主编”：陈省身先生. 中国改革开放后，年事已高的陈省身先生回到祖国，为将中国建设成数学大国、数学强国奋斗不息. 他这种崇高的精神感召我们在他创建的南开大学数学试点班的教学中尽我们的力量. 这套丛书就是我们努力的记录和见证.

陈省身先生为范曾的《庄子显灵记》写了序. 在这篇序中陈先生说在爱因斯坦书房的书架上有一本德译本老子的《道德经》.《道德经》第一句话说：“道可道，无常道”. 道总是在发展着的. 我们曾说：“更高兴地期待明天它(《南开大学数学教学丛书》) 被更新、被更好的教材取而代之.”当然这需要进行必要的改革.《道德经》还说：“治大国若烹小鲜.”就是说要改革，但不能瞎折腾.

我们虽已年过古稀(有一位未到古稀但也逾花甲)，但仍想为建设数学强国出一点力，因此推出这套丛书的第三版. 同时也藉此感谢支持帮助过我们的诸位！陈省身先生离开我们快十周年了，我们也藉此表示对陈省身先生的深切怀念！

全体编著者

2013 年 9 月于南开大学

丛书第一版序

海内外炎黄子孙都盼望中国早日成为数学大国，也就是“实现中国数学的平等和独立”①. 平等和独立是由中国出类拔萃的数学家及其杰出的研究工作来体现的，要有出类拔萃的数学家就要培养一批优秀的研究生、大学生. 这批人不在多，而在精，要层次高. 也就是要求他们热爱数学、基础扎实、知识面广、能力强.

20 世纪 80 年代中期，国家采纳了陈省身先生的几个建议. 建议之一是为培养高质量的数学专业的大学生，需要建立数学专业的试点班. 经过胡国定先生等的努力，1986 年在南开大学建立了数学专业的试点班. 这些做法取得了成功，并在基础学科的教学中有了推广. 1990 年在全国建立“国家理科基础学科研究和教学人才培养基地”. 其后南开大学数学专业成为基地之一. 从 1986 年到现在的 10 余年中，南开大学数学专业是有成绩的. 例如他们 4 次参加全国大学生数学竞赛获 3 次团体第一，1 次团体第三. 在全国和国际大学生数学建模比赛中多次获一等奖. 毕业生中的百分之八十继续攻读研究生，其中许多人取得了很好的成绩.

当然，取得这些成绩是与陈省身先生的指导、帮助分不开的，是与国内外同行们的支持与帮助分不开的. 如杨忠道、王叔平、许以超、虞言林、李克正等或参与教学计划、课程设置、课程内容的制订，或到南开任教等. 有了这些指导、帮助与支持，南开基础数学专业得以广泛吸收国内外先进的数学教学经验，并以此为基础对数学教学进行了许多改革、创新.

这套丛书是南开大学数学专业的部分教材，编著者们长期在南开大学数学专业任教，不断地把自己的心得体会融合到基础知识和基本理论的讲述中去，日积月累地形成了这套教材. 所以可以说这些教材不是“编”出来的，而是在长期教学中“教”出来的，“改”出来的，凝聚了我们的心血. 这些教材的共同点，也是我们教学所遵循的共同点是：首先要加强基础知识、基础理论和基本方法的教学；同时又要适当地开拓知识面，尤其注意反映学科前沿的成就、观点和方法；教学的目的是丰富学生的知识与提高学生的能力，因此配置的习题中多数是为了巩固知识和训练基本方法，也有一些习题是为训练学生解题技巧与钻研数学的能力.

---

① 陈省身：在“二十一世纪中国数学展望”学术讨论会开幕式上的讲话.

我们要感谢科学出版社主动提出将这套教材出版. 这对编著者是件大好事. 编著者虽然尽了很大努力,但一则由于编著者的水平所限,二则数学的教育和所有学科的教育一样是在不断发展之中,因此这套教材中缺欠和不足肯定存在. 我们诚挚希望各位同行不吝指正,从而使编著者更明确了解教材及教学中的短长,进而扬长避短,改进我们的教学. 同时通过这套教材也可向同行们介绍南开大学的教学经验以供他们参考,或许有益于他们的工作.

我们再次感谢帮助过南开大学的前辈、同行们,同时也希望能继续得到他们和各位同行的帮助. 办好南开大学的数学专业,办好所有学校的数学专业,把中国数学搞上去,使中国成为数学大国是我们的共同愿望,这个愿望一定能实现!

全体编著者

1998 年 6 月于南开大学

目　　录

第一章 Euclid 空间与刚性运动

1.1 绪　　论

几何学是一门有悠久历史的科学，它在数学、自然科学及思维科学中都起了重要的作用，而且仍将起重要的作用.

几何学的发展，大致分为这样几个阶段：1)Euclid 几何. 主要是研究在刚体运动下不变的图形，如在什么条件下两个三角形全等、两个圆全等等问题. 2)解析几何. 在 Descartes 建立了解析几何之后，我们有了一种手段，可以将图形数量化，可以以代数学作为研究几何学的强有力的工具，而且能够研究比直线、平面等更复杂的图形，如二次曲线与二次曲面，以及它们的不变量. 不变量不依赖于坐标系的选取，从而与图形的位置无关. 这些不变量就可以区分图形的形状. 3)微分几何. 以微积分为工具来研究一般的曲线和曲面的形状，找出决定曲线、曲面形状的不变量系统. 微分几何学几乎是与微积分同时诞生的. Newton 和 Leibniz 建立微积分的目的之一就是为解决一些几何问题，如曲线所围的面积，曲线的切线、长度等. 微积分在几何学中的应用后来发展为一门独立的学科——微分几何，或古典微分几何，包括曲线论与曲面论两大部分. 4)Riemann 几何. 5)大范围微分几何等. 它们已经大大超出了古典微分几何所局限的二维、三维空间的情形，而且在方法上也发展了活动标架法、外微分式等一系列的重要工具. 几何学中一个重要的观点是认为几何学的主要问题是研究变换群的不变量. 在 20 世纪三四十年代，Lie 群与微分几何巧妙地结合起来了. 至今，这仍然是几何学中的热点之一.

我们的课程主要是古典微分几何，但我们将尽可能地用现代微分几何的方法、观点来处理古典理论.

1.2 运动(motion)

以 E 表示三维 Euclid 空间，即

$$E=\{X^{\mathrm{T}}=(x_1,x_2,x_3)\mid x_i\in\mathbf{R}\}\quad(X^{\mathrm{T}}\text{ 表示 }X\text{ 的转置}).$$

E 中两点(x_1,x_2,x_3)与(y_1,y_2,y_3)之间的距离 d 定义为

$$d=\Big(\sum_{i=1}^{3}(x_i-y_i)^2\Big)^{\frac{1}{2}}.$$

设

$$A=\begin{pmatrix}a_{11} & a_{12} & a_{13}\\ a_{21} & a_{22} & a_{23}\\ a_{31} & a_{32} & a_{33}\end{pmatrix},\quad B=\begin{pmatrix}b_1\\ b_2\\ b_3\end{pmatrix},$$

于是有 E 中的变换 $X\to X'$,定义为

$$X'=AX+B. \tag{1.2.1}$$

注 1.2.1 此变换也可用矩阵表示为

$$\begin{pmatrix}X'\\ 1\end{pmatrix}=\begin{pmatrix}A & B\\ 0 & 1\end{pmatrix}\begin{pmatrix}X\\ 1\end{pmatrix}. \tag{1.2.1$'$}$$

命题 1.2.1 变换(1.2.1)保持两点间距离不变的充要条件是 A 为正交矩阵,即

$$A^{\mathrm{T}}A=AA^{\mathrm{T}}=I. \tag{1.2.2}$$

证 略.

满足(1.2.2)的变换(1.2.1)称为 E 的**运动**.

命题 1.2.2 E 中所有运动构成一个群,称为 E 的**运动群**.

证 事实上,有

$$\begin{pmatrix}I & 0\\ 0 & 1\end{pmatrix}\begin{pmatrix}A & B\\ 0 & 1\end{pmatrix}=\begin{pmatrix}A & B\\ 0 & 1\end{pmatrix},$$

$$\begin{pmatrix}A_1 & B_1\\ 0 & 1\end{pmatrix}\begin{pmatrix}A_2 & B_2\\ 0 & 1\end{pmatrix}=\begin{pmatrix}A_1A_2 & A_1B_2+B_1\\ 0 & 1\end{pmatrix},$$

$$\begin{pmatrix}A & B\\ 0 & 1\end{pmatrix}^{-1}=\begin{pmatrix}A^{-1} & -A^{-1}B\\ 0 & 1\end{pmatrix}.$$

故命题 1.2.2 成立. 证毕.

由(1.2.2)知

$$\det A=\pm 1.$$

若 $\det A=1$,此运动称为**固有的**(propose).

若 $\det A=-1$,此运动称为**非固有的**(impropose).

例如,镜面反射:$A=\begin{pmatrix}1 & 0 & 0\\ 0 & 1 & 0\\ 0 & 0 & -1\end{pmatrix}$,$B=\begin{pmatrix}0\\ 0\\ 0\end{pmatrix}$是非固有运动.

$A=I$,此运动称为**平移**.

$B=0$,此运动称为**正交变换**. 固有的正交变换也称为**转动**.

命题 1.2.3 1) 所有固有运动为运动群的正规子群(指数为 2);

2) 所有平移为正规子群;

3) 所有正交变换为子群;

4) 所有转动为子群,为保持原点不变的固有运动构成的群.

证 略.

Euclid 几何是研究 E 中在运动群下不变的性质.

1.3 向量(vector)

首先,我们给 Euclid 空间中的向量以确切的定义.

在 E 中的有序点对集 $\{(P,Q)\mid P,Q\in E\}=E\times E$ 中建立一个等价关系~如下:称

$$(P,Q)\sim(P',Q'),$$

如果存在平移 τ,使得

$$\tau(P)=P',\ \tau(Q)=Q'.$$

容易证明:"~"的确是一个等价关系.

设 P,Q,P',Q' 的坐标分别为 $(x_1,x_2,x_3)^{\mathrm{T}},(y_1,y_2,y_3)^{\mathrm{T}},(x_1',x_2',x_3')^{\mathrm{T}},(y_1',y_2',y_3')^{\mathrm{T}}$. 则

$$(P,Q)\sim(P',Q')\ \text{iff}\ y_i'-x_i'=y_i-x_i,\ 1\leqslant i\leqslant 3. \tag{1.3.1}$$

定义 1.3.1 上述关系的一个等价类称为一个**向量**. (P,Q)的等价类,即从 P 到 Q 的向量记为 $V=\overrightarrow{PQ}$,称

$$v_i=y_i-x_i,\quad i=1,2,3 \tag{1.3.2}$$

为它的**分量**,记为

$$V=\begin{pmatrix}v_1\\v_2\\v_3\end{pmatrix}.$$

由(1.3.1)式知,一个向量由其分量完全决定. 从几何上说,$\overrightarrow{PQ}=\overrightarrow{P'Q'}$ 当且仅当线段

$$|\overrightarrow{PQ}|=|\overrightarrow{P'Q'}|,$$

且

$$\overrightarrow{PQ}\,/\!/\,\overrightarrow{P'Q'}\quad(\text{同方向的意义下}).$$

设 $P\in E$,称 $\overrightarrow{OP}$ 为 P 的**位置向量**.

对向量可定义加法,向量与数(标量)的乘法,而构成一个线性空间.

对于一个运动(1.2.1),对应的向量的变换为 $V\rightarrow V'=AV$,即

$$\begin{pmatrix} v_1' \\ v_2' \\ v_3' \end{pmatrix} = A \begin{pmatrix} v_1 \\ v_2 \\ v_3 \end{pmatrix}.$$

V 的**长度**

$$|V| = \sqrt{v_1^2 + v_2^2 + v_3^2} \tag{1.3.3}$$

在运动下不变.

两个向量的**内积**(数量积,点积)

$$\langle V, W \rangle = V \cdot W = W \cdot V = \sum_{i=1}^{3} v_i w_i \tag{1.3.4}$$

也在运动下不变,且有 Cauchy-Schwarz 不等式:

$$|V| \cdot |W| \geqslant V \cdot W. \tag{1.3.5}$$

V 与 W 之间的**夹角** θ,由下式定义:

$$\cos\theta = \frac{V \cdot W}{|V| \cdot |W|}. \tag{1.3.6}$$

V 与 W **正交**,若 $W \cdot V = 0$.

行列式　$U=(u_i)$, $V=(v_i)$, $W=(w_i)$的行列式为

$$(U, V, W) = \begin{vmatrix} u_1 & u_2 & u_3 \\ v_1 & v_2 & v_3 \\ w_1 & w_2 & w_3 \end{vmatrix}.$$

向量积(外积)　V, W 的向量积 $V \times W$ 由下式定义:

$$(V, W, X) = (V \times W) \cdot X, \quad \forall X.$$

若 $V=(v_i)$, $W=(w_i)$,则

$$V \times W = \left(\begin{vmatrix} v_2 & v_3 \\ w_2 & w_3 \end{vmatrix}, -\begin{vmatrix} v_1 & v_3 \\ w_1 & w_3 \end{vmatrix}, \begin{vmatrix} v_1 & v_2 \\ w_1 & w_2 \end{vmatrix} \right)$$

$$= (v_2 w_3 - v_3 w_2, v_3 w_1 - v_1 w_3, v_1 w_2 - v_2 w_1).$$

显然

$$V \times W = - W \times V,$$

$$(V_1 + V_2) \times W = V_1 \times W + V_2 \times W,$$

$$(\lambda V) \times W = \lambda (V \times W), \ \lambda \text{ 标量},$$

$$(V \times W) \perp V, \ (V \times W) \perp W,$$

$$(U, V, W) = 0 \quad \text{当且仅当} \quad U, V, W \text{ 线性相关}.$$

$(U,V,W)>0$,称 U,V,W 为右手标架;$(U,V,W)<0$,称 U,V,W 为左手标架.

第二章　曲　线　论

本章讲述曲线的基本理论，将引入曲线的重要几何不变量——曲率与挠率，并以此来刻画曲线. 此外，还将论述平面曲线与空间曲线的一些整体性质.

2.1　参数曲线

下面我们叙述一些概念：

Ⅰ. 设 $I=(a,b)$ 是 $\mathbf{R}$ 的一个区间，由 I 到 $\mathbf{R}^3=\mathbf{E}$ 中的 $C^k(k\geqslant 3)$ 映射 P

$$P(t)=\begin{pmatrix}x(t)\\y(t)\\z(t)\end{pmatrix},\quad a<t<b,$$

称为 $\mathbf{R}^3$ 的一条**参数曲线**，t 称为曲线 P 的参数. 又若

$$\frac{\mathrm{d}P(t)}{\mathrm{d}(t)}=\begin{pmatrix}\dfrac{\mathrm{d}x(t)}{\mathrm{d}t}\\\dfrac{\mathrm{d}y(t)}{\mathrm{d}t}\\\dfrac{\mathrm{d}z(t)}{\mathrm{d}t}\end{pmatrix}\neq 0,\quad \forall t\in(a,b),$$

则称曲线 $P(t)$ 是**正则的**(immersed, regular).

这里，所谓 C^k 映射，是指 $x(t)$，$y(t)$ 与 $z(t)$ 均有 k 阶以上的连续导数.

我们将曲线视为映射或向量值的函数，而不是看成像集(像集称为几何曲线). 这样做，就可以将曲线视为一个质点在空间中的运动，而不同的运动可以留下相同的轨迹.

例 2.1.1　$P,Q:\mathbf{R}\to\mathbf{R}^3$：

$$P(t)=\begin{pmatrix}t\\0\\0\end{pmatrix},\ Q(t)=\begin{pmatrix}t^3\\0\\0\end{pmatrix}$$

是 $\mathbf{R}^3$ 中两条不同的参数曲线. $P(t)$ 是正则的，而 $Q(t)$ 是非正则的，因为 $\dfrac{\mathrm{d}Q}{\mathrm{d}t}(0)=0$.

Ⅱ. 设 $P:I\to\mathbf{R}^3$ 是一条参数曲线. 我们称

$$\frac{\mathrm{d}P}{\mathrm{d}t}(t_0)=\begin{pmatrix}\dfrac{\mathrm{d}x}{\mathrm{d}t}(t_0)\\ \dfrac{\mathrm{d}y}{\mathrm{d}t}(t_0)\\ \dfrac{\mathrm{d}z}{\mathrm{d}t}(t_0)\end{pmatrix}=\dot{P}(t_0)$$

为 $P(t)$ 在 $P(t_0)$ 处的切向量. 而映射 $t\to\dot{P}(t)$ 为参数曲线 $P(t)$ 的**切向量场**.

如果我们将 $P(t)$ 考虑为质点的运动,则相应的名称改为速度向量,速度向量场.

通常,设 $P:I\to\mathbf{R}^3$ 为一参数曲线,$X:I\to\mathbf{R}^3$ 是一可微映射(即一可微的向量值函数),则称 X 是沿曲线 P 的**向量场**(图 2.1.1).

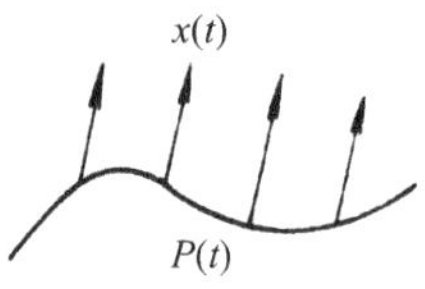

$x(t)$

$P(t)$

图 2.1.1

Ⅲ. 设 $P:I\to\mathbf{R}^3$, $\widetilde{P}:\widetilde{I}\to\mathbf{R}^3$ 是两条参数曲线. 若一微分同胚(diffeomorphism)$\phi:\widetilde{I}\to I$ 使得 $\widetilde{P}=P\circ\phi$,则称 ϕ 为 P 到 $\widetilde{P}$ 的**参数变换**或**变量改变**(parameter transformation or change of variables). 如果 $\phi'>0$,则称 ϕ 保持定向.

$\phi:\widetilde{I}\to I$ 称为微分同胚,如果 ϕ 可逆,且 ϕ,ϕ^{-1} 均是可微映射.

从这里可以看出 $\widetilde{P}(\widetilde{I})$ 与 $P(I)$ 作为 $\mathbf{R}^3$ 的子集是相同的. 从几何上来看应是一条曲线. 因而,曲线的定义可以采用下面严格的方式:参数变换导致参数曲线间的一个等价关系. 对于此等价关系的等价类称为一条(正则)**(非参数)曲线**.

例 2.1.2　对 $v,v_0\in\mathbf{R}^3$,设

$$P(t)=tv+v_0,$$

则 $P(t)$ 正则当且仅当 $v\neq 0$. 这是一条直线.

例 2.1.3　圆(circle)与螺旋线(helix)

$$P(t)=(a\cos t,\ a\sin t,\ bt),\quad a,b,t\in\mathbf{R}.$$

其中 $a^2+b^2\neq 0$. $P(t)$ 正则.

$b=0$,半径 a 的圆.

$a=0$,直线.

例 2.1.4　曲线

$$P(t)=(t^2,\ t^3)$$

满足 $\dot{P}(0)=0$,所以是非正则的,它在 $t=0$ 处有一个尖点(cusp)(见图 2.1.2).

从例 2.1.1 看到，$\mathbf{R}^3$ 中同一点集可以表示为不同的参数曲线，有的可以是正则的，有的不一定是正则的. 因而有的数学家给正则曲线另一个定义.

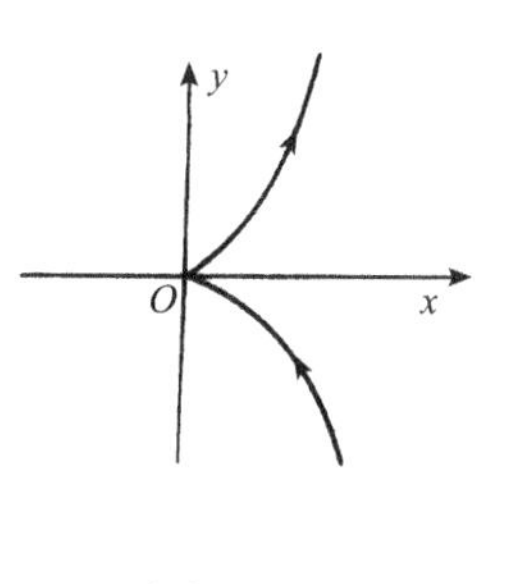

图 2.1.2

定义 2.1.1 $\mathbf{R}^3$ 中点集 C 称为正则曲线，如果它至少有一个参数方程表示

$$\begin{cases} x = f(t), \\ y = g(t), \quad t \in (a,b), \\ z = h(t), \end{cases}$$

并且具有下列性质：

(1) $f, g, h \in C^k(a,b)$，其中 $k \geqslant 3$；

(2) $P:(a,b) \to C, t \mapsto (f(t), g(t), h(t))$是双方单值一一的；

(3) 参数方程对 $\forall t \in (a,b)$正则.

注 2.1.1 从正则参数曲线的定义，不难看出即使最简单的曲线单位圆 S^1 也不是正则参数曲线. 事实上，$\mathbf{R}^1$ 上的开区间是非紧集，而 S^1 是紧的，因此它们不可能微分同胚. 为了克服定义 2.1.1 的这个不足，我们给出曲线一个更一般的定义.

定义 2.1.2 $\mathbf{R}^3$ 中点集 C 称为正则曲线，如果满足下列条件：

(1) 存在 $\mathbf{R}^3$ 中一族正则参数曲线$\{C_i\}$，使

$$C = \bigcup C_i;$$

(2) 设 $\alpha_i(t^i)$与 $\alpha_j(t^j)$分别为 C_i 与 C_j 的正则参数方程. 如果 $C_i \cap C_j \neq \varnothing$，则 $\alpha_i(t^i)$与 $\alpha_j(t^j)$限制在 $C_i \cap C_j$ 上相差一个正则参数变换.

虽然定义 2.1.2 给出了一般正则曲线的定义，但本书重点研究局部性质，因此除特别声明外，本书的正则曲线特指定义 2.1.1 的曲线.

2.2 弧长参数

设曲线 C 的一个正则参数方程是

$$\begin{pmatrix} x \\ y \\ z \end{pmatrix} = \begin{pmatrix} f(t) \\ g(t) \\ h(t) \end{pmatrix}, \ t \in (a,b),$$

$P_0, P_1 \in C, P_0 = P(t_0)$, $P_1 = P(t_1)$，其中 $t_0 < t_1$. 于是 P_0 至 P_1 间的弧长是

$$l(P_0, P_1) = \int_{t_0}^{t_1} \left| \frac{\mathrm{d}P}{\mathrm{d}t} \right| \mathrm{d}t$$

$$=\int_{t_0}^{t_1}\sqrt{f'(t)^2+g'(t)^2+h'(t)^2}\,\mathrm{d}t.$$

定义 2.2.1 s 是 C 的一个参数. 若 $\forall P_0,P_1\in C$ 有

$$l(P_0,P_1)=|s_1-s_0|,$$

$P_0=P(s_0)$, $P_1=P(s_1)$, 则称 s 是 C 的一个**弧长参数**.

引理 2.2.1 C 的参数 s 是弧长参数,当且仅当 s 是正则参数且 $\left|\dfrac{\mathrm{d}P}{\mathrm{d}s}\right|=1$.

证 若 s 是弧长参数,t 为正则参数,有

$$|s_1-s_0|=l(P_0,P_1)=\left|\int_{t_0}^{t_1}\left|\frac{\mathrm{d}P}{\mathrm{d}t}\right|\mathrm{d}t\right|.$$

适当选取参数 t 或 $-t$,则有

$$s-s_0=\int_{t_0}^{t}\left|\frac{\mathrm{d}P}{\mathrm{d}t}\right|\mathrm{d}t.$$

故 $\dfrac{\mathrm{d}s}{\mathrm{d}t}$ 存在,且

$$\frac{\mathrm{d}s}{\mathrm{d}t}=\left|\frac{\mathrm{d}P}{\mathrm{d}t}\right|\neq 0.$$

故 s 为正则参数. 由

$$s-s_0=\int_{s_0}^{s}\left|\frac{\mathrm{d}P}{\mathrm{d}s}\right|\mathrm{d}s,$$

对 s 求导,则有

$$\left|\frac{\mathrm{d}P}{\mathrm{d}s}\right|=1.$$

反之,s 为正则参数,且

$$\left|\frac{\mathrm{d}P}{\mathrm{d}s}\right|=1,$$

则

$$l(P_0,P_1)=\left|\int_{s_0}^{s_1}\left|\frac{\mathrm{d}P}{\mathrm{d}s}\right|\mathrm{d}s\right|=\left|\int_{s_0}^{s_1}\mathrm{d}s\right|=|s_1-s_0|,$$

故 s 为弧长参数.

引理 2.2.2 C 为正则曲线,则弧长参数存在.

证 取 t 为任意正则参数. $P_0=P(t_0)$, $P\in C$. 定义

$$s(P)=\int_{t_0}^{t(P)}\left|\frac{\mathrm{d}P}{\mathrm{d}t}\right|\mathrm{d}t.$$

则 $\dfrac{\mathrm{d}s}{\mathrm{d}t}=\left|\dfrac{\mathrm{d}P}{\mathrm{d}t}\right|>0$,即 s 为正则参数.

$$\left|\frac{\mathrm{d}P}{\mathrm{d}s}\right| = \left|\frac{\mathrm{d}P}{\mathrm{d}t}\right| \cdot \left|\frac{\mathrm{d}t}{\mathrm{d}s}\right| = 1.$$

故 s 为弧长参数.

引理 2.2.3 设 s 为弧长参数. 则任一参数 τ 为弧长参数当且仅当存在 $\varepsilon=+1$或-1, $a\in\mathbf{R}$ 使得

$$\tau = \tau(s) = \varepsilon \cdot s + a.$$

证 由

$$\frac{\mathrm{d}P}{\mathrm{d}s} = \frac{\mathrm{d}P}{\mathrm{d}\tau} \cdot \frac{\mathrm{d}\tau}{\mathrm{d}s},$$

知 τ 为弧长参数当且仅当 $\left|\frac{\mathrm{d}\tau}{\mathrm{d}s}\right|=1$, 即 $\tau=\pm s+a$.

注 2.2.1 $g:[c,d]\to[a,b]$为微分同胚,

$$\widetilde{P} = P \circ g.$$

则 $\widetilde{P}$ 的弧长与 P 的弧长相等,因而弧长是正则曲线的不变量:

当$\frac{\mathrm{d}g}{\mathrm{d}r}>0$, $\left|\frac{\mathrm{d}g}{\mathrm{d}r}\right|=\frac{\mathrm{d}g}{\mathrm{d}r}$, $g(c)=a$, $g(d)=b$, 则

$$\begin{aligned} l(\widetilde{P}) &= \int_c^d \left|\frac{\mathrm{d}\widetilde{P}}{\mathrm{d}r}\right| \mathrm{d}r = \int_c^d \left|\frac{\mathrm{d}P}{\mathrm{d}t}\right| \cdot \left|\frac{\mathrm{d}g}{\mathrm{d}r}\right| \mathrm{d}r \\ &= \int_c^d \left|\frac{\mathrm{d}P}{\mathrm{d}t}\right| \frac{\mathrm{d}g}{\mathrm{d}r} \mathrm{d}r = \int_a^b \left|\frac{\mathrm{d}P}{\mathrm{d}t}\right| \mathrm{d}t = l(P); \end{aligned}$$

当$\frac{\mathrm{d}g}{\mathrm{d}r}<0$, $\left|\frac{\mathrm{d}g}{\mathrm{d}r}\right|=-\frac{\mathrm{d}g}{\mathrm{d}r}$, $g(c)=b$, $g(d)=a$, 则

$$l(\widetilde{P}) = -\int_c^d \left|\frac{\mathrm{d}P}{\mathrm{d}t}\right| \frac{\mathrm{d}g}{\mathrm{d}r} \mathrm{d}r = \int_a^b \left|\frac{\mathrm{d}P}{\mathrm{d}t}\right| \mathrm{d}t = l(P).$$

注 2.2.2 对于正则曲线取弧长做参数,在理论上是可行的,但在实际上有时是很困难的.

注 2.2.3 易证曲线在运动下弧长参数不变.

例 2.2.1 考虑曲线 $P(t)=(2\sin t, \cos t, 0)$, 有

$$\frac{\mathrm{d}P(t)}{\mathrm{d}t} = (2\cos t, -\sin t, 0),$$

$$\left|\frac{\mathrm{d}P}{\mathrm{d}t}\right| = 2\sqrt{1-\left(\frac{3}{4}\right)\sin^2 t}.$$

但是

$$s(t) = \int_0^t \left|\frac{\mathrm{d}P}{\mathrm{d}t}\right| \mathrm{d}t$$

是椭圆积分,不能积出.

例 2.2.2　$P(t)=(t,t^2/2,0)$，$\dfrac{\mathrm{d}P}{\mathrm{d}t}=(1,t,0)$，

$$\left|\frac{\mathrm{d}P(t)}{\mathrm{d}t}\right|=\sqrt{1+t^2},$$

$$s(t)=\int_0^t\sqrt{1+\tau^2}\,\mathrm{d}\tau=\frac{1}{2}\left(t\sqrt{1+t^2}+\ln(t+\sqrt{1+t^2})\right),$$

从这个方程，要找出 $t=\phi(s)$ 是极其困难的，而 $P(t)$ 只不过是抛物线，在几何上是很简单的.

2.3　曲线的局部方程

（曲线在一点化标准形，曲线在一点的标准展开.）

设 C 是一条正则曲线，$P_0\in C$，我们可以选取弧长参数 s 使得 $P_0=P(0)$. 现考虑 $P(s)$ 在 $s=0$ 处的 Taylor 展开式：

$$P(s)=P_0+\frac{\mathrm{d}P}{\mathrm{d}s}(0)\cdot s+\frac{1}{2!}\frac{\mathrm{d}^2P}{\mathrm{d}s^2}(0)\cdot s^2+\frac{1}{3!}\frac{\mathrm{d}^3P}{\mathrm{d}s^3}(0)\cdot s^3+\varepsilon(s)\cdot s^3,$$

其中向量 $\varepsilon(s)$ 满足

$$\lim_{s\to 0}|\varepsilon(s)|=0.$$

s 为弧长参数，所以

$$\left|\frac{\mathrm{d}P}{\mathrm{d}s}\right|=1.$$

故 $T(0)\xlongequal{\text{def}}\dfrac{\mathrm{d}P}{\mathrm{d}s}(0)$ 是单位向量. 因为

$$\frac{\mathrm{d}}{\mathrm{d}s}\left\langle\frac{\mathrm{d}P}{\mathrm{d}s},\frac{\mathrm{d}P}{\mathrm{d}s}\right\rangle=2\left\langle\frac{\mathrm{d}^2P}{\mathrm{d}s^2},\frac{\mathrm{d}P}{\mathrm{d}s}\right\rangle,$$

所以

$$\left\langle\frac{\mathrm{d}^2P}{\mathrm{d}s^2},\frac{\mathrm{d}P}{\mathrm{d}s}\right\rangle=0.$$

因而

$$\frac{\mathrm{d}^2P}{\mathrm{d}s^2}(0)\perp T(0).$$

假定 $\dfrac{\mathrm{d}^2P}{\mathrm{d}s^2}(0)\neq 0$，令

$$N(0)=\frac{\dfrac{\mathrm{d}^2P}{\mathrm{d}s^2}(0)}{\left|\dfrac{\mathrm{d}^2P}{\mathrm{d}s^2}(0)\right|},$$

$$B(0)=T(0)\times N(0).$$

显然 $T(0),N(0),B(0)$是互相垂直的单位向量,而且

$$(T(0),N(0),B(0))=\langle T(0)\times N(0),B(0)\rangle=1>0,$$

故为右手系.

我们称

$T_0=T(0)$为 P_0 处的**切向量**;

$N_0=N(0)$为 P_0 处的**主法向量**,$\dfrac{\mathrm{d}^2P}{\mathrm{d}s^2}(0)$为**曲率向量**;

$B_0=B(0)$为 P_0 处的**次法向量**;

与 T_0 垂直的平面(N_0,B_0 生成)称为**法平面**;

与 N_0 垂直的平面(T_0,B_0 生成)称为**次切平面**;

与 B_0 垂直的平面(T_0,N_0 生成)称为**密切平面**.

记

$$\kappa=\left|\frac{\mathrm{d}^2P}{\mathrm{d}s^2}(0)\right|,$$

称其为曲线 C 在 P_0 处的**曲率**;

$$\tau=\frac{1}{\kappa}\left\langle\frac{\mathrm{d}^3P}{\mathrm{d}s^3}(0),B(0)\right\rangle,$$

称其为曲线 C 在 P_0 处的**挠率**.

由于 T_0,N_0 与 B_0 是单位正交基(法正基,幺正标架),于是

$$\frac{\mathrm{d}^3P}{\mathrm{d}s^3}(0)=\left\langle\frac{\mathrm{d}^3P}{\mathrm{d}s^3}(0),T_0\right\rangle T_0+\left\langle\frac{\mathrm{d}^3P}{\mathrm{d}s^3}(0),N_0\right\rangle N_0+\left\langle\frac{\mathrm{d}^3P}{\mathrm{d}s^3}(0),B_0\right\rangle B_0.$$

因而我们有

$$P(s)=P_0+(s+o(s^2))T_0+\left(\frac{1}{2}\kappa s^2+o(s^2)\right)N_0+\frac{1}{6}(\kappa\tau s^3+o(s^3))B_0. \tag{2.3.1}$$

称(2.2.1)式为 P_0 处的标准形.

显然,若另有 $\overline{T}_0$,$\overline{N}_0$,$\overline{B}_0$ 与 $\bar{\kappa}$,$\bar{\tau}$ 使得

$$P(s)=P_0+(s+o(s^2))\overline{T}_0+(\frac{1}{2}\bar{\kappa}s^2+o(s^2))\overline{N}_0+\frac{1}{6}(\overline{\kappa\tau}s^3+o(s^3))\overline{B}_0,$$

比较 s 同次幂的系数得

$$T_0 = \overline{T}_0,$$

$$\frac{1}{2}\kappa N_0 = \frac{1}{2}\overline{kN}_0.$$

即得

$$\kappa = |\ \kappa N_0\ | = |\ \overline{\kappa N}_0\ | = \bar{\kappa},$$

$$N_0 = \overline{N}_0,$$

$$B_0 = T_0 \times N_0 = \overline{T}_0 \times \overline{N}_0 = \overline{B}_0,$$

$$\overline{\kappa\tau} = \kappa\tau, \text{即 } \bar{\tau} = \tau.$$

如果我们选择参数 $\bar{s}=-s$,则对应的标架与标量为

$$-T_0, N_0, -B_0, \kappa, \tau.$$

$$\frac{\mathrm{d}P}{\mathrm{d}\bar{s}} = \frac{\mathrm{d}P}{\mathrm{d}\bar{s}}\frac{\mathrm{d}s}{\mathrm{d}\bar{s}} = -\frac{\mathrm{d}P}{\mathrm{d}s},$$

$$\frac{\mathrm{d}^2P}{\mathrm{d}\bar{s}^2} = \frac{\mathrm{d}^2P}{\mathrm{d}s^2},$$

$$-T_0 \times N_0 = -B_0,$$

$$\frac{\mathrm{d}^3P}{\mathrm{d}\bar{s}^3} = -\frac{\mathrm{d}^3P}{\mathrm{d}s^3}.$$

对一般的弧长参数 s,若 $P_0=P(s_0)$,则对于弧长参数 $\tilde{s}=s-s_0$,有 $P_0=P(0)$.于是有

$$\frac{\mathrm{d}P}{\mathrm{d}s}(s_0) = \frac{\mathrm{d}P}{\mathrm{d}\tilde{s}}(0),$$

$$\frac{\mathrm{d}^2P}{\mathrm{d}s^2}(s_0) = \frac{\mathrm{d}P^2}{\mathrm{d}\tilde{s}^2}(0),$$

$$\frac{\mathrm{d}^3P}{\mathrm{d}s^3}(s_0) = \frac{\mathrm{d}P^3}{\mathrm{d}\tilde{s}^3}(0).$$

于是我们有

$$T(s) = \frac{\mathrm{d}P}{\mathrm{d}s},$$

$$N(s) = \frac{1}{\kappa(s)}\frac{\mathrm{d}^2P}{\mathrm{d}s^2},$$

$$B(s) = T(s) \times N(s),$$

$$\kappa(s) = \left|\frac{\mathrm{d}^2P}{\mathrm{d}s^2}\right|,$$

$$\tau(s)=\frac{1}{\kappa(s)}\left\langle\frac{\mathrm{d}^3P}{\mathrm{d}s^3},B(s)\right\rangle.$$

曲线

$$P^*(s)=P_0+sT_0+\frac{1}{2}\kappa s^2N_0+\frac{1}{6}\kappa\tau s^3B_0$$

称为 $P(s)$的密切曲线. 这时 s 不一定是 $P^*(s)$的弧长参数.

2.4 曲线的曲率与挠率

由 2.3 节我们知道曲线 C 在 $P(s)$处的曲率是

$$\begin{aligned}\kappa(s)&=\left|\frac{\mathrm{d}^2P}{\mathrm{d}s^2}\right|\\&=\lim_{\Delta s\to 0}\frac{1}{|\Delta s|}\left|\frac{\mathrm{d}P}{\mathrm{d}s}(s+\Delta s)-\frac{\mathrm{d}P}{\mathrm{d}s}(s)\right|.\end{aligned}$$

注意到$|T(s)|=|T(s+\Delta s)|=1$, $\Delta\theta$ 为 $T(s+\Delta s)$与 $T(s)$之间的夹角(见图 2.4.1),故

$$\left|\frac{\mathrm{d}P}{\mathrm{d}s}(s+\Delta s)-\frac{\mathrm{d}P}{\mathrm{d}s}(s)\right|=2\left|\sin\frac{\Delta\theta}{2}\right|.$$

$\Delta s\to 0$ 时,$\Delta\theta\to 0$,故 $\sin\frac{\Delta\theta}{2}\Big/\frac{\Delta\theta}{2}\to 1$. 于是

$$\kappa(s)=\lim\left|\frac{\Delta\theta}{\Delta s}\right|.$$

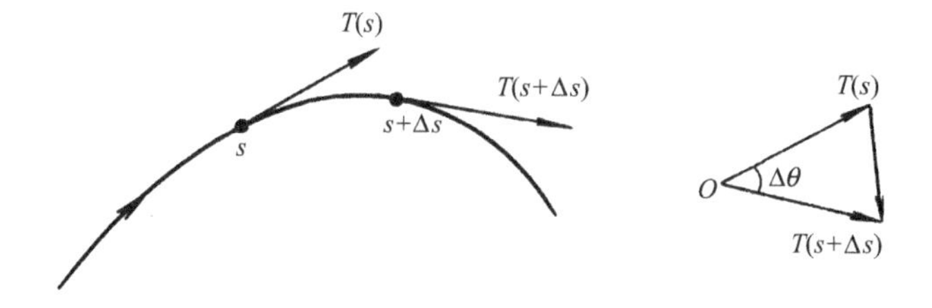

图 2.4.1

曲率实际上刻画了曲线的方向向量转动的“快慢”程度,也就是曲线弯曲的程度.

下面来看挠率的几何意义. 由于有

$$\tau(s)=\frac{1}{\kappa(s)}\left\langle\frac{\mathrm{d}^3P}{\mathrm{d}s^3},B\right\rangle$$

$$=\frac{1}{\kappa(s)}\left\{\frac{\mathrm{d}}{\mathrm{d}s}\langle\kappa N, B\rangle-\left\langle\kappa N, \frac{\mathrm{d}B}{\mathrm{d}s}\right\rangle\right\}$$

$$=-\left\langle N, \frac{\mathrm{d}B}{\mathrm{d}s}\right\rangle,$$

现将$\frac{\mathrm{d}B}{\mathrm{d}s}$用 T,N,B 表示出来,由于

$$\left\langle T, \frac{\mathrm{d}B}{\mathrm{d}s}\right\rangle=\frac{\mathrm{d}}{\mathrm{d}s}\langle T, B\rangle-\left\langle\frac{\mathrm{d}T}{\mathrm{d}s}, B\right\rangle=0,$$

$$\left\langle B, \frac{\mathrm{d}B}{\mathrm{d}s}\right\rangle=0 \quad (因\langle B, B\rangle=1).$$

因而

$$\frac{\mathrm{d}B}{\mathrm{d}s}=-\tau(s)N.$$

故

$$|\tau(s)|=\left|\frac{\mathrm{d}B}{\mathrm{d}s}\right|.$$

此即次法向量对弧长的变化率. 次法向量是与密切平面垂直的,这就表明了挠率是度量密切平面运动的速度.

例 2.4.1　直线

$$P(t)=t\cdot v+v_0,$$

$|v|=1$. 于是

$$\frac{\mathrm{d}P(t)}{\mathrm{d}t}=v,$$

t 是弧长参数. 而

$$\kappa=\left|\frac{\mathrm{d}^2P(t)}{\mathrm{d}t^2}\right|=0,$$

直线的曲率为零. 反之亦然.

例 2.4.2　半径为 R 的圆(开口)

$$P(s)=\left(R\cos\frac{s}{R}, R\sin\frac{s}{R}, 0\right), \quad 0<s<2\pi R,$$

则有

$$\frac{\mathrm{d}P(s)}{\mathrm{d}s}=\left(-\sin\frac{s}{R}, \cos\frac{s}{R}, 0\right).$$

由

$$\left|\frac{\mathrm{d}P(s)}{\mathrm{d}s}\right|=1,$$

知

$$T(s)=\left(-\sin\frac{s}{R},\ \cos\frac{s}{R},\ 0\right),$$

$$\frac{\mathrm{d}^2P(s)}{\mathrm{d}s^2}=\left(-\frac{1}{R}\cos\frac{s}{R},\ -\frac{1}{R}\sin\frac{s}{R},\ 0\right),$$

$$\kappa(s)=\frac{1}{R},$$

$$N(s)=\left(-\cos\frac{s}{R},\ -\sin\frac{s}{R},\ 0\right),$$

$$B(s)=T(s)\times N(s)=(0,0,1),$$

$$\tau(s)=-\left\langle N,\frac{\mathrm{d}B}{\mathrm{d}s}\right\rangle=0.$$

这里我们看到平面曲线圆的挠率为零,可做一般的推广.

例 2.4.3 C 是弧长参数为 s 的平面曲线,且假定 $\kappa(s)\neq 0,\forall s$. 则存在 $n\in\mathbf{R}^3$,使得

$$\begin{cases}|n|=1,\\ \langle P(s)-P(s_0),n\rangle=0.\end{cases}$$

对第二个式子求导,得

$$\langle T(s),n\rangle=0.$$

再求导,得

$$\langle\kappa(s)N(s),n\rangle=0.$$

注意到

$$B(s)=T(s)\times N(s)$$

是与 $T(s),N(s)$ 垂直的单位向量,故

$$B(s)=n\text{ 或 }-n.$$

因而

$$\frac{\mathrm{d}B(s)}{\mathrm{d}s}=0,$$

即有

$$\tau(s)=0.$$

例 2.4.4 圆柱螺线

$$P(s)=(r\cos\omega s,\ r\sin\omega s,\ h\omega s),$$

r,h,ω 为常数,且 $r>0,\omega=(r^2+h^2)^{-\frac{1}{2}}$.

$$\frac{\mathrm{d}P(s)}{\mathrm{d}s}=(-r\omega\sin\omega s,\ r\omega\cos\omega s,h\omega).$$

而

$$\left|\frac{\mathrm{d}P(s)}{\mathrm{d}s}\right|=\omega(r^2+h^2)^{\frac{1}{2}}=1,$$

故 s 是弧长参数.

$$T(s)=\frac{\mathrm{d}P(s)}{\mathrm{d}s},$$

$$\frac{\mathrm{d}^2P(s)}{\mathrm{d}s^2}=(-r\omega^2\cos\omega s,\ -r\omega^2\sin\omega s,0),$$

$$\kappa(s)=\omega^2r,$$

$$N(s)=(-\cos\omega s,\ -\sin\omega s,0),$$

$$B(s)=T(s)\times N(s)=(\omega h\sin\omega s,\ -\omega h\cos\omega s,\ r\omega),$$

$$\frac{\mathrm{d}B(s)}{\mathrm{d}s}=(\omega^2h\cos\omega s,\ \omega^2h\sin\omega s,0),$$

$$\tau(s)=-\left\langle N,\frac{\mathrm{d}B(s)}{\mathrm{d}s}\right\rangle=\omega^2h.$$

$\tau(s)>0$,右手螺线.

$\tau(s)<0$,左手螺线.

进一步,设曲线 C 在点 $P(s)$(s 为弧长参数)处 $\kappa(s)>0$,则称$\frac{1}{\kappa(s)}$为曲率半径,$P(s)+\frac{1}{\kappa(s)}N(s)$为曲率中心. 以$\frac{1}{\kappa(s)}$为半径,$P(s)+\frac{1}{\kappa(s)}N(s)$为圆心,在密切平面内所做的圆(过 $P(s)$)称为 $P(s)$处的密切圆.

下面我们来证明弧长、曲率与挠率为固有运动下的不变量.

定理 2.4.1　曲线的弧长、曲率与挠率在固有运动下不变.

证　设 C 为一条曲线,s 为弧长参数,$\mathscr{A}$ 为一个固有运动,矩阵表示为$\begin{pmatrix}A & B\\ 0 & 1\end{pmatrix}$,$\det A=1$, $\mathscr{A}(C)=\bar{P}(s)=AP(s)+B$. 于是

$$\frac{\mathrm{d}\bar{P}}{\mathrm{d}s}=A\frac{\mathrm{d}P(s)}{\mathrm{d}s}.$$

由于 A 为转动,故有

$$\left|\frac{\mathrm{d}\bar{P}}{\mathrm{d}s}\right|=\left|\frac{\mathrm{d}P}{\mathrm{d}s}\right|=1,$$

即 s 为 $\bar{P}$ 的弧长参数. 于是

$$\bar{T}=AT.$$

$$\begin{aligned} l(\mathscr{A}P_0, \mathscr{A}P_1) &= |s(\bar{P}_0) - s(\bar{P}_1)| \\ &= |s(P_0) - s(P_1)| \\ &= l(P_0, P_1), \end{aligned}$$

即弧长不变.

$$\bar{\kappa}(s) = \left|\frac{\mathrm{d}^2\bar{P}}{\mathrm{d}s^2}\right| = \left|A\frac{\mathrm{d}^2P}{\mathrm{d}s^2}\right| = \left|\frac{\mathrm{d}^2P}{\mathrm{d}s^2}\right| = \kappa(s),$$

$$\bar{N} = AN,$$

且

$$\bar{B} = \bar{T} \times \bar{N} = AT \times AN = A(T \times N) = AB.$$

于是

$$\begin{aligned} \bar{\tau}(s) &= -\left\langle \frac{\mathrm{d}\bar{B}}{\mathrm{d}s}, \bar{N} \right\rangle = -\left\langle A\frac{\mathrm{d}B}{\mathrm{d}s}, AN \right\rangle \\ &= -\left\langle \frac{\mathrm{d}B}{\mathrm{d}s}, N \right\rangle = \tau(s). \end{aligned}$$

问:若 $\mathscr{A}$ 是非固有运动,又将如何?

2.5 Frenet 公式

定义 2.5.1 设曲线 C 在各点的曲率均不为 0,$P \in C$,则称 $\{P; T, N, B\}$ 为曲线 C 在 P 处的 Frenet **标架**.

定理 2.5.1 s 为 C 的弧长参数,$\{P(s); T(s), N(s), B(s)\}$ 为 Frenet 标架,则:

(1) Frenet 标架是右手幺正标架;

(2) $\dfrac{\mathrm{d}P(s)}{\mathrm{d}s} = T(s)$,

$$\frac{\mathrm{d}}{\mathrm{d}s}\begin{pmatrix} T(s) \\ N(s) \\ B(s) \end{pmatrix} = \begin{pmatrix} 0 & \kappa(s) & 0 \\ -\kappa(s) & 0 & \tau(s) \\ 0 & -\tau(s) & 0 \end{pmatrix}\begin{pmatrix} T(s) \\ N(s) \\ B(s) \end{pmatrix}.$$

证 (1) 是显然的. 下证(2). $\dfrac{\mathrm{d}P}{\mathrm{d}s} = T(s)$ 为定义. 由于

$$\langle T(s), T(s) \rangle = \langle N(s), N(s) \rangle = \langle B(s), B(s) \rangle = 1,$$

$$\langle T(s), N(s) \rangle = \langle T(s), B(s) \rangle = \langle N(s), B(s) \rangle = 0,$$

于是有

$$\left\langle T(s), \frac{\mathrm{d}T(s)}{\mathrm{d}s} \right\rangle = \left\langle N(s), \frac{\mathrm{d}N(s)}{\mathrm{d}s} \right\rangle = \left\langle B(s), \frac{\mathrm{d}B(s)}{\mathrm{d}s} \right\rangle = 0,$$

$$\kappa = \left\langle \frac{\mathrm{d}T(s)}{\mathrm{d}s}, N(s) \right\rangle = -\left\langle T(s), \frac{\mathrm{d}N(s)}{\mathrm{d}s} \right\rangle,$$

$$-\tau = \left\langle N(s), \frac{\mathrm{d}B(s)}{\mathrm{d}s} \right\rangle = -\left\langle \frac{\mathrm{d}N(s)}{\mathrm{d}s}, B(s) \right\rangle,$$

$$0 = \left\langle \frac{\mathrm{d}T(s)}{\mathrm{d}s}, B(s) \right\rangle = -\left\langle T(s), \frac{\mathrm{d}B(s)}{\mathrm{d}s} \right\rangle,$$

因而定理成立.

不是任何正则曲线都可以简单地用弧长参数表示出来,甚至有的很简单的曲线也如此,因而对一般的正则参数如何计算曲率与挠率是很重要的.

定理 2.5.2 设 t 为正则曲线 C 的正则参数,s 是弧长参数,则有

$$\frac{\mathrm{d}s}{\mathrm{d}t} = \left| \frac{\mathrm{d}P(t)}{\mathrm{d}t} \right| = |\dot{P}(t)|,$$

$$\kappa(t) = |\dot{P} \times \ddot{P}| / |\dot{P}(t)|^3,$$

$$\tau(t) = (\dot{P}, \ddot{P}, \dddot{P}) / |\dot{P} \times \ddot{P}|^2.$$

证 因为

$$s = l(P, P_0) = \int_{t_0}^{t} \left| \frac{\mathrm{d}P}{\mathrm{d}t} \right| \mathrm{d}t,$$

于是

$$\frac{\mathrm{d}s}{\mathrm{d}t} = \left| \frac{\mathrm{d}P}{\mathrm{d}t} \right| = |\dot{P}|.$$

又

$$\dot{P} = \frac{\mathrm{d}P}{\mathrm{d}t} = \frac{\mathrm{d}P}{\mathrm{d}s} \cdot \frac{\mathrm{d}s}{\mathrm{d}t} = \dot{s}T,$$

$$\begin{aligned} \ddot{P} &= \ddot{s}T + \dot{s}\dot{T} = \ddot{s}T + \dot{s}^2 \frac{\mathrm{d}T}{\mathrm{d}s} \\ &= \ddot{s}T + \dot{s}^2 \kappa N, \end{aligned}$$

于是

$$\dot{P} \times \ddot{P} = \dot{s}^3 \kappa T \times N = \dot{s}^3 \kappa B,$$

因而

$$\kappa = \frac{|\dot{P} \times \ddot{P}|}{|\dot{P}|^3}.$$

又

$$\dddot{P} = \dddot{s}T + \dot{s}\ddot{s}\kappa N + \frac{\mathrm{d}(\dot{s}^2\kappa)}{\mathrm{d}t} N + \dot{s}^3 \kappa(-\kappa T + \tau B),$$

因而

$$(\dot{P},\ddot{P},\dddot{P}) = \dot{s}^6\kappa^2\tau,$$

故

$$\tau = (\dot{P},\ddot{P},\dddot{P})/\mid \dot{P}\times\ddot{P}\mid^2.$$

推论 2.5.1 $\kappa(t)\neq 0$,当且仅当 $\dot{P}$ 与 $\ddot{P}$ 线性无关(即 $\dot{P}\times\ddot{P}\neq 0$).

推论 2.5.2

$$L(\dot{P}) = L(T),$$

$$L(\dot{P},\ddot{P}) = L(T,N),$$

$$L(\dot{P},\ddot{P},\dddot{P}) = L(T,N,B).$$

下面举几个应用 Frenet 公式研究曲线的例子.

例 2.5.1 设 s 是正则曲线 C 的弧长参数,且 $P_0=P(0)$,$\kappa(0)\neq 0$,则有

$$P(s) = P_0 + x(s)T_0 + y(s)N_0 + z(s)B_0,$$

其中

$$\begin{cases} x(s) = s - \dfrac{\kappa^2(0)}{6}s^3 + o(s^3), \\ y(s) = \dfrac{\kappa(0)}{2}s^2 + \dfrac{\kappa'(0)}{6}s^3 + o(s^3), \\ z(s) = \dfrac{1}{6}\kappa(0)\tau(0)s^3 + o(s^3), \end{cases}$$

此公式称为 Bouquet 公式.

证 因为$\dfrac{\mathrm{d}^n}{\mathrm{d}s^n}$是线性变换,于是在基下有矩阵表示

$$\frac{\mathrm{d}^n}{\mathrm{d}s^n}\begin{pmatrix} T(s) \\ N(s) \\ B(s) \end{pmatrix} = \Delta_{n+1}(s)\begin{pmatrix} T(s) \\ N(s) \\ B(s) \end{pmatrix},$$

显然有

$$\Delta_1(s) = I.$$

又

$$\frac{\mathrm{d}^n}{\mathrm{d}s^n}\begin{pmatrix} T(s) \\ N(s) \\ B(s) \end{pmatrix} = \frac{\mathrm{d}}{\mathrm{d}s}\left(\Delta_n(s)\begin{pmatrix} T(s) \\ N(s) \\ B(s) \end{pmatrix}\right)$$

$$= \frac{\mathrm{d}}{\mathrm{d}s}\Delta_n(s)\begin{pmatrix} T(s) \\ N(s) \\ B(s) \end{pmatrix} + \Delta_n(s)\frac{\mathrm{d}}{\mathrm{d}s}\begin{pmatrix} T(s) \\ N(s) \\ B(s) \end{pmatrix}$$

$$= \left(\frac{\mathrm{d}}{\mathrm{d}s}\Delta_n(s) + \Delta_n(s)\begin{pmatrix} 0 & \kappa(s) & 0 \\ -\kappa(s) & 0 & \tau(s) \\ 0 & -\tau(s) & 0 \end{pmatrix}\right)\cdot\begin{pmatrix} T(s) \\ N(s) \\ B(s) \end{pmatrix},$$

因而有

$$\Delta_{n+1}(s) = \frac{\mathrm{d}}{\mathrm{d}s}\Delta_n(s) + \Delta_n(s)\begin{pmatrix} 0 & \kappa(s) & 0 \\ -\kappa(s) & 0 & \tau(s) \\ 0 & -\tau(s) & 0 \end{pmatrix}.$$

于是

$$\Delta_2(s) = \begin{pmatrix} 0 & \kappa(s) & 0 \\ -\kappa(s) & 0 & \tau(s) \\ 0 & -\tau(s) & 0 \end{pmatrix},$$

$$\Delta_3(s) = \begin{pmatrix} 0 & \kappa'(s) & 0 \\ -\kappa'(s) & 0 & \tau'(s) \\ 0 & -\tau'(s) & 0 \end{pmatrix} + \begin{pmatrix} -\kappa^2 & 0 & \kappa\tau \\ 0 & -\kappa^2-\tau^2 & 0 \\ \kappa\tau & 0 & -\tau^2 \end{pmatrix}$$

$$= \begin{pmatrix} -\kappa^2 & \kappa'(s) & \kappa\tau \\ -\kappa'(s) & -\kappa^2-\tau^2 & \tau'(s) \\ \kappa\tau & -\tau'(s) & -\tau^2 \end{pmatrix}.$$

现考虑 $P(s)$的展开,有

$$P(s) = P_0 + \sum_{n=1}^{m}\frac{s^n}{n!}\frac{\mathrm{d}^nP}{\mathrm{d}s^n}(0) + o(s^m)$$

$$= P_0 + \sum_{n=1}^{m}\frac{s^n}{n!}\frac{\mathrm{d}^{n-1}T}{\mathrm{d}s^{n-1}}(0) + o(s^m)$$

$$= P_0 + \sum_{n=1}^{m}\frac{s^n}{n!}\mathrm{row}_1\Delta_n\begin{pmatrix} T \\ N \\ B \end{pmatrix}(0) + o(s^m).$$

取 $m=3$,于是

$$P(s)=P_0+\left(s\,\mathrm{row}_1\Delta_1+\frac{s^2}{2}\mathrm{row}_1\Delta_2+\frac{s^3}{6}\mathrm{row}_!\Delta_3\right)\cdot\begin{pmatrix}T\\N\\B\end{pmatrix}+o(s^3)$$

$$=P_0+\left(s-\frac{\kappa^2(0)}{6}s^3\right)T+\left(\frac{s^2}{2}+\frac{\kappa'(0)}{6}s^3\right)N+\frac{\kappa(0)\tau(0)}{6}s^3B+o(s^3),$$

因而 Bouquet 公式成立.

从这里可知道 $\kappa(s)$ 与 $\tau(s)$ 几乎决定了曲线的全部性质.

例 2.5.2 设曲线 C 的曲率 $\kappa\neq 0$,挠率 $\tau\neq 0$. 令 $\rho=\frac{1}{\kappa}$, $\sigma=\frac{1}{\tau}$,则 C 为球面曲线的充要条件是

$$\frac{\rho}{\sigma}+(\rho'\sigma)'=0.$$

证 设 C 为球面曲线,s 为弧长参数,X_0 为球心,r 为半径,故有

$$\langle P(s)-X_0,\ P(s)-X_0\rangle=r^2.$$

两边求导数,则有

$$\langle P(s)-X_0,\ T(s)\rangle=0. \tag{2.5.1}$$

再求导数得

$$\langle T(s),\ T(s)\rangle+\langle P(s)-X_0,\ \kappa N(s)\rangle=0,$$

即

$$\kappa(s)\langle P(s)-X_0,N(s)\rangle=-1.$$

于是 $\kappa(s)\neq 0$,且

$$\langle P(s)-X_0,N(s)\rangle=-\rho.$$

再求导数,有

$$\langle T(s),N(s)\rangle+\langle P(s)-X_0,\ -\kappa(s)T(s)+\tau(s)B(s)\rangle=-\rho'.$$

于是由(2.5.1)式有

$$\langle P(s)-X_0,B(s)\rangle=-\rho'\sigma.$$

因而

$$P(s)=X_0-\rho N(s)-\rho'\sigma B(s).$$

于是有

$$T(s)=-\rho'N-\rho(-\kappa T+\tau B)-(\rho'\sigma)'B+\rho'\sigma\tau N,$$

因而

$$\rho/\sigma+(\rho'\sigma)'=0.$$

反之,如上式成立,则令

$$X_0 = P(s) + \rho N(s) + \rho'\sigma B(s),$$

则有 $X_0'=0$,即 X_0 是常向量,且

$$\langle P(s) - X_0, P(s) - X_0 \rangle = \rho^2 + (\rho'\sigma)^2.$$

而

$$\begin{aligned}(\rho^2 + (\rho'\sigma)^2)' &= 2(\rho\rho' + (\rho'\sigma)\cdot(\rho'\sigma)') \\ &= 2(\rho\rho' + (\rho'\sigma)(-\rho/\sigma)) = 0,\end{aligned}$$

即

$$\rho^2 + (\rho'\sigma)^2 = r^2 \text{ 为常数}.$$

故 C 为球面曲线.

例 2.5.3　渐伸线、渐缩线.

设有曲线 C_1,C_2. 如果 C_1 上点 P_1 处的切线是 C_2 上对应点 P_2 处的法线,则称 C_2 是 C_1 的**渐伸线**,C_1 是 C_2 的**渐缩线**(如图 2.5.1).

(1) 求渐伸线(已知 C_1,求 C_2);

(2) 求渐缩线(已知 C_2,求 C_1).

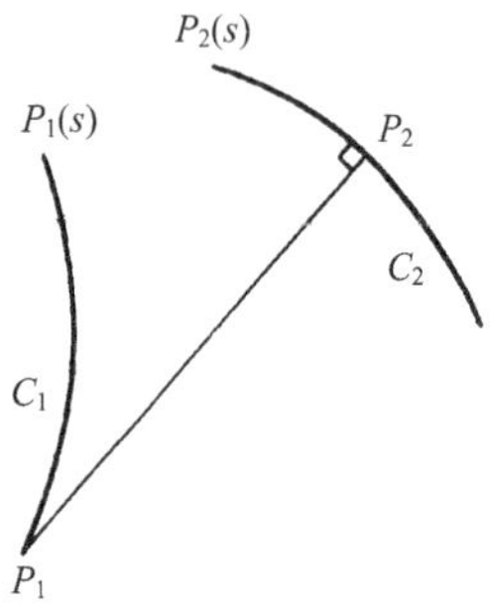

图 2.5.1

解　(1) 设 C_1 的弧长参数表示为 $P_1(s)$,得 C_2 的一个参数表示

$$P_2(s) = P_1(s) + \lambda(s)T_1(s),$$

且

$$\langle P_2', T_1(s) \rangle = 0.$$

但是

$$P_2' = T_1(s) + \lambda' T_1(s) + \lambda\kappa_1 N.$$

于是

$$1 + \lambda'(s) = 0,$$

$$\lambda(s) = C - s,$$

C 是常数. 故

$$P_2(s) = P_1(s) + (C - s)T_1(s).$$

(2) 设 $P_2(s)$是 C_2 的弧长参数表示,则 C_1 有方程:

$$P_1(s) = P_2(s) + \lambda(s)N_2(s) + \mu(s)B_2(s),$$

$$P_1(s)' \parallel \lambda(s)N_2(s) + \mu(s)B_2(s).$$

将第一个式子微分,得

$$\begin{aligned}P_1' &= T_2 + \lambda' N_2 + \lambda(-\kappa_2 T_2 + \tau_2 B_2) + \mu' B_2 + \mu(-\tau_2 N_2) \\ &= (1 - \lambda\kappa_2)T_2 + (\lambda' - \mu\tau_2)N_2 + (\lambda\tau_2 + \mu')B_2.\end{aligned}$$

再利用第二个方程，得

$$\begin{cases}1-\lambda\kappa_2=0,\\ \mu(\lambda'-\tau_2\mu)=\lambda(\mu'+\tau_2\lambda).\end{cases}$$

故

$$\lambda=\frac{1}{\kappa_2}=\rho,$$

$$\tau_2=\frac{\mu\lambda'-\lambda\mu'}{\lambda^2+\mu^2}=-\left(\arctan\frac{\mu}{\rho}\right)'.$$

因而

$$-\arctan\frac{\mu}{\rho}=\int_{s_0}^{s}\tau_2\mathrm{d}s-C,$$

$$\mu=\rho\tan\left(C-\int_{s_0}^{s}\tau_2\mathrm{d}s\right).$$

于是

$$P_1(s)=P_2(s)+\rho(s)N_2(s)+\left[\rho(s)\tan\left(C-\int_{s_0}^{s}\tau_2(s)\mathrm{d}s\right)\right]\cdot B_2(s).$$

Frenet 标架与 Frenet 公式有一般的推广.

区间$(a,b)=I$到$\mathbf{R}^n$中的一个$C^k(k\geqslant n)$映射$C(t)$称为$\mathbf{R}^n$中一条曲线.

沿C的一个活动n-标架是n个可微映射

$$e_i:I\rightarrow\mathbf{R}^n,\quad 1\leqslant i\leqslant n$$

的集合，满足

$$\langle e_i(t),\ e_j(t)\rangle=\delta_{ij},\ 1\leqslant i,j\leqslant n,\ \forall t\in I.$$

(每个$e_i(t)$是沿$C(t)$的一个向量场.)

活动标架$\{e_i,1\leqslant i\leqslant n\}$称为 Frenet-$n$ 标架，如果$\forall k$，有

$$C^{(k)}(t)\in L(e_1,e_2,\cdots,e_k).$$

显然，下面命题成立.

命题 2.5.1 设$C:I\rightarrow\mathbf{R}^n$是一曲线，且$C'(t),\cdots,C^{(n-1)}(t)$线性无关，$\forall t\in I$，则存在唯一的 Frenet-$n$ 标架满足下面性质：

(1) 对$1\leqslant k\leqslant n-1$，$C'(t),\cdots,C^{(k)}(t)$与$e_1(t),\cdots,e_k(t)$有相同的定向(即从$C'(t),\cdots,C^{(k)}(t)$到$e_1(t),\cdots,e_k(t)$的过渡矩阵的行列式为正数)；

(2) $e_1(t),\cdots,e_n(t)$有正定向，即

$$(e_1(t),\cdots,e_n(t))>0.$$

这个标架称为著名(distinguished)Frenet 标架. 此命题可由 Schmidt 正交化方法得到.

命题 2.5.2 设 $C:I\to\mathbf{R}^n$ 是一曲线，$\{e_i(t)\}$是一活动标架，则

$$C'(t)=(\alpha_1(t),\cdots,\alpha_n(t))\begin{pmatrix}e_1\\ \vdots\\ e_n\end{pmatrix},$$

$$\frac{\mathrm{d}}{\mathrm{d}t}\begin{pmatrix}e_1\\ e_2\\ \vdots\\ e_n\end{pmatrix}=\omega\begin{pmatrix}e_1\\ e_2\\ \vdots\\ e_n\end{pmatrix}.$$

其中

$$\omega_{ij}=\mathrm{ent}_{ij}\omega=\langle e_i',e_j\rangle=-\omega_{ji}.$$

又若$\{e_i(t)\}$为著名 Frenet 标架，则

$$(\alpha_1(t),\cdots,\alpha_n(t))=(|C'(t)|,0,\cdots,0),$$

$$\omega=\begin{pmatrix}0&\omega_{12}&0&\cdots&0&0\\ -\omega_{12}&0&\omega_{23}&\cdots&0&0\\ 0&-\omega_{23}&0&\cdots&0&0\\ \vdots&\vdots&\vdots&&\vdots&\vdots\\ 0&0&0&\cdots&0&\omega_{n-1,n}\\ 0&0&0&\cdots&-\omega_{n-1,n}&0\end{pmatrix}.$$

证 由$\langle e_i,e_j\rangle=0$，故

$$\langle e_i',e_j\rangle=-\langle e_i,e_j'\rangle,$$

$$e_i'=\sum_k\omega_{ik}e_k,\ e_j'=\sum_k\omega_{jk}e_k.$$

则

$$\omega_{ij}=\langle e_i',e_j\rangle,\ \omega_{ji}=\langle e_i,e_j'\rangle.$$

显然，$\{e_i(t)\}$为著名 Frenet 标架时，

$$(\alpha_1(t),\alpha_2(t),\cdots,\alpha_n(t))=(|C'(t)|,0,\cdots,0).$$

因为 ω 是反对称的，故 $\omega_{ii}=0$. 只要决定 ω_{ij}，$j>i$，就可以决定整个 ω. 由$\{e_i\}$为著名 Frenet 标架，于是 $i<n-1$，有

$$e_i\in L(C'(t),\cdots,C^{(i)}(t)).$$

因而

$$\begin{aligned}e_i'&\in L(C^{(2)}(t),\cdots,C^{(i+1)}(t))\\ &\subseteq L(e_1,e_2,\cdots,e_{i+1}),\end{aligned}$$

故

$$\omega_{ij}=\langle e_i',e_j\rangle=0,\text{当}\ j>i+1.$$

2.6 曲线论基本定理

所谓曲线论的基本定理,即曲线的曲率与挠率决定了曲线的本身.

定理 2.6.1(曲线论基本定理) 设$\bar{\kappa}(s)>0,\bar{\tau}(s)$是区间$[a,b]$上连续可微函数,又$\{P_0;T_0,N_0,B_0\}$是$\mathbf{R}^3$中过$P_0$的一个右手幺正标架,则存在$\mathbf{R}^3$中唯一一条曲线$P(s)$,它以$s$为弧长参数,$\bar{\kappa}(s),\bar{\tau}(s)$分别为其曲率与挠率,其 Frenet 标架$\{P(s);T(s),N(s),B(s)\}$满足

$$\{P(a);T(a),N(a),B(a)\}=\{P_0;T_0,N_0,B_0\}.\tag{2.6.1}$$

证 考虑线性微分方程组的初值问题

$$\begin{cases}\dfrac{\mathrm{d}X}{\mathrm{d}s}=\begin{pmatrix}0&\bar{\kappa}(s)&0\\-\bar{\kappa}(s)&0&\bar{\tau}(s)\\0&-\bar{\tau}(s)&0\end{pmatrix}X,\\ X(a)=\begin{pmatrix}T_0\\N_0\\B_0\end{pmatrix}.\end{cases}$$

由于$\bar{\kappa}(s),\bar{\tau}(s)$在$[a,b]$上连续故有界,因而上述初值问题的解存在唯一,且由

$$\begin{aligned}(X^{\mathrm{T}}X)'=(X^{\mathrm{T}})'X+X^{\mathrm{T}}X'&=X^{\mathrm{T}}A^{\mathrm{T}}X+X^{\mathrm{T}}AX\\&=-X^{\mathrm{T}}AX+X^{\mathrm{T}}AX=0\end{aligned}$$

知$X^{\mathrm{T}}X$是常矩阵. 但

$$X^{\mathrm{T}}(a)X(a)=(T_0,N_0,B_0)\begin{pmatrix}T_0\\N_0\\B_0\end{pmatrix}=I,$$

故X为正交矩阵,即$\det X(s)=\pm1$. 而$\det X(s)=\det X(a)=\det\begin{pmatrix}T_0\\N_0\\B_0\end{pmatrix}=1$,因而$\{u_i=\mathrm{row}_iX;\ i=1,2,3\}$是右手幺正标架. 令$T(s)=u_1(s)=\mathrm{row}_1X(s)$,则有满足(2.6.1)的唯一曲线

$$P(s)=P_0+\int_a^sT(t)\mathrm{d}t.$$

显然,s为弧长参数.

$$\frac{\mathrm{d}P}{\mathrm{d}s}=T(s)=u_1(s),$$

$$\frac{\mathrm{d}^2P}{\mathrm{d}s^2}=\frac{\mathrm{d}u_1(s)}{\mathrm{d}s}=\bar{\kappa}u_2(s).$$

$\bar{\kappa}>0$，$|u_2(s)|=1$，故 $\bar{\kappa}$ 为曲率，

$$u_2(s)=N(s),$$

$$u_3(s)=u_1(s)\times u_2(s)=T(s)\times N(s)=B(s),$$

$$\tau(s)=-\left\langle N,\frac{\mathrm{d}B}{\mathrm{d}s}\right\rangle=-\left\langle u_2(s),\frac{\mathrm{d}u_3(s)}{\mathrm{d}s}\right\rangle$$

$$=-\langle u_2(s),-\bar{\tau}(s)u_2(s)\rangle=\bar{\tau}(s).$$

即 $\bar{\tau}(s)$ 为挠率.

定理 2.6.2　设两条曲线 $P_1(s)$，$P_2(s)$ 在弧长参数值相同的点处有相同的曲率与挠率，则可经过一个运动使它们重合.

证　设 $\{P_1(s_0);T_1(s_0),N_1(s_0),B_1(s_0)\}$ 为 $P_1(s)$ 在 s_0 处的 Frenet 标架，而 $\{P_2(s_0);T_2(s_0),N_2(s_0),B_2(s_0)\}$ 为 $P_2(s)$ 在 s_0 处的 Frenet 标架. 于是有 $\mathbf{R}^3$ 中固有运动 $\mathscr{A}$ 使得 $\mathscr{A}\{P_1(s_0);T_1(s_0),N_1(s_0),B_1(s_0)\}=\{P_2(s_0);T_2(s_0),N_2(s_0),B_2(s_0)\}$. 故 $\mathscr{A}P_1(s)$ 亦为 $\mathbf{R}^3$ 中曲线，其曲率、挠率与 $P_1(s)$ 相同，因而与 $P_2(s)$ 的曲率、挠率相同，而在 s_0 处的 Frenet 标架一致，由微分方程解的唯一性，有 $\mathscr{A}P_1$ 与 P_2 重合.

定理 2.6.1 与 2.6.2 说明，如果不考虑曲线在 $\mathbf{R}^3$ 中的位置，则曲线完全由其曲率与挠率决定. 因而 $\kappa=\kappa(s)$，$\tau=\tau(s)$ 可以看作曲线的方程，而此方程不出现 $\mathbf{R}^3$ 中的坐标系，称为曲线的**内在方程**或**内蕴方程**.

下面我们看一些例子.

例 2.6.1　$\kappa(s)=0$，$\forall s\in I$，则 C 必为直线.

证

$$\kappa(s)=\left|\frac{\mathrm{d}^2P(s)}{\mathrm{d}s^2}\right|=0,$$

故

$$\frac{\mathrm{d}P(s)}{\mathrm{d}s}=a,$$

$$P(s)=sa+b.$$

其中 a,b 是常向量，$|a|=1$.

例 2.6.2　若 $\kappa(s)>0$，$\tau(s)=0$，$\forall s\in I$，则 C 为平面曲线.

证

$$B'(s)=-\tau(s)N(s)=0,$$

故 $B(s)=b$ 是常值向量,且 $|b|=1$. 又

$$\langle P(s),b\rangle' = \langle P'(s),b\rangle = \langle T(s),B(s)\rangle = 0,$$

故

$$\langle P(s),b\rangle = 常数.$$

因而

$$\langle P(s)-P(s_0),b\rangle = 0.$$

故 $P(s)$ 在过 $P(s_0)$ 垂直于 b 的平面内.

注 2.6.1 条件 $\kappa(s)>0, \forall s$ 不能去掉.

例 2.6.3 若 $\kappa(s)=\kappa=常数\neq 0, \tau(s)=0, \forall s$,则曲线 C 为圆周的一段.

证 由例 2.6.2,C 为平面曲线. 令 $\rho=\dfrac{1}{\kappa}$,于是

$$(P(s)+\rho N(s))' = T(s)+\rho(-\kappa T(s)+\tau B(s)) = 0,$$

故知 $P_0=P(s)+\rho N(s)$ 为 $\mathbf{R}^3$ 中一固定点,且

$$|P(s)-P_0|=|-\rho N(s)|=\rho=\frac{1}{\kappa}.$$

故 C 是圆周的一段.

注 2.6.2 定理 2.6.1 与定理 2.6.2 对于 $\mathbf{R}^n$ 中曲线也是成立的. $\mathbf{R}^n$ 中曲线由 $n-1$ 个函数 $\kappa_1,\kappa_1,\cdots,\kappa_{n-1}$ 所决定($\kappa_1,\cdots,\kappa_{n-2}>0$).

2.7 平面曲线的整体性质

平面曲线当然可作为挠率为零的空间曲线进行研究,但平面曲线有它一些独特的性质,特别是闭曲线的整体性质. 因此本节专门讨论平面闭曲线.

$\mathbf{R}^2$ 中曲线可表示为

$$P(s) = (x(s),y(s)), \tag{2.7.1}$$

其中 s 是弧长参数,其单位切向量为

$$\boldsymbol{\alpha}(s) = (\dot{x}(s),\dot{y}(s)). \tag{2.7.2}$$

取定 $\mathbf{R}^2$ 正方向,沿正向旋转 90°有唯一的单位向量

$$\boldsymbol{\beta}(s) = (-\dot{y}(s),\dot{x}(s)). \tag{2.7.3}$$

$\boldsymbol{\beta}(s)$ 称作法向量. 沿曲线 $P(s)$ 有正交标架场 $\{P(s);\boldsymbol{\alpha}(s),\boldsymbol{\beta}(s)\}$. 不难证明平面的 Frenet 公式

$$\begin{cases} \dfrac{\mathrm{d}P}{\mathrm{d}s} = \boldsymbol{\alpha}(s), \\ \dfrac{\mathrm{d}\boldsymbol{\alpha}}{\mathrm{d}s} = \kappa_r \beta(s), \\ \dfrac{\mathrm{d}\boldsymbol{\beta}}{\mathrm{d}s} = -\kappa_r \alpha(s). \end{cases} \tag{2.7.4}$$

κ_r 称作曲线 $P=P(s)$ 的相对曲率. 显然 $|\kappa_r|$ 就是曲线的曲率.

设 $\theta(s)$ 为 $\boldsymbol{\alpha}(s)$ 与 x 轴正向夹角,称作曲线的方向角. 显然方向角是多值的,但是对 s 的充分小邻域总可以取出 $\theta(s)$ 的一个连通分支,那么在局部上有

$$\begin{aligned} \boldsymbol{\alpha}(s) &= (\cos\theta(s), \sin\theta(s)), \\ \boldsymbol{\beta}(s) &= (-\sin\theta(s), \cos\theta(s)). \end{aligned} \tag{2.7.5}$$

即

$$\dot{x}(s) = \cos\theta,\ \dot{y}(s) = \sin\theta. \tag{2.7.6}$$

于是

$$\kappa_r = \frac{\mathrm{d}\theta}{\mathrm{d}s}. \tag{2.7.7}$$

对曲线 $P=P(s)$, $a\leqslant s\leqslant b$ 而言,我们也可以取 $\theta(s)$ 的连通分支如下:取 $[a,b]$ 的分划 $a=s_0<s_1<\cdots<s_n=b$,使方向角在 $[s_i,s_{i+1}]$ 上变化不超过 π,首先在 $[s_0,s_1]$ 选取一个连通分支,由此出发,依次在每个区间 $[s_i,s_{i+1}]$ 上取 s_i 所确定的连通分支,最终得到整条曲线上方向角的连通分支 $\theta(s)$. 显然,如上选取的任意两个方向角只相差 2π 的整数倍.

由(2.7.6),(2.7.7)式,平面曲线基本定理可表示为

$$\begin{cases} \theta(s) = \theta(s_0) + \displaystyle\int_{s_0}^{s} \kappa_r(s)\mathrm{d}s, \\ x(s) = x(s_0) + \displaystyle\int_{s_0}^{s} \cos\theta(s)\mathrm{d}s, \\ y(s) = y(s_0) + \displaystyle\int_{s_0}^{s} \sin\theta(s)\mathrm{d}s. \end{cases} \tag{2.7.8}$$

如果曲线 $P=P(s)$ 分段光滑,且 $P(a)=P(b)$,则称其为分段光滑闭曲线. 若闭曲线同时又满足任取 $s_1,s_2\in(a,b)$, $s_1\neq s_2$,则 $P(s_1)\neq P(s_2)$,那么该曲线称作简单分段光滑闭曲线.

若 $P=P(s)$ 是光滑曲线,且满足

$$P(a) = P(b),\ \dot{P}(a) = \dot{P}(b),\ \ddot{P}(a) = \ddot{P}(b),\ \cdots,$$

则曲线称作**光滑闭曲线**.

对闭曲线 $P=P(s)$,令

$$L=\int_a^b \mathrm{d}s,$$

可以将参数扩张到整个数轴,使

$$P(s+L)=P(s),$$

即 $P(s)$是周期为 L 的向量值函数.

设 $P=P(s)$是光滑闭曲线,它的切向量 $\boldsymbol{\alpha}(s)$绕曲线一周后,与其在起点的初始切向量重合,因而 $\theta(s+L)-\theta(s)$是 2π 的整数倍,且与 $\theta(s)$的选取无关. 命

$$i(C)=\frac{1}{2\pi}(\theta(b)-\theta(a))=\frac{1}{2\pi}\int_a^b \kappa_r \mathrm{d}s, \tag{2.7.9}$$

称作闭曲线 C 的旋转指标.

定理 2.7.1(旋转指标定理) 若 C 是平面上一条连续可微的简单闭曲线,则它的旋转指标 $i(C)=\pm 1$.

这里我们给出一个十分直观的解释,证明见本节注记.

直观上看,任意一条简单闭曲线 $P=P(s)$均可经过一个连续变换使其变为圆周 S^1:$Q=Q(s)$. 数学上可以这样描述:存在二元连续平面向量值函数 $F(s,t)$满足

(1) $\dfrac{\partial F(s,t)}{\partial s}$存在且连续可微;

(2) $F(s,0)=P(s)$, $F(s,1)=Q(s)$, $F(a,t)=F(b,t)$. (证明 $F(s,t)$的存在性也不是很容易的.)

设 C_t 是 $F(s,t)$确定的曲线,s_t 为其弧长参数,于是 C_t 的旋转指标为

$$i(C_t)=\frac{1}{2\pi}\int_0^{L_t} \kappa_r(s_t)\mathrm{d}s_t.$$

显然 $i(C_t)$是 t 的连续函数. 因为 $i(C_t)\in Z$,所以有 $i(C_t)=i(S^1)$.

直接计算可得 $i(S^1)=\pm 1$,因此 $i(C)=\pm 1$.

定义 2.7.1 如果曲线 C 在它的每一个点的切线一侧,则称 C 为**凸曲线**.

利用切线的旋转指标定理,可以给出简单闭凸曲线的特征.

定理 2.7.2 一条光滑简单闭曲线 C 是凸曲线的充分必要条件是其曲率 $\kappa(s)\geqslant 0$(或 $\kappa(s)\leqslant 0$).

证 取定方向角 $\theta(s)$. $\kappa(s)=\dfrac{\mathrm{d}\theta(s)}{\mathrm{d}s}$. 若 $\kappa(s)\geqslant 0$,则 $\theta(s)$单调增. 因为 C 是简单的,可设 $\theta(s)(0\leqslant s\leqslant L)$由 0 增至 2π. 任取 $0\leqslant s_1<s_2\leqslant L$. 若$\boldsymbol{\alpha}(s_1)$与 $\boldsymbol{\alpha}(s_2)$方向相同,则连续 s_1,s_2 的有向弧为直线,且其上各点切线重合.

如果 $\theta(s)$单调,而 C 是非凸的,则在 C 上有一点 $P_0=P(s_0)$($s_0\in[a,b)$) 使 C 在点 P_0 的切线 l 的两侧都有点. 取定 l 的正向. 设 $\rho(s)$是 C 上点 $P(s)$

到 l 的有向距离，$\rho(s)$ 是连续函数. 设 C 上点 $P(s_1)$，$P(s_2)$ 使 $\rho(s)$ 取最大与最小值，则 $P(s_1)$，$P(s_2)$ 均不在 l 上. 由定义

$$\rho(s) = \varepsilon \mid (P(s) - P(s_0)) \times \boldsymbol{\alpha}(s_0) \mid, \tag{2.7.10}$$

其中 $\varepsilon = \pm 1$ 与 l 的定向及 $P(s)$ 的位置有关.

由(2.7.10)式不难证明：$\boldsymbol{\alpha}(s_1)$，$\boldsymbol{\alpha}(s_2)$，$\boldsymbol{\alpha}(s_0)$ 平行. 于是至少有两个向量方向相同. 由前面的讨论这是不可能的，所以 C 凸.

反之，设 C 凸. 为证命题，只须证明 $\theta(s)$ 单调. 若存在 $0 \leqslant s_1 < s_2 \leqslant L$，使 $\theta(s_1) = \theta(s_2)$，则点 $P(s_1)$ 与 $P(s_2)$ 的切线平行，且有相同指向. 因为 $\theta(s)$ 取值为 0 至 2π，所以 C 上有点 $P(s_3)$，其切线与上述两条切线平行且方向相反. 因为 C 是凸的，所以只有 $P(s_1)$ 与 $P(s_2)$ 的切线重合.

欲证 $\theta(s)$ 是单调函数，只须证明连接 $P(s_1)$，$P(s_2)$ 的线段 l 在 C 上.

若有 l 的内点 A 不在 C 上，过 A 作垂直 l 的一直线必交于 C 上至少两个点. 在这些交点中设 $P(s_3)$ 与 $P(s_4)$ 分别为距 l 最近与最远点，则 $P(s_3)$ 是 $\Delta P(s_1)P(s_4)P(s_2)$ 内点. 于是过 $P(s_3)$ 任意直线均不可能使 $P(s_1)$，$P(s_2)$，$P(s_4)$ 在同一侧. 特别 C 不可能在 $P(s_3)$ 点的切线同侧. 这与 C 是凸的矛盾.

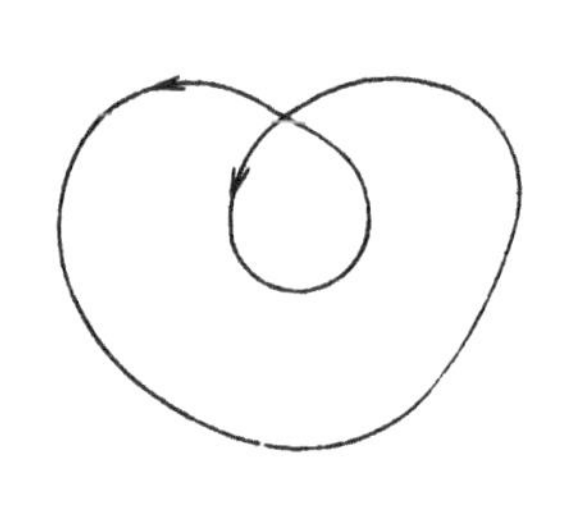

图 2.7.1

若曲线不是简单闭的，上述命题不成立. 如图 2.7.1.

注 2.7.1　定理 2.7.1 的证明.

设 O 是平面上固定的一点，取作为坐标系的原点. Γ 表示以 O 为圆心的单位圆. 切映射 T：$C \to \Gamma$ 定义为：将曲线 C 上的一点 p 映到以 O 为起点的平行于曲线在 p 点的切向的单位向量的终点. OX 为以 O 为起点的一个向量.

考虑映射 Σ，它把 C 的有序点对 $X(s_1)$，$X(s_2)$ $(0 \leqslant s_1 \leqslant s_2 \leqslant L)$ 映到以 O 为起点而平行于 $X(s_1)$ 到 $X(s_2)$ 的割线的单位向量的终点. 这些有序点对能够被表示为在 (s_1, s_2) 平面中由 $0 \leqslant s_1 \leqslant s_2 \leqslant L$ 所决定的一个三角形 Δ. Δ 到 Γ 的映射 Σ 是连续的. 我们也注意到，它限制在边 $s_1 = s_2$ 上就是切映射 T.

对任意一点 $p \in \Delta$，命 $\tau(p)$ 表示 OX 到 $O\Sigma(p)$ 的角，且使 $0 \leqslant \tau(p) < 2\pi$. 这个函数也未必连续. 然而，我们有以下引理.

引理 2.7.1　存在一个连续函数 $\bar{\tau}(p)$，使

$$\bar{\tau}(p) \equiv \tau(p) \pmod{2\pi}.$$

证　考虑映射 T，它是连续的，也是一致连续的. 所以，必有数 $\delta > 0$，使得当 $|s_1 - s_2| < \delta$ 时，$T(s_1)$ 和 $T(s_2)$ 在同一开半平面内，由对 $\bar{\tau}(p)$ 所要求的条件，若 $\bar{\tau}(s_1)$ 已知，则 $\bar{\tau}(s_2)$ 完全决定. 我们用点

$$0 = s_0 < s_1 < \cdots < s_m = L$$

分区间 $0 \leqslant p \leqslant L$，并使

$$| s_i - s_{i-1} | < \delta, i = 1, \cdots, m.$$

为规定 $\bar{\tau}(p)$，命 $\bar{\tau}(s_0) = \tau(s_0)$，则 $\bar{\tau}(p)$ 在子区间 $s_0 \leqslant p \leqslant s_1$ 上完全确定，特别在 s_1 的值确定，它又决定了 $\tau(p)$ 在第二个子区间上的值，等等. 显然，如此决定的函数 $\bar{\tau}(p)$ 满足引理的条件.

设 m 是 Δ 的内点，我们用经过 m 的半径覆盖 Δ. 由引理，有一个函数 $\bar{\tau}(p)$，$p \in \Delta$，使 $\bar{\tau}(p) \equiv \tau(p) \pmod{2\pi}$，且使它沿每一个过 m 的半径都是连续的. 剩下来要证明的是它在 Δ 中是连续的. 为此，设 p_0 是 Δ 的一点，因为 Σ 是连续的，由线段 mp_0 的紧致性得到，必存在一个数 $\eta = \eta(p_0) > 0$，使得，对 $q_0 \in mp_0$，以及对使距离 $d(q, q_0) < \eta$ 的任一点 $q \in \Delta$，点 $\Sigma(q)$ 和 $\Sigma(q_0)$ 不是对径点，这后一条件等价于关系：

$$\bar{\tau}(q) - \bar{\tau}(q_0) \not\equiv 0 \pmod{\pi}. \tag{2.7.11}$$

现给定 ε，$0 < \varepsilon < \frac{\pi}{2}$，我们选取 p_0 的一个邻域 U，使 U 被包含在 p_0 的 η 邻域内，并使得对 $p \in U$，$O\Sigma(p_0)$ 和 $O\Sigma(p)$ 之间的夹角小于 ε. 这是可能的，因为映射 Σ 是连续的，最后的条件能表示为

$$\bar{\tau}(p) - \bar{\tau}(p_0) = \varepsilon' + 2k(p)\pi, \ | \varepsilon' | < \varepsilon, \tag{2.7.12}$$

其中 $k(p)$ 是整数. 设 q_0 是线段 mp_0 上的任意一点，作平行于 $p_0 p$ 的线段 $q_0 q$，且使 q 在 mp 上，沿 mp，$\bar{\tau}(q) - \bar{\tau}(q_0)$ 是 q 的连续函数，且当 q 与 m 一致时函数值为零，因 $d(q, q_0)$ 小于 η，由方程(2.7.11)得到

$$| \bar{\tau}(q) - \bar{\tau}(q_0) | < \pi.$$

特别，对 $q_0 = p_0$，

$$| \bar{\tau}(p) - \bar{\tau}(p_0) | < \pi.$$

将这一结果与方程(2.7.12)联系起来，我们得到

$$k(p) = 0.$$

这就证明了 $\bar{\tau}(p)$ 中 Δ 中是连续的. 因 $\bar{\tau}(p) \equiv \tau(p) \pmod{2\pi}$，容易看出 $\bar{\tau}(p)$ 是可微分的.

现在设 $A(0,0)$，$B(0,L)$ 和 $D(L,L)$ 是 Δ 的顶点，C 的旋转指标由下列线积分所决定：

$$2\pi\gamma = \int_{AD} \mathrm{d}\bar{\tau}.$$

因为 $\bar{\tau}(p)$ 在 Δ 内有定义，所以

$$\int_{AD} d\bar{\tau} = \int_{AB} d\bar{\tau} + \int_{BD} d\bar{\tau}.$$

为计算右端的线积分的值，我们选取适当的坐标系．不妨假设 $X(0)$ 是 C 的"最低点"，即纵坐标为极小值的点，且选 $X(0)$ 作为坐标原点．于是 C 在 O 的切向量是水平的，并把它规定为 OX 的方向．这样，曲线 C 就处于以 OX 轴为界的上半平面内，且线积分

$$\int_{AB} d\bar{\tau}$$

就等于当 P 沿 C 运行一周是 OP 旋转的角度．因为 OP 永不指向下方，故这个角度为 $\varepsilon\pi$，$\varepsilon=\pm1$．类似地，线积分

$$\int_{BD} d\bar{\tau}$$

就等于当 P 沿 C 绕行一周时 PO 旋转的角度，其值也是 $\varepsilon\pi$．因此，这两个积分的和为 $2\varepsilon\pi$，所以曲线 C 的旋转指标为 ±1，这就完成了定理的证明.

注 2.7.2 著名数学家陈省身教授 1987 年曾在南开大学数学系数学专业为本科学生讲授一学期微分几何，本节主要内容均取自他的讲稿.

习 题

1. 证明：曲线 $P(t)=(3t, 3t^2, 2t^3)$ 的切线与某个确定的方向成定角.

2. 设平面曲线 C 与同一平面的一条直线 l 相交于正则点 p，并且落在直线 l 的一侧．证明：l 是曲线 C 在点 p 的切线.

3. 证明：若曲线 $P(t)$ 在 t_0 有 $x'(t_0)\neq0$，则该曲线在 t_0 的一个邻域内可以表示成

$$y=f(x),\ z=g(x).$$

4. 求曲线

$$\begin{cases} x^2+y^2+z^2=1,\ z\geqslant 0, \\ x^2+y^2=x \end{cases}$$

的参数方程.

5. 计算下列曲线从 $t=0$ 起的弧长：

(1) 圆柱螺线 $P(t)=(a\cos t, a\sin t, bt)$；

(2) 双曲螺线 $P(t)=(a\cosh t, a\sinh t, at)$；

(3) 曳物线 $P(t)=(a\cos t, a\ln(\sec t+\tan t)-a\sin t)$.

6. 求下列曲线的单位切向量场 $\dfrac{dP}{ds}$：

(1) 圆柱螺线 $P(t)=(a\cos t, a\sin t, bt)$，$a>0$；

(2) $P(t)=(\cos^3 t, \sin^3 t, \cos 2t)$.

7. 设曲线 C 是下面两个曲面的交线：

$$\frac{x^2}{a^2}-\frac{y^2}{b^2}=1,\ x=a\cosh\frac{z}{a},\ a,b>0.$$

求 C 从点 $(a,0,0)$ 到点 (x,y,z) 的弧长.

8. 求曲线 $P=P(t)$，使得 $P(0)=(1,0,-5)$，$P'(t)=(t^2,t,e^t)$.

9. 取定弧长参数时，表示曲线曲率和挠率的参数方程称为曲线的**自然方程**. 试建立 $\mathbf{R}^2$ 中圆与悬链线 $\left(y=a\cosh\dfrac{x}{a}\right)$ 的自然方程.

10. 求平面曲线的极坐标方程 $\rho=\rho(\theta)$ 表达下的弧长公式，其中 ρ 为极距，θ 为极角.

11. 求以下曲线的曲率：

(1) $P=(a\cosh t,\ a\sinh t,\ at)$；

(2) $P=(\cos^3 t,\ \sin^3 t,\ \cos 2t)$；

(3) $P=(a(3t-t^3),3at^2,a(3t+t^3))(a>0)$；

(4) $P=(a(1-\sin t),\ a(1-\cos t),\ bt)$.

12. 试求下列曲线的主法线和密切平面方程：

(1) 三次挠曲线 $P(t)=(at,\ bt^2,ct^3)$，

(2) 圆柱螺线 $P(t)=(r\cos\omega t,\ r\sin\omega t,\ h\omega t)$，其中 r,h 是常数，$\omega=(r^2+h^2)^{-\frac{1}{2}}$.

13. 求曲线

$$\begin{cases} x+\sinh x = y+\sin y, \\ z+e^z = (x+1)+\ln(x+1) \end{cases}$$

在 $(0,0,0)$ 处的曲率和 Frenet 标架.

14. 求曲线

$$\begin{cases} x^2+y^2+z^2 = 9, \\ x^2-z^2 = 3 \end{cases}$$

在 $(2,2,1)$ 处的曲率和密切平面方程.

15. 设曲线的方程是

$$P(t)=\begin{cases} (e^{-\frac{1}{t^2}},\ t,0),\ t<0, \\ (0,0,0), \quad t=0, \\ (0,t,e^{-\frac{1}{t^2}}),\ t>0. \end{cases}$$

证明：这是一条正则曲线，并且在 $t=0$ 处的曲线为零. 求这条曲线在 $t\neq 0$ 处的 Frenet 标架，并考察它在 $t\to\pm 0$ 时的极限.

16. 将曲线

$$P(t)=P_0+ta+\frac{1}{2}\kappa t^2 b+\frac{1}{6}Nt^3 c$$

在 $t=0$ 处化标准形，其中 $\{P_0;a,b,c\}$ 是一个右手幺正标架. 在这里自然假定在 $t=0$ 处密切平面非退化.

17. 设 C^* 是 C 在 P_0 点的密切曲线，试证明：C 与 C^* 在 P_0 点有相同的曲率和挠率.

18. 若一条曲线的切方向始终与某一固定方向交定角，则称此曲线为**定倾曲线**，或**一般螺线**. 试证明：曲率不为零的曲线 $P(s)$ 是定倾曲线的充要条件为

$$\frac{\tau(s)}{\kappa(s)}=\text{常数}.$$

19. 证明:若曲线所有的切线经过一个定点,曲线是直线.

20. 证明:若曲线所有的密切平面经过一个定点,曲线是平面曲线.

21. 证明:若曲线所有的法平面经过一个定点,曲线是球面曲线.

22. 证明:一条曲线为平面曲线的一个充要条件是它的切线的球面标线是一个大圆或大圆的一部分.

23. 证明:

$$(\dot{T},\ddot{T},\dddot{T})=\kappa^3(\kappa\dot{\tau}-\dot{\kappa}\tau)=\kappa^5\frac{\mathrm{d}}{\mathrm{d}s}\left(\frac{\tau}{\kappa}\right),$$

$$(\dot{B},\ddot{B},\dddot{B})=\tau^3(\dot{\kappa}\tau-\kappa\dot{\tau})=\tau^5\frac{\mathrm{d}}{\mathrm{d}s}\left(\frac{\kappa}{\tau}\right).$$

24. 若$\Gamma:P=P(s)$的挠率τ为非零常数,而N,B为Γ的主法向量和次法向量,证明

$$\bar{\Gamma}:\bar{P}(s)=\frac{1}{\tau}N(s)-\int B(s)\mathrm{d}s$$

有固定的曲率$\bar{\kappa}=|\tau|$. 求$\bar{\Gamma}$的挠率$\bar{\tau}$.

25. 设Γ为具有固定曲率κ的挠曲线,而$\bar{\Gamma}$为Γ的曲率中心轨迹. 证明$\bar{\Gamma}$也具有固定曲率κ,而且Γ又是$\bar{\Gamma}$的曲率中心轨迹. 并证明Γ与$\bar{\Gamma}$在对应点挠率之积是κ^2.

26. 设在曲线Γ的每一点P取一条法线,使这样所得到的法线构成一个连续而且“可以微分”的族. 在这些法线上各取一点$\bar{P}$以得另一条曲线$\bar{\Gamma}$. 证明所取法线同时也是$\bar{\Gamma}$的法线的充要条件是:线段$\overline{P\bar{P}}=$常数.

另证明:若曲线Γ的一族法线经过一个定点,Γ为球面曲线.

27. 证明一条曲线的所有切线不可能同时都是另一条曲线的切线.

28. 证明一条挠曲线的所有次法向量不可能同时都是另一条曲线的次法向量.

29. 设在两条曲线$\Gamma,\bar{\Gamma}$的点之间,建立了一个一一对应关系,使它们在对应点的主法向量总是互相平行(不是相同). 证明它们在对应点的切线作固定的角.

30. 设在两条曲线$\Gamma,\bar{\Gamma}$的点之间,建立一个一一对应关系,使它们在对应点的切线平行. 证明它们在对应点的主法向量以及次法向量也分别平行,而且挠率和曲率成比例. 因此,若Γ是柱面螺线,$\bar{\Gamma}$也是柱面螺线.

31. 若已知$\Gamma,\bar{\Gamma}$在对应点的次法向量互相平行,可以推出什么结论?

32. 设在$\Gamma,\bar{\Gamma}$的点之间建立了一个一一对应关系,使$\bar{\Gamma}$在每一点的次法向量平行于Γ在对应点的切线. 试考察这两条曲线在对应点的基本三棱形的其他相互关系;考察它们曲率和挠率的关系.

33. 求曲线$P(t)=\left(t,\dfrac{at^2}{2},\dfrac{abt^3}{6}\right)$,$a>0,b\neq 0$,在$t=0$处的 Frenet 标架、曲率和挠率.

34. 证明:曲线

$$P(s)=\left(\frac{(1+s)^{3/2}}{3},\frac{(1-s)^{3/2}}{3},\frac{s}{\sqrt{2}}\right),\ (-1<s<1)$$

以s为弧长参数. 并求曲线的曲率、挠率和 Frenet 标架场.

35. 曲线的参数表示为$P(t)=(t,t^2,t^3)$,求:

(1) 曲线的一个弧长参数s;

(2) 在 P_0 点处将函数 $s(t)$，$t(s)$作 Taylor 展开(展到二次项)；

(3) 求 P_0 点处的曲率、挠率；

(4) 求 P_0 点处的 Frenet 标架.

36. 试证明平面曲线在同一平面内有渐伸线，而且有一条渐缩线是一般螺线，即它满足

$$\frac{\tau(s)}{\kappa(s)}=\text{常数}.$$

37. 设 s 是单位球面上曲线 C 的弧长参数，求证存在一组向量$\{a(s),b(s),c(s)\}$及一函数$\lambda(s)$，使得

$$\frac{\mathrm{d}}{\mathrm{d}s}\begin{pmatrix}a\\b\\c\end{pmatrix}=\begin{pmatrix}0&1&0\\-1&0&\lambda(s)\\0&-\lambda(s)&0\end{pmatrix}\begin{pmatrix}a\\b\\c\end{pmatrix}.$$

38. 设 C 是球面上的大圆，求 C 的 Frenet 公式中的 $B(s)$.

39. 设 C 是曲率为常数 κ 的空间曲线，且 $\tau\neq0$. 试证 C 的曲率中心所成的曲线 $\overline{C}$ 仍是曲率为 κ 的曲线，并且 $\overline{C}$ 的曲率中心所成的曲线恰是 C. C 与 $\overline{C}$ 中对应点的挠率之积是 κ^2.

40. 曲线 P 和 P^* 可建立一一对应，使得对应点的切线平行. 试证明：对应点的次法向量、主法向量也平行，曲率及挠率皆成比例.

41. 证明：满足条件

$$\left(\frac{1}{\kappa}\right)^2+\left[\frac{1}{\tau}\frac{\mathrm{d}}{\mathrm{d}s}\left(\frac{1}{\kappa}\right)\right]^2=\text{常数}$$

的空间挠曲线或者是常曲率的曲线，或者是球面曲线.

42. 试求沿曲线定义的向量场 $\rho(s)$，使得以下各式同时成立：

$$\dot{T}(s)=\rho(s)\times T(s),$$
$$\dot{N}(s)=\rho(s)\times N(s),$$
$$\dot{B}(s)=\rho(s)\times B(s).$$

43. 设$\{P(s);\ \alpha_1(s),\alpha_2(s),\alpha_3(s)\}$是定义在曲线 $P(s)$上的单位正交标架场，令

$$\frac{\mathrm{d}\alpha_i}{\mathrm{d}s}=\sum_{j=1}^{3}\lambda_{ij}\alpha_j,\ (1\leqslant i\leqslant 3)$$

证明：$\lambda_{ij}+\lambda_{ji}=0$.

44. 如果 $\sigma=\sigma(s)$是曲线 $P=P(s)$的切线象. 证明：该曲线的曲率和挠率分别是

$$\kappa_\sigma=\sqrt{1+\left(\frac{\tau}{\kappa}\right)^2},\ \tau_\sigma=\frac{\frac{\mathrm{d}}{\mathrm{d}s}\left(\frac{\tau}{\kappa}\right)}{\kappa\left[1+\left(\frac{\tau}{\kappa}\right)^2\right]}.$$

并求它的 Frenet 标架场.

45. 设曲线 $P=P(s)$的 Frenet 标架场是$\{P(s);\ T(s),\ N(s),\ B(s)\}$. 证明：$(T,T',T'')\cdot(B,B',B'')=\varepsilon\cdot|T'|^3\cdot|B'|^3$，其中 $\varepsilon=\mathrm{sgn}\tau$.

46. 设 $\tau=c\cdot\kappa$，c 是常数. 写出这条曲线的参数方程.

47. 证明:曲线

$$P(t)=(t+\sqrt{3}\sin t,2\cos t,\sqrt{3}t-\sin t)$$

和

$$P_1(u)=\left(2\cos\frac{u}{2},\ 2\sin\frac{u}{2},\ -u\right)$$

是合同的.

48. 证明:曲线 $C_1:P=(\cosh t,\ \sinh t,\ t)$ 与曲线 $C_2:P=\left(\frac{e^{-u}}{\sqrt{2}},\frac{e^{u}}{\sqrt{2}},u+1\right)$ 在空间 $\mathbf{E}^3$ 的一个刚体运动下是合同的. 试求使 C_1 与 C_2 合同的刚体运动.

49. 证明圆柱螺线的曲率中心轨迹仍然是圆柱螺线.

50. 求以下平面曲线的相对曲率 κ_r(假定弧长 s 增加的方向就是参数增加的方向):

(1) 椭圆:$P=(a\cos t,\ b\sin t)$, $0\leqslant t<2\pi$;

(2) 双曲线:$P=(a\cosh t,\ b\sinh t)$;

(3) 抛物线:$P=(t,t^2)$ 即 $y=x^2$;

(4) 摆线:$P=(a(t-\sin t),\ a(1-\cos t))$;

(5) 悬链线:$P=\left(t,\ a\cosh\frac{t}{a}\right)$ 即 $y=a\cosh\frac{x}{a}$;

(6) 曳物线:$P=(a\cos\varphi,\ a\ln(\sec\varphi+\tan\varphi)-a\sin\varphi)$,其中 $0\leqslant\varphi<\frac{\pi}{2}$.

51. 设在平面极坐标系下,曲线的方程是 $\rho=\rho(\theta)$,其中 θ 是极角,ρ 是极距. 求曲线的相对曲率的表达式.

52. 已知曲线的相对曲率为

$$\kappa_r(s)=\frac{1}{1+s^2},$$

其中 s 是弧长参数,求这条平面曲线的参数方程.

53. 求第 50 题中各条曲线的曲率中心轨迹.

54. 求下列曲线的渐伸线:

(1) 圆周:$x^2+y^2=a^2$;

(2) 悬链线:$y=a\cdot\cosh\frac{s}{a}$;

(3) 摆线:$P(t)=(t-\sin t,\ 1-\cos t)$.

55. 若 $\Gamma:P=P(s)$ 为柱面螺线,T,N 为 Γ 的切向量和法向量,R 为 Γ 的曲率半径,证明

$$\bar{\Gamma}:\bar{P}(s)=RT-\int N\mathrm{d}s$$

也是柱面螺线.

56. 如果在两条曲线之间可以建立一个点对应,使得在对应点这两条曲线有公共的主法线,则称这两条曲线互为共轭曲线. 如果一条曲线有非平凡的(即与它自身不重合的)共轭曲线,则称它为 Bertrand 曲线. 证明:在互为共轭的曲线 C_1,C_2 的对应点之间的距离为常数,并且在对应点处的切线成定角.

57. 证明:曲率 κ 和挠率 τ 都不为零的曲线是 Bertrand 曲线的充要条件是:存在常数 λ,μ(其中 $\lambda\neq 0$)使得

$$\lambda\kappa+\mu\tau=1.$$

58. 证明:若平面曲线的曲率中心轨迹是正则曲线,则它是原曲线的一条渐缩线.

59. 经过曲率中心,并与密切平面垂直的直线称为**曲率轴**. 证明:球心在点 $s=0$ 的曲率轴上、经过点 $P(0)$ 的球面与曲线 $P=P(s)$ 在 $s=0$ 处有二阶以上的切触.

60. 与曲线在一点有三阶以上切触的球面称为**密切球面**. 试求曲线 $P=P(s)$ 在点 s 处的密切球面的中心.

第三章　曲面的局部性质

3.1　曲面与参数曲面片

通过第二章的讨论，可以看出，要用微分方法研究空间的几何图形，选用参数颇为重要. 因此讨论 $\mathbf{R}^3$ 中的曲面时，我们采取的第一个步骤是用参数方程描述曲面.

所谓参数曲面是指从 $\mathbf{R}^2$ 的一个区域 D 到空间 $\mathbf{R}^3$ 的一个光滑映射(即连续 r 阶可微映射，$r\geqslant 3$). 分别在 $\mathbf{R}^2$ 与 $\mathbf{R}^3$ 中取定坐标系，用 $(x,y,z)^{\mathrm{T}}$ 记 $\mathbf{R}^3$ 中点的坐标，$(u,v)^{\mathrm{T}}$ 记 $\mathbf{R}^2$ 中点的坐标. 则一个参数曲面的参数方程可以表示为

$$\begin{cases} x = x(u,v), \\ y = y(u,v), \ (u,v) \in D, \\ z = z(u,v), \end{cases}$$

或写成向量值函数

$$P = P(u,v) = (x(u,v),\ y(u,v), z(u,v)),$$

变量 u,v 称作参数曲面的参数.

在曲面 S 上取定一点 $p_0=P(u_0,v_0)$，让 v 变化，而 $u=u_0$，则动点描出一条 S 上的曲线，称其为过 p_0 点的 v 曲线. 它的方程为

$$P = P(u_0,v),$$

或者写成

$$u = u_0.$$

同样，有过 p_0 的 u 曲线. 在参数曲面上每点有一条 u 曲线，一条 v 曲线，它们构成曲面上的参数曲线网. 从直观看，参数曲面 S 是将 $\mathbf{R}^2$ 中的区域 D 变形之后放到 $\mathbf{R}^3$ 中. 而 $\mathbf{R}^2$ 中坐标曲线网变成 S 上**参数曲线网**. 因此 (u,v) 可作为 S 上点的坐标. 通常 (u,v) 称作曲面上的**曲纹坐标**.

设 $(u_0,v_0)\in D$,

$$P_u(u_0,v_0) = \left.\frac{\partial P}{\partial u}\right|_{(u_0,v_0)},$$

$$P_v(u_0,v_0) = \left.\frac{\partial P}{\partial v}\right|_{(u_0,v_0)}.$$

若 $P_u \parallel P_v$，则在(u_0, v_0)点或者 u 曲线与 v 曲线相切，或者 u 曲线与 v 曲线不全是正则参数曲线. 直观上看，前者在 $P(u_0, v_0)$局部曲纹坐标不能构成"网"，而后者使我们很难应用正则曲线的有关结论，为此我们需要加上一些正则条件.

定义 3.1.1 设 D 是 $\mathbf{R}^2$ 的区域，

$$P: D \to \mathbf{R}^3$$

是光滑映射，如果满足

$$\operatorname{rank}\begin{pmatrix} P_u \\ P_v \end{pmatrix} \equiv 2,$$

则映射 P 称作 $\mathbf{R}^3$ 中的**正则参数曲面**. 而 P 的像集称为**正则(几何)曲面**. $(u, v) \in D$ 称为 S 的一组**正则参数**.

设

$$\begin{cases} \tilde{u} = \tilde{u}(u, v), \\ \tilde{v} = \tilde{v}(u, v), \end{cases} \quad (u, v) \in D$$

是光滑函数. 如果有反函数

$$u = u(\tilde{u}, \tilde{v}),$$
$$v = v(\tilde{u}, \tilde{v}),$$

且

$$\det\begin{pmatrix} \dfrac{\partial \tilde{u}}{\partial u} & \dfrac{\partial \tilde{v}}{\partial u} \\ \dfrac{\partial \tilde{u}}{\partial v} & \dfrac{\partial \tilde{v}}{\partial v} \end{pmatrix}$$

处处不为零. 记

$$P(\tilde{u}, \tilde{v}) = P(u(\tilde{u}, \tilde{v}), v(\tilde{u}, \tilde{v})),$$

则不难证明 $P = P(\tilde{u}, \tilde{v})$也是一个正则参数曲面，$(\tilde{u}, \tilde{v})$是 S 的另一组参数.

但是要使(u, v)真正成为 S 上的坐标，必须要求 S 和 D 之间双方单值一一对应，即为同胚. 即使我们加上了正则条件，仍不能保证这一点. 为此我们引进正则曲面片的概念.

定义 3.1.2 设 D 是 $\mathbf{R}^2$ 中单连通开集，

$$P: D \to \mathbf{R}^3$$

是正则参数曲面. 记 $S = P(D)$，如果

$$P: D \to S$$

是同胚映射，则 $P = P(u, v)$称作**正则参数曲面片**，S 称作**正则曲面片**，或**曲面片**.

例 3.1.1　圆柱面 $x^2+y^2=a^2$.

圆柱面的一个正则参数曲面的方程是

$$P=P(u,v)=(a\cos u,\ a\sin u,\ bv),(u,v)\in\mathbf{R}^2,$$

其中 $a>0$,b 是常数. 假定 $-\pi<u<\pi$,$-\infty<v<\infty$,则它表示的是圆柱面上除去直线

$$x=1,\ y=0,\ z=bv$$

后所剩余部分,为一个正则曲面片 S_1.

同样,若规定 $0<u<2\pi$,也得到一个正则曲面片 S_2. $S_1\cup S_2$ 正好是整个柱面,而 $S_1\cap S_2$ 上两种参数表示差一个参数变换.

例 3.1.2　球面 $x^2+y^2+z^2=a^2$.

常用的球面参数方程是

$$P=P(\theta,\varphi)=(a\cos\varphi\cos\theta,\ a\cos\varphi\sin\theta,\ a\sin\varphi),$$

其中 $a>0$ 是常数. 若规定 $-\pi<\theta<\pi$,$-\frac{\pi}{2}<\varphi<\frac{\pi}{2}$,则这个参数曲面片恰好除去了球面上从北极到南极,经过点$(-a,0,0)$的半个大圆. 想一想:若用这样的参数表示,则需要用几个曲面片才能将整个球面盖住.

例 3.1.3　例 3.1.1,例 3.1.2 中的圆柱与球面均不是正则参数曲面片.

这是因为圆柱面不是单连通的,而球面是紧的. 我们由正则曲面片定义可知正则曲面片是单连通非紧集(因为 $P:D\to S$ 是同胚,且 D 是 $\mathbf{R}^2$ 中连通的单连通开集).

例 3.1.4　曲面 $S:z=f(x,y)$, $(x,y)\in D\subset\mathbf{R}^2$.

其参数表示可写为

$$P=P(x,y)=(x,y,f(x,y)),$$

那么

$$P_x=\left(1,0,\frac{\partial f}{\partial x}\right),$$

$$P_y=\left(0,1,\frac{\partial f}{\partial y}\right).$$

所以

$$\operatorname{rank}\begin{pmatrix}P_x\\P_y\end{pmatrix}\equiv 2.$$

因此 S 是正则曲面,$P=P(x,y)$是其一个正则参数方程. 进而,如果 D 是单连通的连通开集,则 S 是正则曲面片.

由上述例子,我们可以看出,虽然正则曲面片可以选取“好”的曲纹坐标,

然而即使像圆柱面．球面这样简单的曲面也不是正则曲面片．像曲线一样，可以给出正则曲面的一般定义．

定义 3.1.3 设 S 是 $\mathbf{R}^3$ 中的一个连通子集，如果对任意一点 $p\in S$，必存在 p 的一个邻域 V，使 $V\cap S$ 为一个正则曲面片且包含 P 点，不同的曲面片相交部分差一个正则参数变换，则称 S 为**正则曲面**．

3.2 切平面与法方向

定义 3.2.1 设 P 为正则曲面片 S 的参数表示，$p_0=P(u_1^0,u_2^0)\in S$．称

$$n=\left(\frac{\partial P}{\partial u_1}\times\frac{\partial P}{\partial u_2}\Big/\left|\frac{\partial P}{\partial u_1}\times\frac{\partial P}{\partial u_2}\right|\right)_{(u_1^0,u_2^0)}$$

为 S 在 p_0 处的**单位法向量**．过 p_0 的以 n 为方向的直线称为**法线**，其上任一非零向量称为法向量．而平面

$$T_{p_0}S=\{T\in\mathbf{R}^3\mid\langle T-p_0,n(u_1^0,u_2^0)\rangle=0\}$$

称为 S 在 p_0 处的**切平面**．$T_{p_0}S$ 上的任一向量称为 S 在 p_0 处的一个**切向量**．

由于

$$\left\langle\frac{\partial P}{\partial u_1},n\right\rangle=\left\langle\frac{\partial P}{\partial u_2},n\right\rangle=0,$$

而$\dfrac{\partial P}{\partial u_1},\dfrac{\partial P}{\partial u_2}$线性无关，于是切平面有参数表示

$$T_{p_0}S=P(u_1^0,u_2^0)+s\frac{\partial P}{\partial u_1}(u_1^0,u_2^0)+t\frac{\partial P}{\partial u_2}(u_1^0,u_2^0),$$

其中 s,t 为参数．

引理 3.2.1 法线和切平面与参数选取无关．

证 设 $P,P\circ f$ 是 S 的不同参数表示，其中 f 为参数变换．于是曲链式法则

$$\begin{pmatrix}\dfrac{\partial P\circ f}{\partial u_1}\\[2ex]\dfrac{\partial P\circ f}{\partial u_2}\end{pmatrix}=\begin{pmatrix}\dfrac{\partial f_1}{\partial u_1}&\dfrac{\partial f_2}{\partial u_1}\\[2ex]\dfrac{\partial f_1}{\partial u_2}&\dfrac{\partial f_2}{\partial u_2}\end{pmatrix}\begin{pmatrix}\dfrac{\partial P}{\partial v_1}\\[2ex]\dfrac{\partial P}{\partial v_2}\end{pmatrix}.$$

于是$\dfrac{\partial P\circ f}{\partial u_1},\dfrac{\partial P\circ f}{\partial u_2}$与$\dfrac{\partial P}{\partial v_1},\dfrac{\partial P}{\partial v_2}$可互相线性表示，且都是线性无关的．因而 $T_{p_0}S$ 与参数选取无关．故法线也与选取无关．

推论 3.2.1 设 f 是参数变换，则有

$$\frac{\partial P\circ f}{\partial u_1}\times\frac{\partial P\circ f}{\partial u_2}=\det\left(\frac{\partial(f_1,f_2)}{\partial(u_1,u_2)}\right)\cdot\left(\frac{\partial P}{\partial v_1}\times\frac{\partial P}{\partial v_2}\right).$$

证　定义 $\mathbf{R}^3$ 中线性变换 A 使得

$$\begin{pmatrix} A\dfrac{\partial P}{\partial v_1} \\ A\dfrac{\partial P}{\partial v_2} \\ An \end{pmatrix} = \begin{pmatrix} \dfrac{\partial f_1}{\partial u_1} & \dfrac{\partial f_2}{\partial u_1} & 0 \\ \dfrac{\partial f_1}{\partial u_2} & \dfrac{\partial f_2}{\partial u_2} & 0 \\ 0 & 0 & 1 \end{pmatrix} \begin{pmatrix} \dfrac{\partial P}{\partial v_1} \\ \dfrac{\partial P}{\partial v_2} \\ n \end{pmatrix} = \begin{pmatrix} \dfrac{\partial P\circ f}{\partial u_1} \\ \dfrac{\partial P\circ f}{\partial u_2} \\ n \end{pmatrix},$$

于是

$$\begin{aligned} \left\langle \frac{\partial P\circ f}{\partial u_1}\times\frac{\partial P\circ f}{\partial u_2}, n\right\rangle &= \left\langle A\frac{\partial P}{\partial v_1}\times A\frac{\partial P}{\partial v_2}, An\right\rangle \\ &= \left(A\frac{\partial P}{\partial v_1}, A\frac{\partial P}{\partial v_2}, An\right) = \det A\cdot\left(\frac{\partial P}{\partial v_1}, \frac{\partial P}{\partial v_2}, n\right) \\ &= \det\left(\frac{\partial(f_1,f_2)}{\partial(u_1,u_2)}\right)\left\langle\frac{\partial P}{\partial v_1}\times\frac{\partial P}{\partial v_2}, n\right\rangle, \end{aligned}$$

故推论成立.

从这个推论知,参数改变可能引起单位法向量改变方向. 于是我们可以给曲面片规定方向. 坐标变换是否改变方向依赖于 Jacobi 行列式的符号.

若对一个曲面 S 中每点 p 均可选择 p 的一个邻域 $V\cap S$ 的正则参数表示,使得$(V_1\cap S)\cap(V_2\cap S)\neq\varnothing$时,相互的参数变换 $P_2^{-1}P_1$ 都是保持定向的,即其 Jacobi 行列式为正,则称这种正则曲面为可定向的.

我们回到曲面上一点的法向量和切平面的性质上来,看看切平面的性质.

由于曲面有参数表示 $P(u_1,u_2)$,此曲面上的曲线可以用参数方程表示

$$t\to P(u_1(t),\ u_2(t)).$$

定理 3.2.1　设 S 是正则曲面,有参数表示

$$P(u_1,u_2)=(x(u_1,u_2),\ y(u_1,u_2),\ z(u_1,u_2)),$$

又设 $p_0=P(u_1^0,u_2^0)\in S$.

如果 $C(t)=P(u_1(t),\ u_2(t))$是过 p_0 的 S 上的曲线,$C(t_0)=p_0$,则$C(t)$在 p_0 处的切向量为 $C'(t_0)\in T_{p_0}S$.

反之,若有 $X\in T_{p_0}S$,则有 S 上过 p_0 的曲线,在 p_0 的切向量为 X.

证　$C'(t_0)=\dfrac{\partial P}{\partial u_1}\dfrac{\mathrm{d}u_1(t)}{\mathrm{d}t}(t_0)+\dfrac{\partial P}{\partial u_2}\dfrac{\mathrm{d}u_2(t)}{\mathrm{d}t}(t_0)\in T_{p_0}S.$

反之,设 $X=a\dfrac{\partial P}{\partial u_1}(p_0)+b\dfrac{\partial P}{\partial u_2}(p_0)$. 令

$$u_1=at+u_1^0,$$
$$u_2=bt+u_2^0,$$

于是有 S 上的曲线

$$\alpha(t) = P(at + u_1^0, bt + u_2^0),$$

显然

$$\alpha(0) = P(u_1^0, u_2^0) = p_0.$$

又

$$\begin{aligned}\frac{\mathrm{d}\alpha}{\mathrm{d}t} &= \frac{\partial P}{\partial u_1}\frac{\mathrm{d}u_1}{\mathrm{d}t}(0) + \frac{\partial P}{\partial u_2}\frac{\mathrm{d}u_2}{\mathrm{d}t}(0) \\ &= a\frac{\partial P}{\partial u_1}(p_0) + b\frac{\partial P}{\partial u_2}(p_0) = X.\end{aligned}$$

这个定理说明，p_0 处的切平面由过 p_0 点的 S 上的曲线在 p_0 处的切向量组成.

对于 $P = P(u_1, u_2) \in S$，有三个线性无关的向量 $\frac{\partial P}{\partial u_1}, \frac{\partial P}{\partial u_2}$ 和 n. 于是 $\left\{P; \frac{\partial P}{\partial u_1}, \frac{\partial P}{\partial u_2}, n\right\}$ 构成一个标架，称为 S 的**自然标架**或 Gauss **标架**. 与曲线一样，我们可以定义沿曲面的向量场，于是 $\frac{\partial P}{\partial u_1}, \frac{\partial P}{\partial u_2}, n$ 均是沿曲面的向量场.

从分析的眼光来看，我们可以用 $T_{p_0}S$ 上的点近似地代替 S 上 p_0 附近的点. 如果我们要求更精确，我们可以用 Tayler 展开中的平方项：

$$\begin{aligned}P = P_0 &+ \frac{\partial P}{\partial u_1}(p_0)\Delta u_1 + \frac{\partial P}{\partial u_2}(p_0)\Delta u_2 \\ &+ \frac{1}{2}\left[\frac{\partial^2 P}{\partial u_1^2}(p_0)\Delta u_1^2 + 2\frac{\partial^2 P}{\partial u_1 \partial u_2}(p_0)\Delta u_1 \Delta u_2\right. \\ &\left. + \frac{\partial^2 P}{\partial u_2^2}(p_0)\Delta u_2^2\right] + o(\Delta u_1^2 + \Delta u_2^2).\end{aligned}$$

前三项恰为切平面 $T_{p_0}S$. 增加了二次项后自然是一个二次曲面，记为

$$\begin{aligned}Q = p_0 &+ \frac{\partial P}{\partial u_1}(p_0)s + \frac{\partial P}{\partial u_2}(p_0)t \\ &+ \frac{1}{2}\left[s^2\frac{\partial^2 P}{\partial u_1^2}(p_0) + 2st\frac{\partial^2 P}{\partial u_1 \partial u_2}(p_0) + t^2\frac{\partial^2 P}{\partial u_2^2}(p_0)t^2\right].\end{aligned}$$

以 Q 上的点代替 S 上的点固然更为精确，但是 Q 与参数的选取有关，因而是难以控制的. 一个自然的想法是用二次项在 S 的法方向的投影来代替此二次项，如图 3.2.1 所示. 于是得一二次曲面

$$\begin{aligned}m_{p_0}(s,t) = p_0 &+ s\frac{\partial P}{\partial u_1}(p_0) + t\frac{\partial P}{\partial u_2}(p_0) \\ &+ \frac{1}{2}\left\langle\left(s^2\frac{\partial^2 P}{\partial u_1^2}(p_0) + 2st\frac{\partial^2 P}{\partial u_1 \partial u_2}(p_0)\right.\right.\end{aligned}$$

$$+t^2\frac{\partial^2 P}{\partial u_2^2}(p_0)),n(p_0)\Big\rangle n(p_0).$$

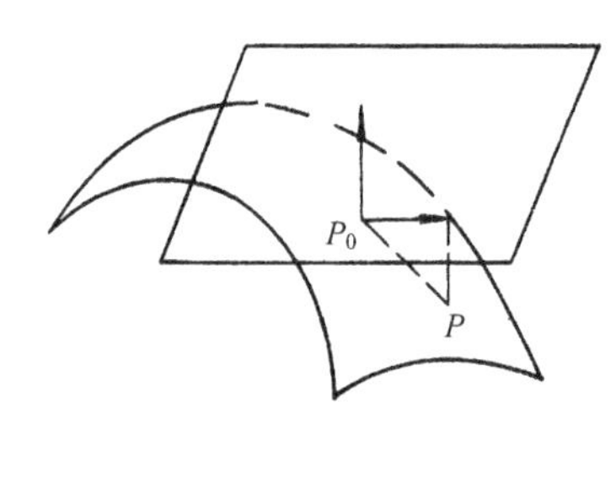

图 3.2.1

下面我们来看对于坐标变换 f 所产生的影响. 由于

$$\begin{aligned}\frac{\partial^2 P\circ f}{\partial v_1^2}&=\frac{\partial}{\partial v_1}\left(\frac{\partial P}{\partial u_1}\frac{\partial f_1}{\partial v_1}+\frac{\partial P}{\partial u_2}\frac{\partial f_2}{\partial v_1}\right)\\&=\left(\frac{\partial^2 P}{\partial u_1^2}\frac{\partial f_1}{\partial v_1}+\frac{\partial^2 P}{\partial u_1\partial u_2}\frac{\partial f_2}{\partial v_1}\right)\frac{\partial f_1}{\partial v_1}\\&\quad+\left(\frac{\partial^2 P}{\partial u_1\partial u_2}\frac{\partial f_1}{\partial v_1}+\frac{\partial^2 P}{\partial u_2^2}\frac{\partial f_2}{\partial v_1}\right)\frac{\partial f_2}{\partial v_1}\\&\quad+\frac{\partial P}{\partial u_1}\frac{\partial^2 f_1}{\partial v_1^2}+\frac{\partial P}{\partial u_2}\frac{\partial^2 f_2}{\partial v_1^2},\end{aligned}$$

注意最后两项在 $T_{p_0}S$ 中,故与 n 正交,故在计算中可以略去不计. 类似有

$$\begin{aligned}\frac{\partial^2 P\circ f}{\partial v_1\partial v_2}&\equiv\left(\frac{\partial^2 P}{\partial u_1^2}\frac{\partial f_1}{\partial v_1}+\frac{\partial^2 P}{\partial u_1\partial u_2}\frac{\partial f_2}{\partial v_1}\right)\frac{\partial f_1}{\partial v_2}\\&\quad+\left(\frac{\partial^2 P}{\partial u_1\partial u_2}\frac{\partial f_1}{\partial v_1}+\frac{\partial^2 P}{\partial u_2^2}\frac{\partial f_2}{\partial v_1}\right)\frac{\partial f_2}{\partial v_2}(\mathrm{mod}T_{p_0}S),\\\frac{\partial^2 P\circ f}{\partial v_2^2}&\equiv\left(\frac{\partial P}{\partial u_1^2}\frac{\partial f_1}{\partial v_2}+\frac{\partial^2 P}{\partial u_1\partial u_2}\frac{\partial f_2}{\partial v_2}\right)\frac{\partial f_1}{\partial v_2}\\&\quad+\left(\frac{\partial^2 P}{\partial u_1\partial u_2}\frac{\partial f_1}{\partial v_2}+\frac{\partial^2 P}{\partial u_2^2}\frac{\partial f_2}{\partial v_2}\right)\frac{\partial f_2}{\partial v_2}(\mathrm{mod}T_{p_0}S),\end{aligned}$$

对于 $P\circ f$ 所决定的二次曲面为

$$\begin{aligned}\widetilde{m}_{p_0}(\tilde{s},\tilde{t})=&\ p_0+\tilde{s}\frac{\partial P\circ f}{\partial v_1}(p_0)+\tilde{t}\frac{\partial P\circ f}{\partial v_2}(p_0)\\&+\frac{1}{2}\Big\langle\tilde{s}^2\frac{\partial^2 P\circ f}{\partial v_1^2}(p_0)+2\tilde{s}\tilde{t}\frac{\partial^2 P\circ f}{\partial v_1\partial v_2}(p_0)\\&+\tilde{t}^2\frac{\partial^2 P\circ f}{\partial v_2^2}(p_0),\tilde{n}\Big\rangle\tilde{n}.\end{aligned}$$

因为有

$$\begin{aligned}\tilde{s}\frac{\partial P\circ f}{\partial v_1}(p_0)&=\tilde{s}\frac{\partial P}{\partial u_1}\frac{\partial f_1}{\partial v_1}+\tilde{s}\frac{\partial P}{\partial u_2}\frac{\partial f_2}{\partial v_1},\\\tilde{t}\frac{\partial P\circ f}{\partial v_2}(p_0)&=\tilde{t}\frac{\partial P}{\partial u_1}\frac{\partial f_1}{\partial v_2}+\tilde{t}\frac{\partial P}{\partial u_2}\frac{\partial f_2}{\partial v_2}.\end{aligned}$$

令

$$s=\frac{\partial f_1}{\partial v_1}\tilde{s}+\frac{\partial f_1}{\partial v_2}\tilde{t},$$

$$t=\frac{\partial f_2}{\partial v_1}\tilde{s}+\frac{\partial f_2}{\partial v_2}\tilde{t},$$

代入计算,不难证明

$$m_{p_0}(s,t)=\widetilde{m}_{p_0}(\tilde{s},\tilde{t}).$$

即如此确定的二次曲面与坐标变换无关.

如果在空间中,以 p_0 为原点,以$\frac{\partial P}{\partial u_1},\frac{\partial P}{\partial u_2},n$ 为标架,则 $m_{p_0}(s,t)$上的点的坐标为

$$x=s,$$

$$y=t,$$

$$z=\frac{1}{2}\left\langle s^2\frac{\partial^2 P}{\partial u_1^2}+2st\frac{\partial^2 P}{\partial u_1\partial u_2}+t^2\frac{\partial^2 P}{\partial u_2^2},n\right\rangle.$$

如果将$\frac{\partial P}{\partial u_1}$与$\frac{\partial P}{\partial u_2}$正交化,即将坐标 s,t 做一线性变换,这时 z 仍然表示为 x 与 y 的二次函数. 故 $m_{p_0}(s,t)$是一抛物面(osculating paraboloid),记为$m_{p_0}S$.

$m_{p_0}S$ 与 S 在 p_0 处有相同的切平面.

3.3 第一基本形式

本节主要讨论曲面的切平面上的度量,从而导出曲面的第一基本形式.我们知道切平面与参数的选取无关,那么其上的度量即第一基本形式也与参数选取无关,也就是说,是一个几何量.

设 $P(u)=P(u_1,u_2)$为曲面 S 的正则参数表示. 对于 $u+\Delta u=(u_1+\Delta u_1, u_2+\Delta u_2)=(u_1+\mathrm{d}u_1,u_2+\mathrm{d}u_2)$,记

$$\mathrm{d}P(u)=\frac{\partial P}{\partial u_1}\mathrm{d}u_1+\frac{\partial P}{\partial u_2}\mathrm{d}u_2,$$

于是 $\mathrm{d}P(u)\in T_{P(u)}S$. 而 $P(u)+\mathrm{d}P(u)$是 $T_{P(u)}S$ 上的点,它与 $P(u+\Delta u)$之间的差是$(\Delta u_1^2+\Delta u_2^2)^{\frac{1}{2}}$的高阶无穷小.

定义 3.3.1 称二次微分式

$$\mathrm{I}(\mathrm{d}P(u),\ \mathrm{d}P(u))=\langle \mathrm{d}P(u),\ \mathrm{d}P(u)\rangle \tag{3.3.1}$$

为曲面 S 的**第一基本形式.**

我们可以用矩阵表示第一基本形式:

$$\mathrm{I}(\mathrm{d}P(u),\ \mathrm{d}P(u))$$

$$
=(\mathrm{d}u_1,\ \mathrm{d}u_2)\begin{pmatrix}\left\langle \dfrac{\partial P}{\partial u_1},\dfrac{\partial P}{\partial u_1}\right\rangle & \left\langle \dfrac{\partial P}{\partial u_1},\dfrac{\partial P}{\partial u_2}\right\rangle \\ \left\langle \dfrac{\partial P}{\partial u_1},\dfrac{\partial P}{\partial u_2}\right\rangle & \left\langle \dfrac{\partial P}{\partial u_2},\dfrac{\partial P}{\partial u_2}\right\rangle\end{pmatrix}\begin{pmatrix}\mathrm{d}u_1\\ \mathrm{d}u_2\end{pmatrix}.
$$

称

$$
E=g_{11}=\left\langle \frac{\partial P}{\partial u_1},\frac{\partial P}{\partial u_1}\right\rangle,
$$

$$
F=g_{12}=g_{21}=\left\langle \frac{\partial P}{\partial u_1},\frac{\partial P}{\partial u_2}\right\rangle,
$$

$$
G=g_{22}=\left\langle \frac{\partial P}{\partial u_2},\frac{\partial P}{\partial u_2}\right\rangle
$$

为曲面 S 的**第一类基本量**.

可以预见第一基本形式应该不依赖于参数的选取. 但第一基本量就不同了,因为它们是在一组特定基$\dfrac{\partial P}{\partial u_1},\dfrac{\partial P}{\partial u_2}$下度量矩阵的元素,当然随基的变化而变化.

事实上,设 $f:(v_1,v_2)\to(u_1,u_2)$是参数变换,于是有

$$
\mathrm{d}P\circ f=\frac{\partial P\circ f}{\partial v_1}\mathrm{d}v_1+\frac{\partial P\circ f}{\partial v_2}\mathrm{d}v_2.
$$

我们熟知

$$
\begin{pmatrix}\dfrac{\partial P\circ f}{\partial v_1}\\ \dfrac{\partial P\circ f}{\partial v_2}\end{pmatrix}=\left(\frac{\partial(u_1,u_2)}{\partial(v_1,v_2)}\right)^{\mathrm{T}}\begin{pmatrix}\dfrac{\partial P}{\partial u_1}\\ \dfrac{\partial P}{\partial u_2}\end{pmatrix},
$$

因而有

$$
\begin{aligned}
\mathrm{d}P\circ f&=(\mathrm{d}v_1,\mathrm{d}v_2)\begin{pmatrix}\dfrac{\partial P\circ f}{\partial v_1}\\ \dfrac{\partial P\circ f}{\partial v_2}\end{pmatrix}\\
&=(\mathrm{d}v_1,\mathrm{d}v_2)\left(\frac{\partial(u_1,u_2)}{\partial(v_1,v_2)}\right)^{\mathrm{T}}\begin{pmatrix}\dfrac{\partial P}{\partial u_1}\\ \dfrac{\partial P}{\partial u_2}\end{pmatrix}.
\end{aligned}
$$

但是我们有

$$
\mathrm{d}v_1=\frac{\partial v_1}{\partial u_1}\mathrm{d}u_1+\frac{\partial v_1}{\partial u_2}\mathrm{d}u_2,
$$

$$
\mathrm{d}v_2=\frac{\partial v_2}{\partial u_1}\mathrm{d}u_1+\frac{\partial v_2}{\partial u_2}\mathrm{d}u_2,
$$

即有

$$
\begin{aligned}
(\mathrm{d}v_1, \mathrm{d}v_2) &= (\mathrm{d}u_1, \mathrm{d}u_2)\begin{pmatrix} \dfrac{\partial v_1}{\partial u_1} & \dfrac{\partial v_2}{\partial u_1} \\ \dfrac{\partial v_1}{\partial u_2} & \dfrac{\partial v_2}{\partial u_2} \end{pmatrix} \\
&= (\mathrm{d}u_1, \mathrm{d}u_2)\left(\frac{\partial(v_1, v_2)}{\partial(u_1, u_2)}\right)^{\mathrm{T}},
\end{aligned}
$$

因而

$$
\mathrm{d}P \circ f = (\mathrm{d}u_1, \mathrm{d}u_2)\left(\frac{\partial(v_1, v_2)}{\partial(u_1, u_2)}\right)^{\mathrm{T}}\left(\frac{\partial(u_1, u_2)}{\partial(v_1, v_2)}\right)^{\mathrm{T}}\begin{pmatrix} \dfrac{\partial P}{\partial u_1} \\ \dfrac{\partial P}{\partial u_2} \end{pmatrix} = \mathrm{d}P.
$$

于是

$$
\mathrm{I}(\mathrm{d}P \circ f, \mathrm{d}P \circ f) = \mathrm{I}(\mathrm{d}P, \mathrm{d}P).
$$

相对于基$\dfrac{\partial P \circ f}{\partial v_1}, \dfrac{\partial P \circ f}{\partial v_2}$的度量矩阵

$$
\begin{aligned}
&\begin{pmatrix} \left\langle \dfrac{\partial P \circ f}{\partial v_1}, \dfrac{\partial P \circ f}{\partial v_1} \right\rangle & \left\langle \dfrac{\partial P \circ f}{\partial v_1}, \dfrac{\partial P \circ f}{\partial v_2} \right\rangle \\ \left\langle \dfrac{\partial P \circ f}{\partial v_1}, \dfrac{\partial P \circ f}{\partial v_2} \right\rangle & \left\langle \dfrac{\partial P \circ f}{\partial v_2}, \dfrac{\partial P \circ f}{\partial v_2} \right\rangle \end{pmatrix} \\
&= \left(\frac{\partial(v_1, v_2)}{\partial(u_1, u_2)}\right)^{\mathrm{T}}\begin{pmatrix} g_{11} & g_{12} \\ g_{21} & g_{22} \end{pmatrix}\frac{\partial(v_1, v_2)}{\partial(u_1, u_2)}.
\end{aligned}
$$

更一般,对 $X, Y \in T_pS$,我们定义

$$
\mathrm{I}(X, Y) = \langle X, Y \rangle.
$$

于是 X 与 Y 之间的夹角$\angle(X,Y)$满足

$$
\cos\angle(X, Y) = \frac{\mathrm{I}(X, Y)}{(\mathrm{I}(X, X)\,\mathrm{I}(Y, Y))^{\frac{1}{2}}}.
$$

容易算出,由 X,Y 张成的平行四边形的面积为

$$
|X||Y|\sin\angle(X, Y),
$$

而由 $X,Y,X\times Y$ 张成的平行六面体的体积为

$$
\begin{aligned}
&|X \times Y| \cdot |X| \cdot |Y| \sin\angle(X, Y) \\
&= (X, Y, X \times Y) = \langle X \times Y, X \times Y \rangle = |X \times Y|^2.
\end{aligned}
$$

故

$$
|X \times Y| = |X| \cdot |Y| \sin\angle(X, Y),
$$

因而

$$
|X \times Y|^2 = \mathrm{I}(X, X)\,\mathrm{I}(Y, Y)\left(1 - \frac{\mathrm{I}(X, Y)^2}{\mathrm{I}(X, X)\,\mathrm{I}(Y, Y)}\right)
$$

$$= \mathrm{I}(X,X)\,\mathrm{I}(Y,Y) - \mathrm{I}(X,Y)^2.$$

特别,取 $X=\dfrac{\partial P}{\partial u_1}$, $Y=\dfrac{\partial P}{\partial u_2}$, 则有

$$\left|\frac{\partial P}{\partial u_1}\times\frac{\partial P}{\partial u_2}\right|^2 = g_{11}g_{22}-g_{12}^2.$$

设 $C_1(t)$,$C_2(s)$是 S 上两条曲线,相交于 p. 令 $X=C_1'(t)|_p$,$Y=C_2'(s)|_p$,则称$\angle(X,Y)$为曲线 C_1 与 C_2 在 p 处的夹角. 即有

$$X = \frac{\mathrm{d}u_1}{\mathrm{d}t}\frac{\partial P}{\partial u_1}+\frac{\mathrm{d}u_2}{\mathrm{d}t}\frac{\partial P}{\partial u_2},$$

$$Y = \frac{\mathrm{d}u_1}{\mathrm{d}s}\frac{\partial P}{\partial u_1}+\frac{\mathrm{d}u_2}{\mathrm{d}s}\frac{\partial P}{\partial u_2}.$$

记 $\theta=\angle(X,Y)=\angle(C_1,C_2)_p$. 则有

$$\cos\theta = \frac{\mathrm{I}(X,Y)}{(\mathrm{I}(X,X)\,\mathrm{I}(Y,Y))^{\frac{1}{2}}},$$

其中

$$\mathrm{I}(X,Y) = \left(\frac{\mathrm{d}u_1}{\mathrm{d}t},\frac{\mathrm{d}u_2}{\mathrm{d}t}\right)\begin{pmatrix} g_{11} & g_{12}\\ g_{21} & g_{22}\end{pmatrix}\begin{pmatrix}\dfrac{\mathrm{d}u_1}{\mathrm{d}s}\\[2mm] \dfrac{\mathrm{d}u_2}{\mathrm{d}s}\end{pmatrix}.$$

第一基本形式的应用之一是求曲面 S 上曲线的弧长. 设 C 为 S 上的曲线,有参数表示

$$P(t) = P(u_1(t),\ u_2(t)),\ a\leqslant t\leqslant b.$$

设 $P(a)=A$, $P(b)=B$,于是由

$$\frac{\mathrm{d}P(t)}{\mathrm{d}t} = \frac{\mathrm{d}u_1}{\mathrm{d}t}\frac{\partial P}{\partial u_1}+\frac{\mathrm{d}u_2}{\mathrm{d}t}\frac{\partial P}{\partial u_2},$$

可知曲线 C 从 A 到 B 的弧长 $l(A,B)$为

$$\int_a^b\sqrt{g_{11}\left(\frac{\mathrm{d}u_1}{\mathrm{d}t}\right)^2+2g_{12}\left(\frac{\mathrm{d}u_1}{\mathrm{d}t}\right)\left(\frac{\mathrm{d}u_2}{\mathrm{d}t}\right)+g_{22}\left(\frac{\mathrm{d}u_2}{\mathrm{d}t}\right)^2}\,\mathrm{d}t.$$

第一基本形式的另一个应用是求曲面的面积. 设 S 有参数表示

$$P(u_1,u_2),\quad (u_1,u_2)\in D.$$

考虑 S 上由参数曲线 $u_1=u_1^0$, $u_1=u_1^0+\Delta u_1$, $u_2=u_2^0$, $u_2=u_2^0+\Delta u_2$ 所围成的一小块(如图 3.3.1 所示). 显然,其面积与切平面 $T_{p_0}S$ 上由$\dfrac{\partial P}{\partial u_1}\Delta u_1$,$\dfrac{\partial P}{\partial u_2}\Delta u_2$张成的平行四边形的面积近似,即只差一个高阶无穷小量. 而后者的面积为

$$\mathrm{d}A=\left|\Delta u_1\frac{\partial P}{\partial u_1}\times\Delta u_2\frac{\partial P}{\partial u_2}\right|=\left|\frac{\partial P}{\partial u_1}\times\frac{\partial P}{\partial u_2}\right|\Delta u_1\Delta u_2$$
$$=\sqrt{g_{11}g_{22}-g_{12}^2}\,\mathrm{d}u_1\mathrm{d}u_2,$$

于是 S 的面积为

$$A=\iint_D\sqrt{g_{11}g_{22}-g_{12}^2}\,\mathrm{d}u_1\mathrm{d}u_2,$$

我们称

$$\mathrm{d}A=\sqrt{g_{11}g_{22}-g_{12}^2}\,\mathrm{d}u_1\mathrm{d}u_2$$

为曲面 S 的面积元素. 由矩阵的基本性质可知,曲面 S 的面积 A 与参数的选取无关.

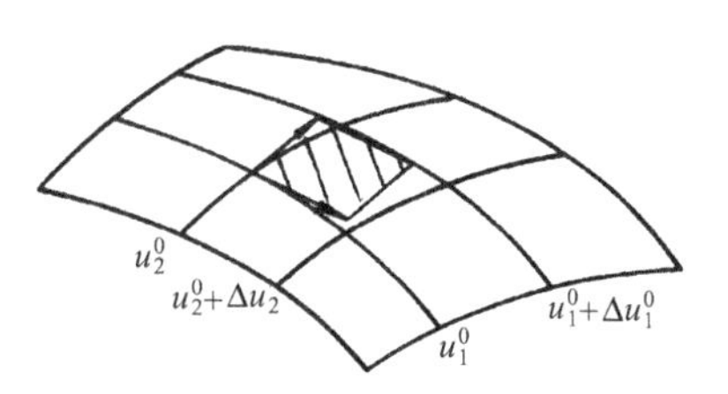

图 3.3.1

例 3.3.1 平面有参数表示 $P(u_1,u_2)=(u_1,u_2,0)$,故有

$$\mathrm{d}P=(\mathrm{d}u_1,\mathrm{d}u_2,0),$$
$$\mathrm{I}(\mathrm{d}P,\mathrm{d}P)=\mathrm{d}u_1^2+\mathrm{d}u_2^2,$$

即有

$$\begin{pmatrix}g_{11}&g_{12}\\g_{21}&g_{22}\end{pmatrix}=\begin{pmatrix}1&0\\0&1\end{pmatrix}.$$

例 3.3.2 正螺旋面

$$P(u_1,u_2)=(u_2\cos u_1,u_2\sin u_1,bu_1)$$

有

$$\mathrm{d}P=\frac{\partial P}{\partial u_1}\mathrm{d}u_1+\frac{\partial P}{\partial u_2}\mathrm{d}u_2$$
$$=(-u_2\sin u_1,\ u_2\cos u_1,b)\mathrm{d}u_1+(\cos u_1,\ \sin u_1,0)\mathrm{d}u_2$$
$$=(-u_2\sin u_1\mathrm{d}u_1+\cos u_1\mathrm{d}u_2,u_2\cos u_1\mathrm{d}u_1+\sin u_1\mathrm{d}u_2,b\mathrm{d}u_1),$$

因而

$$\mathrm{I}(\mathrm{d}P,\mathrm{d}P)=(-u_2\sin u_1\mathrm{d}u_1+\cos u_1\mathrm{d}u_2)^2$$
$$+(u_2\cos u_1\mathrm{d}u_1+\sin u_1\mathrm{d}u_2)^2+b^2\mathrm{d}u_1^2$$
$$=(u_2^2+b^2)\mathrm{d}u_1^2+\mathrm{d}u_2^2,$$

故有

$$\begin{pmatrix}g_{11}&g_{12}\\g_{21}&g_{22}\end{pmatrix}=\begin{pmatrix}u_2^2+b^2&0\\0&1\end{pmatrix}.$$

例 3.3.3 求曲面上参数曲线的二等分角轨线的微分方程.

设曲面方程为 $P(u_1, u_2)$. 第一基本形式为

$$\mathrm{I} = g_{11}\mathrm{d}u_1^2 + 2g_{12}\mathrm{d}u_1\mathrm{d}u_2 + g_{22}\mathrm{d}u_2^2.$$

设参数曲线的二等分角轨线的切向量为

$$X = \frac{\partial P}{\partial u_1}\mathrm{d}u_1 + \frac{\partial P}{\partial u_2}\mathrm{d}u_2,$$

u_1 曲线的切向量为$\dfrac{\partial P}{\partial u_1}$,$u_2$ 曲线的切向量为$\dfrac{\partial P}{\partial u_2}$,故有

$$\cos\angle\left(X, \frac{\partial P}{\partial u_1}\right) = \frac{g_{11}\mathrm{d}u_1 + g_{12}\mathrm{d}u_2}{\sqrt{g_{11}}\ \sqrt{g_{11}\mathrm{d}u_1^2 + 2g_{12}\mathrm{d}u_1\mathrm{d}u_2 + g_{22}\mathrm{d}u_2^2}},$$

$$\cos\angle\left(X, \frac{\partial P}{\partial u_2}\right) = \frac{g_{12}\mathrm{d}u_1 + g_{22}\mathrm{d}u_2}{\sqrt{g_{22}}\ \sqrt{g_{11}\mathrm{d}u_1^2 + 2g_{12}\mathrm{d}u_1\mathrm{d}u_2 + g_{22}\mathrm{d}u_2^2}},$$

所以 $\mathrm{d}u_1, \mathrm{d}u_2$ 满足

$$g_{11}^{-\frac{1}{2}}(g_{11}du_1 + g_{12}du_2) = \pm\, g_{22}^{-\frac{1}{2}}(g_{12}du_1 + g_{22}du_2),$$

于是有

$$g_{22}(g_{11}^2\mathrm{d}u_1^2 + 2g_{11}g_{12}\mathrm{d}u_1\mathrm{d}u_2 + g_{12}^2\mathrm{d}u_2^2)$$
$$= g_{11}(g_{12}^2\mathrm{d}u_1^2 + 2g_{22}g_{12}\mathrm{d}u_1\mathrm{d}u_2 + g_{22}^2\mathrm{d}u_2^2).$$

由 $g_{11}g_{22} - g_{12}^2 > 0$,

$$g_{11}\mathrm{d}u_1^2 = g_{22}\mathrm{d}u_2^2,$$

因而

$$\sqrt{g_{11}}\mathrm{d}u_1 \pm \sqrt{g_{22}}\mathrm{d}u_2 = 0.$$

注 3.3.1　u_1 曲线的单位切向量为$\dfrac{\partial P}{\partial u_1}\Big/\sqrt{g_{11}}$,$u_2$ 曲线的单位切向量为$\dfrac{\partial P}{\partial u_2}\Big/\sqrt{g_{22}}$,于是它们的交线的角平分线切向量是

$$\frac{\partial P}{\partial u_1}\Big/\sqrt{g_{11}} \pm \frac{\partial P}{\partial u_2}\Big/\sqrt{g_{22}},$$

即可取

$$(\mathrm{d}u_1, \mathrm{d}u_2)\begin{pmatrix}\dfrac{\partial P}{\partial u_1}\\[2ex] \dfrac{\partial P}{\partial u_2}\end{pmatrix} = k\left(\frac{1}{\sqrt{g_{11}}}, \pm\frac{1}{\sqrt{g_{22}}}\right)\begin{pmatrix}\dfrac{\partial P}{\partial u_1}\\[2ex] \dfrac{\partial P}{\partial u_2}\end{pmatrix},$$

其中 k 为常数,则

$$\frac{\mathrm{d}u_1}{\mathrm{d}u_2} = \pm\frac{1/\sqrt{g_{11}}}{1/\sqrt{g_{22}}} = \pm\frac{\sqrt{g_{22}}}{\sqrt{g_{11}}},$$

即

$$\sqrt{g_{11}}\mathrm{d}u_1 \pm \sqrt{g_{22}}\mathrm{d}u_2 = 0.$$

3.4 第二基本形式

本节讨论曲面上的第二基本形式. 实际上这是由密切抛物面所决定的, 自然从密切抛物面与参数选取无关可以知道第二基本形式与参数选取无关.

设 $P(u_1, u_2)$ 是正则曲面 S 的正则参数表示. 对于 $(\Delta u_1, \Delta u_2) = (\mathrm{d}u_1, \mathrm{d}u_2)$, 我们有

$$\begin{aligned} m_{P(u_1,u_2)}S = & P(u_1,u_2) + \frac{\partial P}{\partial u_1}\mathrm{d}u_1 + \frac{\partial P}{\partial u_2}\mathrm{d}u_2 \\ & + \frac{1}{2}\left\langle \frac{\partial^2 P}{\partial u_1^2}\mathrm{d}u_1^2 + 2\frac{\partial^2 P}{\partial u_1 \partial u_2}\mathrm{d}u_1\mathrm{d}u_2 + \frac{\partial^2 P}{\partial u_2^2}\mathrm{d}u_2^2, n \right\rangle n. \end{aligned}$$

定义 3.4.1 记

$$L = h_{11} = \left\langle \frac{\partial^2 P}{\partial u_1^2}, n \right\rangle,$$

$$M = h_{12} = \left\langle \frac{\partial^2 P}{\partial u_1 \partial u_2}, n \right\rangle,$$

$$N = h_{22} = \left\langle \frac{\partial^2 P}{\partial u_2^2}, n \right\rangle.$$

我们称

$$\begin{aligned} \mathrm{II}(\mathrm{d}P, \mathrm{d}P) = & (\mathrm{d}u_1, \mathrm{d}u_2)\begin{pmatrix} L & M \\ M & N \end{pmatrix}\begin{pmatrix} \mathrm{d}u_1 \\ \mathrm{d}u_2 \end{pmatrix} \\ = & \left\langle \frac{\partial^2 P}{\partial u_1^2}, n \right\rangle \mathrm{d}u_1^2 + 2\left\langle \frac{\partial^2 P}{\partial u_1 \partial u_2}, n \right\rangle \mathrm{d}u_1\mathrm{d}u_2 + \left\langle \frac{\partial^2 P}{\partial u_2^2}, n \right\rangle \mathrm{d}u_2^2 \end{aligned}$$

为 S 在 $P(u_1, u_2)$ 处的**第二基本形式**, 称 L, M, N 为**第二类基本量**.

引理 3.4.1 对第二类基本量, 有

$$L = -\left\langle \frac{\partial P}{\partial u_1}, \frac{\partial n}{\partial u_1} \right\rangle,$$

$$M = -\left\langle \frac{\partial P}{\partial u_1}, \frac{\partial n}{\partial u_2} \right\rangle = -\left\langle \frac{\partial P}{\partial u_2}, \frac{\partial n}{\partial u_1} \right\rangle,$$

$$N = -\left\langle \frac{\partial P}{\partial u_2}, \frac{\partial n}{\partial u_2} \right\rangle.$$

证 我们只要对下列等式

$$\left\langle \frac{\partial P}{\partial u_1}, n \right\rangle = 0,$$

$$\left\langle \frac{\partial P}{\partial u_2}, n \right\rangle = 0$$

求偏导数即可.

引理 3.4.2　第二基本形式在保持定向的参数变换下不变,在改变定向的参数变换下改变符号.

证　设 $P(u_1, u_2)$ 确定的法向量为 n,而对于参数变换 $f: V \to U$, $P \circ f(v_1, v_2)$ 所确定的法向量为 $\tilde{n}$. 于是

$$\tilde{n} = \operatorname{sgn}\left(\frac{\partial(u_1, u_2)}{\partial(v_1, v_2)}\right) \cdot n.$$

这里约定

$$\operatorname{sgn}\left(\frac{\partial(u_1, u_2)}{\partial(v_1, v_2)}\right) = \begin{cases} 1, & \text{若 } \det\left(\dfrac{\partial(u_1, u_2)}{\partial(v_1, v_2)}\right) > 0, \\ -1, & \text{若 } \det\left(\dfrac{\partial(u_1, u_2)}{\partial(v_1, v_2)}\right) < 0. \end{cases}$$

以 II, $\widetilde{\mathrm{II}}$ 表示由 P, $P \circ f$ 确定的第二基本形式,于是有

$$\mathrm{II}(\mathrm{d}P, \mathrm{d}P) = (\mathrm{d}u_1, \mathrm{d}u_2) \begin{pmatrix} L & M \\ M & N \end{pmatrix} \begin{pmatrix} \mathrm{d}u_1 \\ \mathrm{d}u_2 \end{pmatrix},$$

$$\widetilde{\mathrm{II}}(\mathrm{d}P \circ f, \mathrm{d}P \circ f) = (\mathrm{d}v_1, \mathrm{d}v_2) \begin{pmatrix} \widetilde{L} & \widetilde{M} \\ \widetilde{M} & \widetilde{N} \end{pmatrix} \begin{pmatrix} \mathrm{d}v_1 \\ \mathrm{d}v_2 \end{pmatrix},$$

由引理 3.4.1 我们可以得到

$$\mathrm{II}(\mathrm{d}P, \mathrm{d}P) = -\langle \mathrm{d}P, \mathrm{d}n \rangle = -\mathrm{I}(\mathrm{d}P, \mathrm{d}n),$$

同样

$$\widetilde{\mathrm{II}}(\mathrm{d}P \circ f, \mathrm{d}P \circ f) = -\langle \mathrm{d}P \circ f, \mathrm{d}\tilde{n} \rangle = -\mathrm{I}(\mathrm{d}P \circ f, \mathrm{d}\tilde{n}).$$

我们知道

$$\mathrm{d}P \circ f = \mathrm{d}P,$$

$$\mathrm{d}\tilde{n} = \operatorname{sgn}\left(\frac{\partial(u_1, u_2)}{\partial(v_1, v_2)}\right) \mathrm{d}n,$$

于是

$$\widetilde{\mathrm{II}}(\mathrm{d}P \circ f, \mathrm{d}P \circ f) = \operatorname{sgn} J(f) \cdot \mathrm{II}(\mathrm{d}P, \mathrm{d}P).$$

引理 3.4.3　II, $\widetilde{\mathrm{II}}$ 如上假设,则有

$$\begin{pmatrix} \widetilde{L} & \widetilde{M} \\ \widetilde{M} & \widetilde{N} \end{pmatrix} = \operatorname{sgn}\left(\frac{\partial(u_1, u_2)}{\partial(v_1, v_2)}\right) \cdot \left(\frac{\partial(u_1, u_2)}{\partial(v_1, v_2)}\right)^{\mathrm{T}}$$

$$\times\begin{pmatrix}L & M\\ M & N\end{pmatrix}\left(\frac{\partial(u_1,u_2)}{\partial(v_1,v_2)}\right).$$

证 因为 $\widetilde{\mathrm{II}}(\mathrm{d}P\circ f,\ \mathrm{d}P\circ f)=\mathrm{sgn}\left(\frac{\partial(u_1,u_2)}{\partial(v_1,v_2)}\right)\mathrm{II}(\mathrm{d}P,\mathrm{d}P)$,

$$\begin{aligned}(\mathrm{d}v_1,\mathrm{d}v_2)&=(\mathrm{d}u_1,\mathrm{d}u_2)\begin{pmatrix}\frac{\partial v_1}{\partial u_1} & \frac{\partial v_2}{\partial u_1}\\ \frac{\partial v_1}{\partial u_2} & \frac{\partial v_1}{\partial u_1}\end{pmatrix}\\&=(\mathrm{d}u_1,\mathrm{d}u_2)\left(\frac{\partial(v_1,v_2)}{\partial(u_1,u_2)}\right)^{\mathrm{T}},\end{aligned}$$

故有

$$\begin{aligned}&(\mathrm{d}v_1,\mathrm{d}v_2)\begin{pmatrix}\widetilde{L} & \widetilde{M}\\ \widetilde{M} & \widetilde{N}\end{pmatrix}\begin{pmatrix}\mathrm{d}v_1\\ \mathrm{d}v_2\end{pmatrix}\\&=(\mathrm{d}u_1,\mathrm{d}u_2)\left(\frac{\partial(v_1,v_2)}{\partial(u_1,u_2)}\right)^{\mathrm{T}}\begin{pmatrix}\widetilde{L} & \widetilde{M}\\ \widetilde{M} & \widetilde{N}\end{pmatrix}\cdot\left(\frac{\partial(v_1,v_2)}{\partial(u_1,u_2)}\right)\begin{pmatrix}\mathrm{d}u_1\\ \mathrm{d}u_2\end{pmatrix}\\&=\mathrm{sgn}\left(\frac{\partial(u_1,u_2)}{\partial(v_1,v_2)}\right)(\mathrm{d}u_1,\mathrm{d}u_2)\begin{pmatrix}L & M\\ M & N\end{pmatrix}\begin{pmatrix}\mathrm{d}u_1\\ \mathrm{d}u_2\end{pmatrix}.\end{aligned}$$

由 n 确定的第二基本形式记为 II_n，由 $-n$ 确定的第二基本形式记为 II_{-n}，即有

$$\mathrm{II}_{-n}=-\mathrm{II}_n.$$

如果不需要区分(取定一种时)我们也将下标省去. 我们也可以将 II 扩充为 T_pS 上的对称双线性函数 $\mathrm{II}(X,Y)$. 设 $X=\sum_{i=1}^{2}a_i\frac{\partial P}{\partial u_i}$, $Y=\sum_{i=1}^{2}b_i\frac{\partial P}{\partial u_i}$, 则

$$\mathrm{II}(X,Y)=(a_1,a_2)\begin{pmatrix}L & M\\ M & N\end{pmatrix}\begin{pmatrix}b_1\\ b_2\end{pmatrix}.$$

例 3.4.1 一正则曲面是球面的充分必要条件是在曲面的每一点第二基本形式是第一基本形式非零倍数. 为平面当且仅当

$$\mathrm{II}(\mathrm{d}P,\mathrm{d}P)\equiv 0.$$

证 设曲面 S 在

$$(P(u,v)-p_0)^2=R^2$$

上，于是

$$\mathrm{d}P\cdot(P-p_0)=0.$$

因而

$$n = \frac{1}{R}(P - p_0),$$

于是

$$\text{II} = -\mathrm{d}P \cdot \mathrm{d}n = -\frac{1}{R}\mathrm{d}P \cdot \mathrm{d}P = -\frac{1}{R}\text{I}.$$

反之,设有 $c(u,v)$ 使

$$\text{II} = c(u,v)\text{I},$$

即

$$-\langle \mathrm{d}P, \mathrm{d}n \rangle = c(u,v)\langle \mathrm{d}P, \mathrm{d}P \rangle,$$

或

$$\langle \mathrm{d}P, \mathrm{d}n + c(u,v)\mathrm{d}P \rangle = 0.$$

又

$$\langle n, \mathrm{d}n + c(u,v)\mathrm{d}P \rangle = 0,$$

因而

$$\frac{\partial n}{\partial u} + c(u,v)\frac{\partial P}{\partial u} = 0,$$

$$\frac{\partial n}{\partial v} + c(u,v)\frac{\partial P}{\partial v} = 0.$$

上面二式分别对 v,u 求偏导数再相减,得

$$\frac{\partial c(u,v)}{\partial v}\frac{\partial P}{\partial u} - \frac{\partial c(u,v)}{\partial u}\frac{\partial P}{\partial v} = 0.$$

注意到$\frac{\partial P}{\partial u}$,$\frac{\partial P}{\partial v}$线性无关,故

$$\frac{\partial c(u,v)}{\partial v} = \frac{\partial c(u,v)}{\partial u} = 0,\ \forall (u,v) \in D.$$

因而

$$c(u,v) = c = \text{常数}.$$

于是

$$\mathrm{d}(n + cP) = 0,$$

即 $n+cP$ 是曲面上的常向量场,即

$$n(u,v) + cP(u,v) = cp_0,$$

于是

$$(P(u,v) - p_0)^2 = \frac{1}{c^2},$$

即 $P(u,v)$在球面上.

3.5 法曲率函数

本节将给出法曲率函数的定义并找出曲面在一点的渐近方向、主方向及相应的主曲率. 为了使第二基本形式不改变,我们在本节总是假定所用的参数变换是保持定向的.

定义 3.5.1 设 $P(u_1,u_2)$为 S 的参数表示,n 为法方向. 设非零向量 $X=x_1\dfrac{\partial P}{\partial u_1}+x_2\dfrac{\partial P}{\partial u_2}\in T_pS$,称

$$\kappa_n(X)=\mathrm{II}(X,X)/\mathrm{I}(X,X) \tag{3.5.1}$$

为曲面在 p 点处**沿 X 方向的法曲率**(normal curvature). $\kappa_n(X)$作为 $T_pS-\{0\}$上的函数称为**法曲率函数**.

显然,若 λ 为一非零常数,则有

$$\begin{aligned}\kappa_n(\lambda X)&=\mathrm{II}(\lambda X,\lambda X)/\mathrm{I}(\lambda X,\lambda X)\\&=\mathrm{II}(X,X)/\mathrm{I}(X,X)=\kappa_n(X).\end{aligned}$$

即 $\kappa_n(X)$只与 X 的方向有关.

前面我们证明了,对 $X\in T_pS$,一定有 S 上的曲线

$$\alpha(t)=P(u_1(t),u_2(t))$$

在 p 处以 X 为切向量. 这里我们设 X 为单位向量,t 为弧长参数,于是

$$X=\frac{\mathrm{d}\alpha(t)}{\mathrm{d}t}=\frac{\partial P}{\partial u_1}\frac{\mathrm{d}u_1}{\mathrm{d}t}+\frac{\partial P}{\partial u_2}\frac{\mathrm{d}u_2}{\mathrm{d}t}.$$

设$\{p;X,N,B\}$为 $\alpha(t)$在 p 处的 Frenet 标架,则有

$$\frac{\mathrm{d}X}{\mathrm{d}t}=\kappa N,$$

其中 κ 为$\alpha(t)$在 p 处的曲率,于是

$$\begin{aligned}\kappa N=&\frac{\partial^2 P}{\partial u_1^2}\left(\frac{\mathrm{d}u_1}{\mathrm{d}t}\right)^2+2\frac{\partial^2 P}{\partial u_1\partial u_2}\frac{\mathrm{d}u_1}{\mathrm{d}t}\frac{\mathrm{d}u_2}{\mathrm{d}t}+\frac{\partial^2 P}{\partial u_2^2}\left(\frac{\mathrm{d}u_2}{\mathrm{d}t}\right)^2\\&+\frac{\partial P}{\mathrm{d}u_1}\frac{\mathrm{d}^2u_1}{\mathrm{d}t^2}+\frac{\partial P}{\mathrm{d}u_2}\frac{\mathrm{d}^2u_2}{\mathrm{d}t^2},\end{aligned}$$

因而

$$\begin{aligned}\langle\kappa N,n\rangle=&\left\langle\frac{\partial^2 P}{\partial u_1^2},n\right\rangle\left(\frac{\mathrm{d}u_1}{\mathrm{d}t}\right)^2+2\left\langle\frac{\partial^2 P}{\partial u_1\partial u_2},n\right\rangle\frac{\mathrm{d}u_1}{\mathrm{d}t}\frac{\mathrm{d}u_2}{\mathrm{d}t}\\&+\left\langle\frac{\partial^2 P}{\partial u_2^2},n\right\rangle\left(\frac{\mathrm{d}u_2}{\mathrm{d}t}\right)^2\end{aligned}$$

$$= \mathrm{II}(X,X) = \mathrm{II}(X,X)/\mathrm{I}(X,X) = \kappa_n(X).$$

另一方面，由$|N|=|n|=1$，故有

$$\kappa_n(X) = \kappa\cos\angle(N,n),$$

即$\kappa_n(X)$是$\alpha(t)$的曲率向量在S的法向量上的投影. 上面的公式叫作Meusnier定理.

定义 3.5.2　使$\kappa_n(X)=0$的方向称为曲面在该点的**渐近方向**(asymptotic direction). 使$\kappa_n(X)$取得极值(极大值或极小值)的方向称为曲面在该点处的**主方向**(principal direction)，在主方向的法曲率$\kappa_n(X)$称为该点的**主曲率**(principal curvature).

若$\alpha(t)$是曲面S上的曲线，且$\alpha(t)$在每点的切向量$\alpha'(t)$均为S在该点的渐近方向，则称$\alpha(t)$为S的**渐近线**(asymptotic curve).

定理 3.5.1　曲面$P(u_1,u_2)$在(u_1,u_2)有渐近方向的充要条件是

$$\det\begin{pmatrix} L & M \\ M & N \end{pmatrix} \leqslant 0. \tag{3.5.2}$$

证　X为渐近方向，$X=x_1\dfrac{\partial P}{\partial u_1}+x_2\dfrac{\partial P}{\partial u_2}$，则有

$$\mathrm{II}(X,X) = \kappa_n(X)\,\mathrm{I}(X,X) = 0,$$

于是

$$Lx_1^2 + 2Mx_1x_2 + Nx_2^2 = 0.$$

因而上述方程有实根的充要条件是

$$4M^2 - 4LN \geqslant 0,$$

即

$$\det\begin{pmatrix} L & M \\ M & N \end{pmatrix} \leqslant 0.$$

为了讨论曲面在一点处的主方向，我们先在T_pS中定义一个线性变换W：

$$W\frac{\partial P}{\partial u_1} = -\frac{\partial n}{\partial u_1},$$

$$W\frac{\partial P}{\partial u_2} = -\frac{\partial n}{\partial u_2}.$$

变换W满足$\mathrm{I}(X,WY)=\mathrm{II}(X,Y)$. 此变换称为Weingarten**映射**.

引理 3.5.1　(1) W与参数选取无关；

(2) W是对称变换；

(3) $X=x_1\frac{\partial P}{\partial u_1}+x_2\frac{\partial P}{\partial u_2}$是 W 的属于特征值 λ 的特征向量,当且仅当

$$\left[\lambda\begin{pmatrix}E & F\\ F & G\end{pmatrix}-\begin{pmatrix}L & M\\ M & N\end{pmatrix}\right]\begin{pmatrix}x_1\\ x_2\end{pmatrix}=0, \tag{3.5.3}$$

且 $\kappa_n(X)=\lambda$.

证 (1) 设 f 为参数变换,则有

$$\begin{aligned}W\frac{\partial P\circ f}{\partial v_i}&=W\left(\frac{\partial P}{\partial u_1}\frac{\partial u_1}{\partial v_i}+\frac{\partial P}{\partial u_2}\frac{\partial u_2}{\partial v_i}\right)\\&=-\frac{\partial n}{\partial u_1}\frac{\partial u_1}{\partial v_i}-\frac{\partial n}{\partial u_2}\frac{\partial u_2}{\partial v_i}\\&=-\frac{\partial n}{\partial v_i},\end{aligned}$$

故 W 与参数选取无关.

(2) $$\begin{aligned}\langle X,WY\rangle&=\mathrm{I}(X,WY)=\mathrm{II}(X,Y)\\&=\mathrm{II}(Y,X)=\mathrm{I}(Y,WX)=\langle Y,WX\rangle=\langle WX,Y\rangle.\end{aligned}$$

故 W 是对称变换.

(3) 设 $X=x_1\frac{\partial P}{\partial u_1}+x_2\frac{\partial P}{\partial u_2}$为 W 的属于 λ 的特征向量,即 $WX=\lambda X$,故有

$$\left(\lambda\frac{\partial P}{\partial u_1}+\frac{\partial n}{\partial u_1}\right)x_1+\left(\lambda\frac{\partial P}{\partial u_2}+\frac{\partial n}{\partial u_2}\right)x_2=0.$$

将上式分别与$\frac{\partial P}{\partial u_1}$,$\frac{\partial P}{\partial u_2}$作内积,得

$$\begin{aligned}(\lambda E-L)x_1+(\lambda F-M)x_2&=0,\\(\lambda F-M)x_1+(\lambda G-N)x_2&=0,\end{aligned}$$

即

$$\left[\lambda\begin{pmatrix}E & F\\ F & G\end{pmatrix}-\begin{pmatrix}L & M\\ M & N\end{pmatrix}\right]\begin{pmatrix}x_1\\ x_2\end{pmatrix}=0.$$

反之,若上式成立,即

$$\left\langle\frac{\partial P}{\partial u_i},\ \lambda X-WX\right\rangle=0,$$

因而

$$WX=\lambda X.$$

此时有

$$\mathrm{II}(X,X)=\mathrm{I}(X,WX)=\lambda\,\mathrm{I}(X,X),$$

即

$$\lambda = \kappa_n(X).$$

推论 3.5.1　W 的特征根为方程

$$\det\begin{pmatrix}\lambda E - L & \lambda F - M \\ \lambda F - M & \lambda G - N\end{pmatrix} = 0 \tag{3.5.4}$$

的根.

推论 3.5.2　非零向量 $X = x_1 \dfrac{\partial P}{\partial u_1} + x_2 \dfrac{\partial P}{\partial u_2}$ 为 W 的属于某个 λ 的特征向量,当且仅当(x_1, x_2)为方程

$$\det\begin{pmatrix}Ex_1 + Fx_2 & Lx_1 + Mx_2 \\ Fx_1 + Gx_2 & Mx_1 + Nx_2\end{pmatrix} = 0 \tag{3.5.5}$$

的解.

由于方程(3.5.3)有非零解当且仅当方程(3.5.4)成立,知 W 的特征值为方程(3.5.5)的解,即推论 1 成立.

又方程(3.5.3)可以写为

$$\begin{cases}(\lambda E - L)x_1 + (\lambda F - M)x_2 = 0, \\ (\lambda F - M)x_1 + (\lambda G - N)x_2 = 0,\end{cases}$$

即有

$$(Ex_1 + Fx_2)\lambda - (Lx_1 + Mx_2) = 0,$$
$$(Fx_1 + Gx_2)\lambda - (Mx_1 + Nx_2) = 0,$$

即

$$\begin{pmatrix}Ex_1 + Fx_2 & Lx_1 + Mx_2 \\ Fx_1 + Gx_2 & Mx_1 + Nx_2\end{pmatrix}\begin{pmatrix}\lambda \\ -1\end{pmatrix} = 0.$$

由$(\lambda, -1)$非零,故(x_1, x_2)为方程(3.5.5)的解. 反之设方程(3.5.5)有解(x_1, x_2)故有非零(s, t)使

$$\begin{pmatrix}Ex_1 + Fx_2 & Lx_1 + Mx_2 \\ Fx_1 + Gx_2 & Mx_1 + Nx_2\end{pmatrix}\begin{pmatrix}s \\ t\end{pmatrix} = 0.$$

于是有

$$s\begin{pmatrix}Ex_1 + Fx_2 \\ Fx_1 + Gx_2\end{pmatrix} + t\begin{pmatrix}Lx_1 + Mx_2 \\ Mx_1 + Nx_2\end{pmatrix} = 0$$

或

$$s\begin{pmatrix}E & F \\ F & G\end{pmatrix}\begin{pmatrix}x_1 \\ x_2\end{pmatrix} + t\begin{pmatrix}L & M \\ M & N\end{pmatrix}\begin{pmatrix}x_1 \\ x_2\end{pmatrix} = 0,$$

故有

$$s(x_1,x_2)\begin{pmatrix}E & F\\ F & G\end{pmatrix}\begin{pmatrix}x_1\\ x_2\end{pmatrix}+t(x_1,x_2)\begin{pmatrix}L & M\\ M & N\end{pmatrix}\begin{pmatrix}x_1\\ x_2\end{pmatrix}=0.$$

由(x_1,x_2)非零,知

$$(x_1,x_2)\begin{pmatrix}E & F\\ F & G\end{pmatrix}\begin{pmatrix}x_1\\ x_2\end{pmatrix}>0.$$

又(s,t)非零,设t非零. 因而对于$\lambda=-s/t$,(x_1,x_2)满足方程(3.5.3),故知X为W的特征向量.

定理 3.5.2 Weingarten 映射的特征值与特征向量就是主曲率与主方向.

证 设λ_1,λ_2为W的特征值,e_1,e_2为对应的单位向量.

若$\lambda_1=\lambda_2=\lambda$,由于$W$是对称变换,$W=\lambda\mathrm{id}_{T_pS}$,于是

$$\begin{aligned}\kappa_n(X)&=\mathrm{II}(X,X)/\mathrm{I}(X,X)\\&=\mathrm{I}(X,WX)/\mathrm{I}(X,X)\\&=\lambda.\end{aligned}$$

如果$\lambda_1>\lambda_2$,则$\langle e_1,e_2\rangle=0$. 对T_pS中任一单位向量e有

$$e=e_1\cos\theta+e_2\sin\theta,$$

因而

$$\begin{aligned}\kappa_n(e)&=\mathrm{II}(e,e)=\mathrm{I}(e,We)\\&=\langle e_1\cos\theta+e_2\sin\theta,\lambda_1e_1\cos\theta+\lambda_2e_2\sin\theta\rangle\\&=\lambda_1\cos^2\theta+\lambda_2\sin^2\theta.\end{aligned}$$

此公式称为 Euler 公式. 由此知

$$\kappa_n(e)=\lambda_2+(\lambda_1-\lambda_2)\cos^2\theta,$$

故

$$\lambda_2\leqslant\kappa_n(e)\leqslant\lambda_1,$$

即λ_1,λ_2为主曲率,e_1,e_2为主方向.

推论 3.5.3 若W有相同的特征值λ,则任何方向的法曲率均为λ. 此时

$$\begin{pmatrix}L & M\\ M & N\end{pmatrix}=\lambda\begin{pmatrix}E & F\\ F & G\end{pmatrix}.$$

只要注意到

$$W\frac{\partial P}{\partial u_i}=-\frac{\partial n}{\partial u_i}=\lambda\frac{\partial P}{\partial u_i},\ (i=1,2)$$

即可得到上述推论.

定义 3.5.3　设 $p\in S$. 如果 $\kappa_n(X)$ 与 X 无关(即有 $\lambda_1=\lambda_2$),则称 p 为**脐点**(umbilic point). 若 $\kappa_n(X)=0$, $\forall X\in T_pS$,则称 p 为**平点**(flat point, planar point). 若 $\kappa_n(X)$ 为与 X 无关的非零常数,则称 p 为**圆点**.

定义 3.5.4　设 $\alpha(t)$ 是 S 上的曲线,若对任何 t,$\alpha'(t)$ 均为 $\alpha(t)$ 处的主方向,则称 $\alpha(t)$ 为 S 的**曲率线**(line of curvature).

关于曲面上的渐近线与曲率线,我们在后面将会进一步讨论.

例 3.5.1　求椭球面

$$x^2+y^2+\frac{z^2}{9}=1$$

在点 $p_0=\left(\frac{1}{\sqrt{2}},\frac{1}{\sqrt{2}},0\right)$ 处的主曲率和主方向.

解　椭球有参数表示

$$P(u,v)=(\cos u\cos v,\cos u\sin v,3\sin u),$$

$$p_0=\left(0,\frac{\pi}{4}\right),$$

于是在 p_0 处有

$$\frac{\partial P}{\partial u}=(0,0,3),\quad \frac{\partial P}{\partial v}=\left(-\frac{1}{\sqrt{2}},\frac{1}{\sqrt{2}},0\right),$$

$$n=\left(-\frac{1}{\sqrt{2}},-\frac{1}{\sqrt{2}},0\right),$$

$$\frac{\partial^2 P}{\partial u^2}=\left(-\frac{1}{\sqrt{2}},-\frac{1}{\sqrt{2}},0\right)=\frac{\partial^2 P}{\partial v^2},$$

$$\frac{\partial^2 P}{\partial u\partial v}=(0,0,0).$$

于是有

$$\begin{pmatrix}E & F\\ F & G\end{pmatrix}=\begin{pmatrix}9 & 0\\ 0 & 1\end{pmatrix},$$

$$\begin{pmatrix}L & M\\ M & N\end{pmatrix}=\begin{pmatrix}1 & 0\\ 0 & 1\end{pmatrix},$$

因而

$$\det\left(\lambda\begin{pmatrix}9 & 0\\ 0 & 1\end{pmatrix}-\begin{pmatrix}1 & 0\\ 0 & 1\end{pmatrix}\right)=0$$

的根为

$$\lambda_1=1,\ \lambda_2=\frac{1}{9}.$$

对于 $\lambda_1=1$，

$$\begin{pmatrix}8 & 0\\ 0 & 0\end{pmatrix}\begin{pmatrix}x_1\\ x_2\end{pmatrix}=0$$

的解为 $(x_1,x_2)=(0,1)$，于是

$$e_1=\left(-\frac{1}{\sqrt{2}},\frac{1}{\sqrt{2}},0\right),\kappa_n(e_1)=1,$$

$$e_2=(0,0,1),\quad \kappa_n(e_2)=\frac{1}{9}.$$

3.6 曲面在一点处的标准展开

从前面我们看到，对于 $p\in S$，在 T_pS 中有两个彼此正交的主方向，于是有幺正标架 $\{p;e_1,e_2,n\}$，其中 $e_i\in T_pS$，$\kappa_n(e_i)=\kappa_i$ 为主曲率，且 $\langle e_i,e_j\rangle=\delta_{ij}$，$n$ 为单位法向量. 在 p 点的切平面与密切抛物面为

$$T_pS=p+x_1e_1+x_2e_2,$$

$$\begin{aligned}m_pS&=p+x_1e_1+x_2e_2+\frac{1}{2}\mathrm{II}\left(\sum x_ie_i,\ \sum x_je_j\right)n\\ &=p+x_1e_1+x_2e_2+\frac{1}{2}\mathrm{I}\left(\sum x_ie_i,\ \sum \kappa_jx_je_j\right)n\\ &=p+x_1e_1+x_2e_2+\frac{1}{2}(\kappa_1x_1^2+\kappa_2x_2^2)n.\end{aligned}$$

在标架 $\{p;\ e_1,e_2,n\}$ 中方程分别为

$$T_pS:x_3=0,$$

$$m_pS:x_3=\frac{1}{2}(\kappa_1x_1^2+\kappa_2x_2^2).$$

故我们再次看到密切抛物面的确是抛物面(包括平面).

固定标架后，取平行于 T_pS，距离为 $\frac{1}{2}$ 的两个平面：

$$\Pi_{\pm\frac{1}{2}}:x_3=\pm\frac{1}{2}.$$

$\Pi_{\pm\frac{1}{2}}$ 与 m_pS 的交线为

$$x_3=\pm\frac{1}{2},$$

$$\kappa_1x_1^2+\kappa_2x_2^2=\pm 1,$$

它们在 T_pS 上的投影 Γ_p 为

$$\begin{cases} x_3 = 0, \\ \kappa_1 x_1^2 + \kappa_2 x_2^2 = \pm 1. \end{cases}$$

称 Γ_p 为 Dupin **标形(标线)**(Dupin indicatrix).

若 $X = x_1 e_1 + x_2 e_2 \in T_pS$,则 $X \in \Gamma_p$ 当且仅当 $\kappa_1 x_1^2 + \kappa_2 x_2^2 = \mathrm{II}(X,X) = \pm 1$. 但是

$$\kappa_n(X) = \mathrm{II}(X,X)/\mathrm{I}(X,X),$$

因而

$$\Gamma_p = \{X \in T_pS \mid |\kappa_n(X)| = |X|^{-2}\}.$$

显然 m_pS 与 Γ_p 的形状与 κ_1,κ_2 密切相关,为此引进两个概念.

定义 3.6.1　称

$$K = \kappa_1 \kappa_2,$$

$$H = \frac{1}{2}(\kappa_1 + \kappa_2)$$

分别为 p 处的**总曲率**(或 Gauss **曲率**)与**平均曲率**(Gaussian curvature, mean curvature).

定理 3.6.1　设 W 为 Weingarten 映射,又第一、第二类基本量分别为

$$\begin{pmatrix} E & F \\ F & G \end{pmatrix}, \quad \begin{pmatrix} L & M \\ M & N \end{pmatrix},$$

则有

$$K = \det W = \frac{LN - M^2}{EG - F^2},$$

$$H = \frac{1}{2}\mathrm{tr}W = \frac{LG - 2MF + NE}{2(EG - F^2)}.$$

证　在基 e_1,e_2 下 W 的矩阵为

$$\begin{pmatrix} \kappa_1 & 0 \\ 0 & \kappa_2 \end{pmatrix},$$

于是

$$K = \kappa_1 \kappa_2 = \det W,$$

$$H = \frac{1}{2}(\kappa_1 + \kappa_2) = \frac{1}{2}\mathrm{tr}W.$$

又 κ_1,κ_2 为方程

$$\det\left[\lambda \begin{pmatrix} E & F \\ F & G \end{pmatrix} - \begin{pmatrix} L & M \\ M & N \end{pmatrix}\right] = 0,$$

即

$$\lambda^2(EG-F^2)-\lambda(LG-2MF+NE)+(LN-M^2)=0$$

的根. 于是

$$K=\kappa_1\kappa_2=\frac{LN-M^2}{EG-F^2},$$

$$H=\frac{1}{2}(\kappa_1+\kappa_2)=\frac{LG-2MF+NE}{2(EG-F^2)}.$$

定义 3.6.2 对于 $p\in S$,若 $K>0$,则称 p 为**椭圆点**(elliptic point);若 $K<0$,称 p 为**双曲点**(hyperbolic point);若 $K=0$,称 p 为**抛物点**(parabolic point).

定理 3.6.2 设 $p\in S$,则有:

(1) p 为椭圆点时,m_pS 为椭圆抛物面,Γ_p 为椭圆,无渐近方向;

(2) p 为双曲点时,m_pS 为双曲抛物面,Γ_p 为共轭双曲线,此时有两个渐近方向;

(3) p 为抛物点时,若 p 为平点,$m_pS=T_pS$,Γ_p 不存在,任何方向均为渐近方向;若 p 为非平点,m_pS 为抛物柱面,Γ_p 为二平行直线,有一个渐近方向.

以上定理的证明是显然的.

图 3.6.1 是上述情况的示意图.

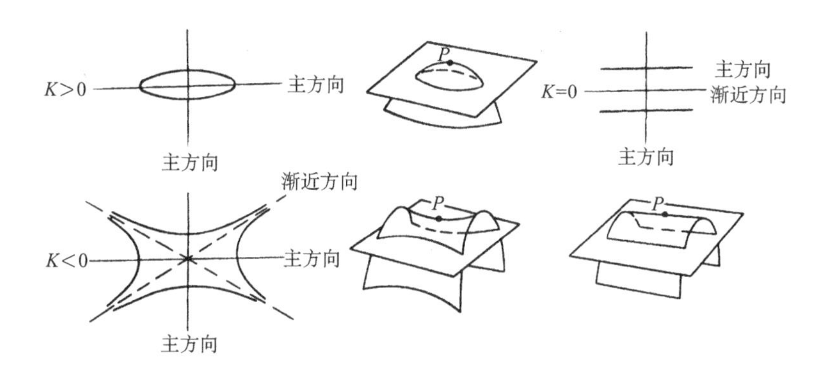

图 3.6.1

3.7 结构方程

这节我们将给出曲面的活动标架的基本公式与结构方程. 这与曲线的 Frenet 标架的公式类似. 当然,由于考虑的是两个参数的问题,所得到的方程要复杂一些.

设正则曲面 S 有正则表示 $P=P(u^1,u^2)$(从这节起,为与传统上下标系统一致,我们用上标表示局部坐标函数),于是有自然标架 $\{P;P_1,P_2,n\}$,其中

$$\frac{\partial P}{\partial u^i}=P_i,\qquad i=1,2,$$

$$n=\frac{P_1\times P_2}{|P_1\times P_2|}.$$

切平面 T_pS 关于基 P_1,P_2 的度量矩阵为

$$\begin{pmatrix} g_{11} & g_{12} \\ g_{21} & g_{22} \end{pmatrix}=\begin{pmatrix} \langle P_1,P_1\rangle & \langle P_1,P_2\rangle \\ \langle P_2,P_1\rangle & \langle P_2,P_2\rangle \end{pmatrix}.$$

又设 W 为 Weingarten 映射. T_pS 上的双线性型 $\mathrm{II}(X,X)=\mathrm{I}(X,WX)$ 关于基 P_1,P_2 的矩阵为

$$\begin{pmatrix} \Omega_{11} & \Omega_{12} \\ \Omega_{21} & \Omega_{22} \end{pmatrix}=\begin{pmatrix} \langle P_1,WP_1\rangle & \langle P_1,WP_2\rangle \\ \langle P_2,WP_1\rangle & \langle P_2,WP_2\rangle \end{pmatrix}.$$

因而 I, II 可以表示为

$$\mathrm{I}=\sum_{i,j}g_{ij}\,\mathrm{d}u^i\mathrm{d}u^j,$$

$$\mathrm{II}=\sum_{i,j}\Omega_{ij}\,\mathrm{d}u^i\mathrm{d}u^j.$$

以后,我们约定,凡是在一个单项式中上标与下标重复出现,那么这个单项式变为对这个重复的上下标求和,而不再写求和号. 例如

$$g_{1i}\mathrm{d}u^i=g_{11}\mathrm{d}u^1+g_{12}\mathrm{d}u^2,$$

$$\begin{aligned}\Omega_{ij}x^{ij}&=\Omega_{1j}x^{1j}+\Omega_{2j}x^{2j}\\&=\Omega_{11}x^{11}+\Omega_{12}x^{12}+\Omega_{21}x^{21}+\Omega_{22}x^{22},\end{aligned}$$

等等. 用这种方法 I, II 可简写为

$$\mathrm{I}=g_{ij}\,\mathrm{d}u^i\mathrm{d}u^j,$$

$$\mathrm{II}=\Omega_{ij}\,\mathrm{d}u^i\mathrm{d}u^j.$$

定理 3.7.1　设曲面 S 有活动标架 $\{P;\ P_1,P_2,n\}$,这里

$$\frac{\partial P}{\partial u^i}=P_i,\ i=1,2.$$

设

$$\begin{cases}\dfrac{\partial P_j}{\partial u^i}=\Gamma_{ij}^kP_k+b_{ij}n,\\[2ex]\dfrac{\partial n}{\partial u^j}=-\omega_j^kP_k+c_jn,\end{cases}$$

这些方程称为**基本方程**或**基本公式**. 这些方程中的系数 $\Gamma_{ij}^k, \omega_j^k, b_{ij}$ 与 c_j 满足

$$c_j = 0,$$

$$b_{ij} = \Omega_{ij},$$

$$\omega_j^k = g^{ki}\Omega_{ij},$$

$$\Gamma_{ij}^k = \frac{1}{2}g^{lk}\left(\frac{\partial g_{jl}}{\partial u^i} + \frac{\partial g_{il}}{\partial u^j} - \frac{\partial g_{ij}}{\partial u^l}\right),$$

这里

$$\begin{pmatrix} g^{11} & g^{12} \\ g^{21} & g^{22} \end{pmatrix} = \begin{pmatrix} g_{11} & g_{12} \\ g_{21} & g_{22} \end{pmatrix}^{-1} = \frac{1}{g}\begin{pmatrix} g_{22} & -g_{12} \\ -g_{21} & g_{11} \end{pmatrix},$$

其中

$$g = \det\begin{pmatrix} g_{11} & g_{12} \\ g_{21} & g_{22} \end{pmatrix}.$$

证 因为$\frac{\partial n}{\partial u^i} \in T_pS$,故

$$c_i = 0, \qquad i = 1,2.$$

又因为

$$\left\langle \frac{\partial P_j}{\partial u^i}, n \right\rangle = \left\langle \frac{\partial^2 P}{\partial u^i \partial u^j}, n \right\rangle = -\left\langle \frac{\partial P}{\partial u^j}, \frac{\partial n}{\partial u^i} \right\rangle = \Omega_{ij},$$

$$\left\langle \frac{\partial P_j}{\partial u^i}, n \right\rangle = b_{ij},$$

故

$$b_{ij} = \Omega_{ij}.$$

又由

$$-\Omega_{ij} = \left\langle P_i, \frac{\partial n}{\partial u^j} \right\rangle = \langle P_i, -\omega_j^k P_k \rangle = -\omega_j^k g_{ik},$$

即有

$$\Omega_{ij} = \omega_j^k g_{ik}, \ \forall i,j,$$

或

$$\begin{pmatrix} \Omega_{11} & \Omega_{12} \\ \Omega_{21} & \Omega_{22} \end{pmatrix} = \begin{pmatrix} g^{11} & g^{12} \\ g^{21} & g^{22} \end{pmatrix}\begin{pmatrix} \omega_1^1 & \omega_2^1 \\ \omega_1^2 & \omega_2^2 \end{pmatrix},$$

于是

$$\begin{pmatrix} \omega_1^1 & \omega_2^1 \\ \omega_1^2 & \omega_2^2 \end{pmatrix} = \begin{pmatrix} g^{11} & g^{12} \\ g^{21} & g^{22} \end{pmatrix}\begin{pmatrix} \Omega_{11} & \Omega_{12} \\ \Omega_{21} & \Omega_{22} \end{pmatrix},$$

即

$$\omega_j^i = g^{ki}\Omega_{kj}.$$

最后计算 Γ_{ij}^k,

$$\left\langle \frac{\partial P_j}{\partial u^i},\ P_l \right\rangle = \Gamma_{ij}^k g_{kl},$$

另一方面

$$\left\langle \frac{\partial P_j}{\partial u^i},\ P_l \right\rangle = \frac{\partial}{\partial u^i}\langle P_j,\ P_l\rangle - \left\langle P_j, \frac{\partial P_l}{\partial u^i} \right\rangle$$

$$= \frac{\partial g_{jl}}{\partial u^i} - \Gamma_{il}^k g_{kj},$$

因而

$$\frac{\partial g_{jl}}{\partial u^i} = \Gamma_{ij}^k g_{kl} + \Gamma_{il}^k g_{kj}.$$

同样有

$$\frac{\partial g_{il}}{\partial u^j} = \Gamma_{ji}^k g_{kl} + \Gamma_{jl}^k g_{ki},$$

$$\frac{\partial g_{ij}}{\partial u^l} = \Gamma_{li}^k g_{kj} + \Gamma_{lj}^k g_{ki}.$$

由于

$$\frac{\partial^2 P}{\partial u^i \partial u^j} = \frac{\partial^2 P}{\partial u^j \partial u^i},$$

故有

$$\Gamma_{ij}^k = \Gamma_{ji}^k,$$

因而有

$$\frac{\partial g_{jl}}{\partial u^i} + \frac{\partial g_{il}}{\partial u^j} - \frac{\partial g_{ij}}{\partial u^l} = 2\Gamma_{ij}^k g_{kl}.$$

由 $g_{kl}g^{lm} = \delta_{km}$,故有

$$\Gamma_{ij}^k = \frac{1}{2} g^{lk}\left(\frac{\partial g_{jl}}{\partial u^i} + \frac{\partial g_{il}}{\partial u^j} - \frac{\partial g_{ij}}{\partial u^l}\right).$$

定义 3.7.1　称 Γ_{ij}^k 为**联络系数**(coefficients of connection),联络系数与参数(u^1, u^2)选取有关.

定理 3.7.2　Γ_{ij}^k,Ω_{ij} 定义如上,则有

$$\frac{\partial \Gamma_{ij}^l}{\partial u^k} - \frac{\partial \Gamma_{kj}^l}{\partial u^i} + \Gamma_{ij}^s \Gamma_{ks}^l - \Gamma_{kj}^s \Gamma_{is}^l$$

$$= \Omega_{ij} g^{lm} \Omega_{mk} - \Omega_{kj} g^{lm} \Omega_{mi},$$

$$\Gamma_{ij}^{l}\Omega_{lk}+\frac{\partial\Omega_{ij}}{\partial u^{k}}=\Gamma_{kj}^{l}\Omega_{li}+\frac{\partial\Omega_{kj}}{\partial u^{i}}.$$

第一个方程称为 Gauss **方程**,第二个方程称为 Codazzi **方程**.

证 由于

$$\frac{\partial}{\partial u^{k}}\left(\frac{\partial P_{j}}{\partial u^{i}}\right)=\frac{\partial}{\partial u^{i}}\left(\frac{\partial P_{j}}{\partial u^{k}}\right),$$

因而

$$\begin{aligned}\frac{\partial}{\partial u^{k}}\left(\frac{\partial P_{j}}{\partial u^{i}}\right)&=\frac{\partial}{\partial u^{k}}(\Gamma_{ij}^{l}P_{l}+\Omega_{ij}n)\\&=\frac{\partial\Gamma_{ij}^{l}}{\partial u^{k}}P_{l}+\Gamma_{ij}^{l}\frac{\partial P_{l}}{\partial u^{k}}+\frac{\partial\Omega_{ij}}{\partial u^{k}}n+\Omega_{ij}\frac{\partial n}{\partial u^{k}}\\&=\frac{\partial\Gamma_{ij}^{l}}{\partial u^{k}}P_{l}+\Gamma_{ij}^{l}\Gamma_{lk}^{s}P_{s}+\Gamma_{ij}^{l}\Omega_{lk}n+\Omega_{ij}(-\omega_{k}^{s}P_{s})+\frac{\partial\Omega_{ij}}{\partial u^{k}}n\\&=\left(\frac{\partial\Gamma_{ij}^{l}}{\partial u^{k}}+\Gamma_{ij}^{s}\Gamma_{sk}^{l}-\Omega_{ij}g^{lm}\Omega_{mk}\right)P_{l}+\left(\Gamma_{ij}^{l}\Omega_{lk}+\frac{\partial\Omega_{ij}}{\partial u^{k}}\right)n.\end{aligned}$$

而

$$\begin{aligned}\frac{\partial}{\partial u^{i}}\left(\frac{\partial P_{j}}{\partial u^{k}}\right)=&\left(\frac{\partial\Gamma_{kj}^{l}}{\partial u^{i}}+\Gamma_{kj}^{s}\Gamma_{si}^{l}-\Omega_{kj}g^{lm}\Omega_{mi}\right)P_{l}\\&+\left(\Gamma_{kj}^{l}\Omega_{li}+\frac{\partial\Omega_{kj}}{\partial u^{i}}\right)n,\end{aligned}$$

比较 P_l 的系数,有 Gauss 方程成立,比较 n 的系数知 Codazzi 方程成立.

Gauss 方程与 Codazzi 方程统称为**结构方程**.

用基本方程与结构方程可以得到下面一些有趣的结果.

定理 3.7.3(Gauss Egregium 定理,绝好的定理) 总曲率 K 由曲面的第一基本形式完全决定.

证 Gauss 方程左边完全由联络系数及其导数组成,而由定理 3.7.1 知联络系数由$\frac{\partial g_{ij}}{\partial u^{k}}$,$g_{ij}$ 等决定,即由第一基本形式决定,为方便起见将 Gauss 方程左边的量记为$-R_{kij}^{l}$,即

$$R_{kij}^{l}=-\left(\frac{\partial\Gamma_{ij}^{l}}{\partial u^{k}}-\frac{\partial\Gamma_{kj}^{l}}{\partial u^{i}}+\Gamma_{ij}^{s}\Gamma_{ks}^{l}-\Gamma_{kj}^{s}\Gamma_{is}^{l}\right).$$

令

$$R_{kijm}=R_{kij}^{l}g_{lm},$$

R_{kijm} 也由第一基本形式决定. 由 Gauss 方程得

$$R_{kijm}=(\Omega_{kj}g^{ls}\Omega_{si}-\Omega_{ij}g^{ls}\Omega_{sk})g_{lm}$$

$$= \Omega_{kj}\Omega_{mi} - \Omega_{ij}\Omega_{mk},$$

因而

$$R_{1212} = \Omega_{11}\Omega_{22} - \Omega_{12}^2,$$

而

$$K = \frac{R_{1212}}{g_{11}g_{22} - g_{12}^2},$$

由第一基本形式决定.

Gauss 曲率 K 有一个很好的几何解释，为此我们先引进一个重要的映射，对于曲面 S 上的任何一点 p，将其单位法向量 $n(p)$ 平行移动，使其起点为坐标原点，因而终点落在单位球面 S^2 上. 这样的映射

$$\tilde{n}: S \to S^2,$$
$$p \mapsto n(p),$$

称为 Gauss **映射**.

$\tilde{n}(S)$ 在点 $\tilde{n}(p)=n(p)$ 有切向量 $\frac{\partial n}{\partial u^1}, \frac{\partial n}{\partial u^2}$，于是

$$\begin{aligned}\frac{\partial n}{\partial u^1} \times \frac{\partial n}{\partial u^2} &= (\omega_1^1 P_1 + \omega_1^2 P_2) \times (\omega_2^1 P_1 + \omega_2^2 P_2)\\ &= (\omega_1^1\omega_2^2 - \omega_1^2\omega_2^1) P_1 \times P_2\\ &= \det(\omega_i^j) P_1 \times P_2\\ &= \frac{\det(\Omega_{ij})}{\det(g_{ij})} P_1 \times P_2\\ &= K(P_1 \times P_2).\end{aligned}$$

设 $D \subset S, D' = \tilde{n}(D) \subset S^2$ 分别为 $p, n(p)$ 的邻域，以 A, A' 表示其面积. 因而

$$\lim_{D \to p} \frac{A'}{A} = \lim_{D \to p} \frac{\iint\limits_D \left| \frac{\partial n}{\partial u^1} \times \frac{\partial n}{\partial u^2} \right| \mathrm{d}u^1 \mathrm{d}u^2}{\iint\limits_D \left| \frac{\partial P}{\partial u^1} \times \frac{\partial P}{\partial u^2} \right| \mathrm{d}u^1 \mathrm{d}u^2} = K(p).$$

这样 Gauss 曲率是面积之比，正好说明了曲面的弯曲程度.

由于 $\frac{\partial n}{\partial u^i} \in T_pS$，自然我们对 $\mathrm{d}n$ 的长度感兴趣.

定义 3.7.2　称 $\mathrm{III} = \langle \mathrm{d}n, \mathrm{d}n \rangle$ 为**第三基本形式**.

定理 3.7.4　对于曲面，有

$$\mathrm{III} - 2H\,\mathrm{II} + K\,\mathrm{I} = 0.$$

证 由Ⅲ的定义知，Ⅲ与参数的选取无关，而且有

$$\mathrm{III} = \langle W\mathrm{d}P, W\mathrm{d}P\rangle,$$

W 为 Weingarten 映射. 由于 W 与参数选取无关，及微分形式的不变性，我们可以选取参数 u^1, u^2 使 $e_i = \dfrac{\partial P}{\partial u^i}$ 在 p_0 点处为相互垂直的单位向量，且 $We_i = \lambda_i e_i$. 于是在 p_0 点

$$\begin{aligned}\mathrm{III} &= \left\langle \sum_i \lambda_i e_i \mathrm{d}u^i,\ \sum_j \lambda_j e_j \mathrm{d}u^j \right\rangle \\ &= \lambda_1^2(\mathrm{d}u^1)^2 + \lambda_2^2(\mathrm{d}u^2)^2, \\ -2H\,\mathrm{II} &= -2\cdot\frac{1}{2}(\lambda_1+\lambda_2)\langle \lambda_1 e_1 \mathrm{d}u^1 + \lambda_2 e_2 \mathrm{d}u^2, e_1\mathrm{d}u^1 + e_2 \mathrm{d}u^2\rangle \\ &= -(\lambda_1+\lambda_2)(\lambda_1(\mathrm{d}u^1)^2 + \lambda_2(\mathrm{d}u^2)^2), \\ K\,\mathrm{I} &= \lambda_1\lambda_2((\mathrm{d}u^1)^2 + (\mathrm{d}u^2)^2),\end{aligned}$$

于是

$$\mathrm{III} - 2H\,\mathrm{II} + K\,\mathrm{I} = 0.$$

由于Ⅲ由Ⅰ，Ⅱ表出，故Ⅲ不会给出新的不变量.

3.8 特殊曲面

我们将讨论某些特殊曲面. 我们已经知道，各点均为脐点的曲面为球面或平面，因此它们的 Gauss 曲率为(非负)常数. 一般的 Gauss 曲率为常数的曲面我们将在Ⅱ中讨论.

设 $z=f(y)$ 为 yz 平面上的曲线，将其绕 z 轴旋转所得的曲面的方程为

$$P(u,v) = (u\cos v, u\sin v, f(u)).$$

下面我们利用旋转曲面讨论一些重要曲面.

3.8.1 极小曲面(minimal surface)

定义 3.8.1 若曲面 S 的平均曲率 $H\equiv 0$，则称 S 为**极小曲面**.

定理 3.8.1 旋转极小曲面为悬链面，即悬链线旋转而成的曲面.

证 设 S 为旋转面，故有参数方程

$$P(u,v) = (u\cos v, u\sin v, f(u)), u \geqslant 0, 0 \leqslant v < 2\pi.$$

于是

$$\mathrm{I} = (\mathrm{d}P, \mathrm{d}P) = (1 + f'^2(u))\mathrm{d}u^2 + u^2\mathrm{d}v^2.$$

下面求Ⅱ.

$$\frac{\partial P}{\partial u}=(\cos v,\sin v,f'(u)),$$

$$\frac{\partial P}{\partial v}=(-u\sin v,u\cos v,0),$$

$$n=(1+f'(u)^2)^{-\frac{1}{2}}(-f'(u)\cos v,\ -f'(u)\sin v,\ 1),$$

$$\frac{\partial^2 P}{\partial u^2}=(0,0,f''(u)),$$

$$\frac{\partial^2 P}{\partial v^2}=(-u\cos v,-u\sin v,0),$$

$$\frac{\partial^2 P}{\partial u\partial v}=(-\sin v,\cos v,0),$$

于是

$$L=\frac{f''(u)}{\sqrt{1+f'^2(u)}},$$

$$M=0,$$

$$N=\frac{uf'(u)}{\sqrt{1+f'^2(u)}}.$$

故知

$$\mathrm{II}=\frac{1}{\sqrt{1+f'^2(u)}}(f''(u)\mathrm{d}u^2+uf'(u)\mathrm{d}v^2).$$

由于 S 为极小曲面,因此由

$$H=\frac{GL-2FM+EN}{2(EG-F^2)}=0,$$

知

$$\frac{u^2f''(u)}{\sqrt{1+f'^2(u)}}+(1+f'^2(u))^{\frac{1}{2}}uf'(u)=0,$$

即

$$uf''(u)+f'(u)(1+f'^2(u))=0,$$

积分得

$$\frac{f'^2(u)}{1+f'^2(u)}=\frac{C}{u^2},$$

其中 C 为非负常数.

若 $C=0$,$f'(u)=0$,即 $f(u)$ 为常数,S 为平面(这时相当于质量为零的悬链线旋转而成的曲面).

若 $C=a^2$, $u>0$ 为正常数,则有

$$f'(u)=\pm\frac{a}{\sqrt{u^2-a^2}},$$

于是

$$f(u)=\pm\int\frac{a\mathrm{d}u}{\sqrt{u^2-a^2}}=\pm a\ln(u+\sqrt{u^2-a^2})$$

是一条悬链线的方程.

3.8.2 常曲率曲面

定义 3.8.2 Gauss 曲率 K 为常数的曲面称为**常曲率曲面**.

我们仍考虑旋转常曲率曲面. 由

$$K=\frac{LN-M^2}{GE-F^2},$$

我们有 $f(u)$满足的微分方程

$$f'f''=Ku(1+f'^2)^2,$$

积分得

$$\frac{1}{1+f'^2(u)}=C-Ku^2,$$

$$f(u)=\pm\int\sqrt{\frac{1-C+Ku^2}{C-Ku^2}}\mathrm{d}u.$$

下面分几种情况来讨论.

(1) $K=0$,

$$f(u)=Au+B,$$

其中

$$A=\pm\sqrt{\frac{1-C}{C}}.$$

$A=0$ 时为平面.

$A\neq 0$ 时为锥面.

另有一个 $K=0$ 的旋转曲面为圆柱面,

$$r(\rho,\theta)=(a\cos\theta,a\sin\theta,\rho).$$

(2) $K=\frac{1}{a^2}$, $(a>0)$,则

$$f(u)=\pm\int\sqrt{\frac{a^2(1-C)+u^2}{Ca^2-u^2}}\mathrm{d}u.$$

若 $C\leqslant 0$，则根式中的分母为负，分子为正，这是不可能的．故 $C=b^2(b>0)$．于是

$$f(u)=\pm\int\sqrt{\frac{a^2(1-b^2)+u^2}{a^2b^2-u^2}}\mathrm{d}u.$$

特别当 $b^2=1$ 时，

$$f(u)=\pm\int\frac{u}{\sqrt{a^2-u^2}}\mathrm{d}u=\mp\sqrt{a^2-u^2}+C_0,$$

这时 S 为球面．

而 $b^2<1$ 或 $b^2>1$ 时 S 就不是球面了．这说明正常数曲率曲面不仅仅有球面．

(3) $K=-\dfrac{1}{a^2}<0(a>0)$，则

$$f(u)=\pm\int\sqrt{\frac{a^2(1-C)-u^2}{Ca^2+u^2}}\mathrm{d}u.$$

若 $C\geqslant 1$，则根式中分母为正，分子为负，这是不可能的，故 $C<1$．令 $C=1-b^2(b>0)$，则上式成为

$$f(u)=\pm\int\sqrt{\frac{a^2b^2-u^2}{a^2(1-b^2)+u^2}}\mathrm{d}u.$$

设 $b^2=1$，则

$$f(u)=\pm\int\frac{1}{u}\sqrt{a^2-u^2}\mathrm{d}u.$$

作变量替换 $u=a\cos\varphi\left(0\leqslant\varphi<\dfrac{\pi}{2}\right)$，则

$$f=\mp\int a\cdot\frac{\sin^2\varphi}{\cos\varphi}\mathrm{d}\varphi=\pm a[\ln(\sec\varphi+\tan\varphi)-\sin\varphi],\ 0\leqslant\varphi<\frac{\pi}{2}.$$

在 YOZ 平面上，f 给出的曲线是

$$\begin{cases}y=a\cos\varphi,\\ z=\pm a[\ln(\sec\varphi+\tan\varphi)-\sin\varphi],\ 0\leqslant\varphi<\dfrac{\pi}{2}.\end{cases}$$

这是两条曳物线，在 $y=a$，$z=0$ 处有一个尖点．由此曲线旋转而成的曲面称为**伪球面**(pseudo-sphere)．

3.9　保长对应与保角对应

设曲面 S_i 有参数表示 $P_i:D_i\to S_i$，若有映射 $\sigma:D_1\to D_2$，则有 S_1 到 S_2 的

映射，仍记为 σ.

事实上，映射 $\sigma: D_1 \to D_i$ 可以表示为

$$u_2 = \sigma u_1 = f(u_1, v_1),$$
$$v_2 = \sigma v_1 = g(u_1, v_1),$$
$$\sigma P_1(u_1, v_1) = P_2(\sigma u_1, \sigma v_1) = P_2(f(u_1, v_1), g(u_1, v_1)).$$

为方便起见，常记

$$f(u_1, v_1) = u_2(u_1, v_1), \quad g(u_1, v_1) = v_2(u_1, v_1).$$

若 f, g 是连续可微的，则称 σ 是 S_1 到 S_2 的连续可微映射.

设 $C_1: u_1 = u_1(t), v_1 = v_1(t)$ 是 S_1 上的一条曲线，于是 $\sigma C_1 = C_2: u_2(t) = u_2(u_1(t), v_1(t)), v_2(t) = v_2(u_1(t), v_1(t))$ 是 S_2 上的一条曲线，考虑 C_1 与 C_2 的切向量：

$$\frac{\mathrm{d}P_1(u_1(t), v_1(t))}{\mathrm{d}t} = \frac{\mathrm{d}u_1}{\mathrm{d}t}\frac{\partial P_1}{\partial u_1} + \frac{\mathrm{d}v_1}{\mathrm{d}t}\frac{\partial P_1}{\partial v_1},$$

$$\begin{aligned}
&\frac{\mathrm{d}P_2(u_2(t), v_2(t))}{\mathrm{d}t} \\
&= \frac{\partial P_2}{\partial u_2}\frac{\partial u_2}{\partial u_1}\frac{\mathrm{d}u_1}{\mathrm{d}t} + \frac{\partial P_2}{\partial u_2}\frac{\partial u_2}{\partial v_1}\frac{\mathrm{d}v_1}{\mathrm{d}t} + \frac{\partial P_2}{\partial v_2}\frac{\partial v_2}{\partial u_1}\frac{\mathrm{d}u_1}{\mathrm{d}t} + \frac{\partial P_2}{\partial v_2}\frac{\partial v_2}{\partial v_1}\frac{\mathrm{d}v_1}{\mathrm{d}t} \\
&= \left(\frac{\partial P_2}{\partial u_2}\frac{\partial u_2}{\partial u_1} + \frac{\partial P_2}{\partial v_2}\frac{\partial v_2}{\partial u_1}\right)\frac{\mathrm{d}u_1}{\mathrm{d}t} + \left(\frac{\partial P_2}{\partial u_2}\frac{\partial u_2}{\partial v_1} + \frac{\partial P_2}{\partial v_2}\frac{\partial v_2}{\partial v_1}\right)\frac{\mathrm{d}v_1}{\mathrm{d}t} \\
&= \left(\frac{\mathrm{d}u_1}{\mathrm{d}t}, \frac{\mathrm{d}v_1}{\mathrm{d}t}\right)\begin{pmatrix} \frac{\partial u_2}{\partial u_1} & \frac{\partial v_2}{\partial u_1} \\ \frac{\partial u_2}{\partial v_1} & \frac{\partial v_2}{\partial v_1} \end{pmatrix}\begin{pmatrix} \frac{\partial P_2}{\partial u_2} \\ \frac{\partial P_2}{\partial v_2} \end{pmatrix}.
\end{aligned}$$

于是有线性映射

$$\sigma_*: T_pS_1 \to T_{\sigma(p)}S_2,$$

使得

$$\sigma_*\begin{pmatrix} \frac{\partial P_1}{\partial u_1} \\ \frac{\partial P_1}{\partial v_1} \end{pmatrix} = \begin{pmatrix} \frac{\partial u_2}{\partial u_1} & \frac{\partial v_2}{\partial u_1} \\ \frac{\partial u_2}{\partial v_1} & \frac{\partial v_2}{\partial v_1} \end{pmatrix}\begin{pmatrix} \frac{\partial P_2}{\partial u_2} \\ \frac{\partial P_2}{\partial v_2} \end{pmatrix},$$

σ_* 称为 σ 诱导的**切映射**：$\sigma_* \mathrm{d}P_1 = \mathrm{d}P_2$.

显然，σ_* 是同构映射，当且仅当

$$\left(\frac{\partial(u_2, v_2)}{\partial(u_1, v_1)}\right)_p \neq 0.$$

定理 3.9.1 σ 是三次以上的连续可微映射. 若对 $p \in S_1, \sigma_*: T_pS_1 \to T_{\sigma(p)}S_2$ 是同构映射，则有点 p 与 $\sigma(p)$ 的邻域 $U_i \subseteq S_i$ 以及参数系 $(u_1, v_1), (u_2, v_2)$ 使得 $\sigma|_{U_1}$ 是由

$$u_2 = u_1, \quad v_2 = v_1$$

给出,即 $\sigma|_{U_1}$ 是由 U_1 到 U_2 的有相同的参数值的点之间的对应.

对于使得 $\sigma u_1=u_1,\sigma v_1=v_1$ 的参数系称为 S_1 与 S_2 上关于映射 σ 的**适用参数系**.

证 由 $\left(\dfrac{\partial(u_2,v_2)}{\partial(u_1,v_1)}\right)_p\neq 0$,故 (u_1,v_1) 可作为曲面 S_2 在点 $\sigma(p)$ 附近的参数系,故曲面 S_1 和 S_2 之间的映射就成为参数区域之间的恒同映射.

设 φ 是 S_2 的二次微分式:

$$\varphi=(\mathrm{d}u_2,\mathrm{d}v_2)\begin{pmatrix}A(u_2,v_2) & B(u_2,v_2)\\ B(u_2,v_2) & C(u_2,v_2)\end{pmatrix}\begin{pmatrix}\mathrm{d}u_2\\ \mathrm{d}v_2\end{pmatrix}.$$

我们可以得到 S_1 的一个二次微分式

$$\begin{aligned}&\sigma^*\varphi\\ &=(\mathrm{d}u_1,\mathrm{d}v_1)\begin{pmatrix}\dfrac{\partial u_2}{\partial u_1} & \dfrac{\partial v_2}{\partial u_1}\\ \dfrac{\partial u_2}{\partial v_1} & \dfrac{\partial v_2}{\partial v_1}\end{pmatrix}\begin{pmatrix}A & B\\ B & C\end{pmatrix}\begin{pmatrix}\dfrac{\partial u_2}{\partial u_1} & \dfrac{\partial u_2}{\partial v_1}\\ \dfrac{\partial v_2}{\partial u_1} & \dfrac{\partial v_2}{\partial v_1}\end{pmatrix}\begin{pmatrix}\mathrm{d}u_2\\ \mathrm{d}v_2\end{pmatrix}\\ &=(\mathrm{d}u_1,\mathrm{d}v_1)\begin{pmatrix}\widetilde{A} & \widetilde{B}\\ \widetilde{B} & \widetilde{C}\end{pmatrix}\begin{pmatrix}\mathrm{d}u_1\\ \mathrm{d}v_1\end{pmatrix}.\end{aligned}$$

定义 3.9.1 $\sigma:S_1\to S_2$,若对 $p\in S_1$,映射 $\sigma_*:T_pS_1\to T_{\sigma(p)}S_2$ 是保持内积的,则称 σ 是从 S_1 到 S_2 的**等距映射(保长映射**,isometry),即

$$(\sigma_*X,\sigma_*Y)=(X,Y),\quad \forall X,Y\in T_pS_1,$$

当且仅当

$$|\sigma_*X|=|X|,$$

当且仅当

$$\mathrm{I}_2(\sigma_*X,\sigma_*Y)=\mathrm{I}_1(X,Y),$$

这里 $\mathrm{I}_1,\mathrm{I}_2$ 分别是 S_1,S_2 的第一基本形式. 容易验证,

$$\mathrm{I}_1=(\mathrm{d}u_1,\mathrm{d}v_1)\begin{pmatrix}E_1 & F_1\\ F_1 & G_1\end{pmatrix}\begin{pmatrix}\mathrm{d}u_1\\ \mathrm{d}v_1\end{pmatrix}=\mathrm{d}P_1\cdot\mathrm{d}P_1,$$

$$\mathrm{I}_2=(\mathrm{d}u_2,\mathrm{d}v_2)\begin{pmatrix}E_2 & F_2\\ F_2 & G_2\end{pmatrix}\begin{pmatrix}\mathrm{d}u_2\\ \mathrm{d}v_2\end{pmatrix}=\mathrm{d}P_2\cdot\mathrm{d}P_2=\sigma_*\mathrm{d}P_1\cdot\sigma_*\mathrm{d}P_1=\mathrm{I}_1.$$

故上述条件也可表示为

$$\sigma^*\mathrm{I}_2=\mathrm{I}_1.$$

特别若选取相同的参数 (u,v),则有

$$\mathrm{I}_1=\mathrm{I}_2.$$

Gauss 绝好定理可知总曲率 K 由第一基本形式完全决定,所以有:

定理 3.9.2 保长映射保持总曲率不变.

由 3.3 节我们知道,曲面上区域的面积以及曲线的弧长可有第一基本形式给出,于是由定理 3.8.1 直接可得:

定理 3.9.3 若保长映射是同胚映射，则映射保持区域面积、曲线弧长、曲线的夹角不变. 如果取映射的适用参数系，则等距映射保持联络系数不变.

事实上我们将在第五章看到，保长变化保持曲面上两点的“距离”，平行移动等内在几何性质.

例 3.9.1 螺旋面

$$P(u,v)=(u\cos v,u\sin v,u+v)$$

与螺旋双曲面

$$r(\rho,\theta)=(\rho\cos\theta,\rho\sin\theta,\sqrt{\rho^2-1})\quad(\rho\geqslant 1,0\leqslant\theta\leqslant 2\pi)$$

之间可以建立保长对应.

事实上，

$$\mathrm{I}_P=2\mathrm{d}u^2+2\mathrm{d}u\mathrm{d}v+(1+u^2)\mathrm{d}v^2,$$

$$\mathrm{I}_r=\frac{2\rho^2-1}{\rho^2-1}\mathrm{d}\rho^2+\rho^2\mathrm{d}\theta^2.$$

而

$$\mathrm{I}_P=\left(2-\frac{1}{u^2+1}\right)\mathrm{d}u^2+(u^2+1)\left(\frac{\mathrm{d}u}{u^2+1}+\mathrm{d}v\right)^2,$$

令

$$\tilde{u}=u,\quad \tilde{v}=\arctan u+v,$$

则

$$\mathrm{I}_P=\left(\frac{2\tilde{u}^2+1}{\tilde{u}^2+1}\right)\mathrm{d}\tilde{u}^2+(\tilde{u}^2+1)\mathrm{d}\tilde{v}^2.$$

令

$$\rho=\sqrt{\tilde{u}^2+1},\quad \theta=\tilde{v},$$

则有

$$\mathrm{I}_P=\mathrm{I}_r.$$

于是 σ:

$$\rho=\sigma(u)=\sqrt{u^2+1},$$

$$\theta=\sigma(v)=\arctan u+v$$

为 $P(u,v)$ 到 $r(\rho,\theta)$ 之间的保长对应.

定义 3.9.2 若映射 $\sigma:S_1\to S_2$ 满足

$$(\sigma_*(X),\sigma_*(Y))=\rho^2(p)(X,Y),$$

其中 $\rho(p)$ 是定义在 S_1 上的正连续函数，则称 σ 为**保角对应**(或**保形对应**，conformal map).

若 $\rho(p)\equiv 1$，则 σ 为保长对应.

定理 3.9.4 $\sigma:S_1\to S_2$ 关于下列条件等价：

(1) σ 为保角对应;

(2) $\sigma^*(I_2)=\rho^2 I_1$;

(3) $\begin{pmatrix} \dfrac{\partial u_2}{\partial u_1} & \dfrac{\partial v_2}{\partial u_1} \\ \dfrac{\partial u_2}{\partial v_1} & \dfrac{\partial v_2}{\partial v_1} \end{pmatrix} \begin{pmatrix} E_2 & F_2 \\ F_2 & G_2 \end{pmatrix} \begin{pmatrix} \dfrac{\partial u_2}{\partial u_1} & \dfrac{\partial u_2}{\partial v_1} \\ \dfrac{\partial v_2}{\partial u_1} & \dfrac{\partial v_2}{\partial v_1} \end{pmatrix} = \rho^2 \begin{pmatrix} E_1 & F_1 \\ F_1 & G_1 \end{pmatrix}$;

(4) 对于 S_1, S_2 上的适用参数系(即 $\sigma(S_1)$ 与 S_1 有相同的参数,对应点的参数相同)有

$$E_2=\rho^2 E_1,\quad F_2=\rho^2 F_1,\quad G_2=\rho^2 G_1;$$

(5) $|\sigma_* X|=\rho(p)|X|, \forall p\in S_1, X\in T_pS_1$;

(6) $\angle(\sigma_*(X),\sigma_*(Y))=\angle(X,Y), \forall X,Y\in T_pS_1$.

证　(1),(2),(3)的等价性是显然的,由于 σ 为保角对应,则 σ_* 是线性同构,故有 S_1, S_2 的适用参数系,故(4)成立. 反之若(4)成立,则(2)成立. 故(1)~(4)相互等价. 以下证明(1),(5),(6)的等价性.

(1) ⇒(5)　$\forall X\in T_p(S_1)$,

$$(\sigma_* X,\sigma_* X)=\rho^2(X,X),$$

故

$$|\sigma_* X|=\rho|X|.$$

(5) ⇒(1)　由

$$(\sigma_*(X+Y),\sigma_*(X+Y))=\rho^2(X+Y,X+Y),$$

知

$$2(\sigma_* X,\sigma_* Y)=2\rho^2(X,Y),$$

即

$$(\sigma_* X,\sigma_* Y)=\rho^2(X,Y).$$

(5) ⇒(6)　由余弦定理,有

$$\begin{aligned}&\cos\angle(\sigma_* X,\sigma_* Y)\\ &=\frac{-|\sigma_*(X+Y)|^2+|\sigma_* X|^2+|\sigma_* Y|^2}{2|\sigma_* X|\cdot|\sigma_* Y|}\\ &=\frac{-|X+Y|^2+|X|^2+|Y|^2}{2|X||Y|}\\ &=\cos\angle(X,Y),\end{aligned}$$

故

$$\angle(\sigma_* X,\sigma_* Y)=\angle(X,Y).$$

(6) ⇒(5)　由正弦定理,知

$$\frac{|\sigma_* X|}{|\sigma_* Y|}=\frac{\sin\angle(\sigma_*(X+Y),\sigma_* Y)}{\sin\angle(\sigma_*(X+Y),\sigma_* X)}=\frac{\sin\angle(X+Y,Y)}{\sin\angle(X+Y,X)}=\frac{|X|}{|Y|}.$$

故有 $\rho>0$,使得

$$\sigma_* X=\rho|X|, \quad \forall X\in T_pS_1.$$

定义 3.9.3 曲面 S 的正则参数 (u,v) 如果满足

$$\mathrm{I}=\lambda^2(u,v)(\mathrm{d}u^2+\mathrm{d}v^2),$$

则称 (u,v) 为 S 的**等温参数系**或**保角参数系**(isothermal coordinates, conformal coordinates).

如果 S 有等温坐标,则 S 与平面 E^2 之间有保角对应;反之依然.

可以证明,在局部范围内等温坐标系是存在的(见 S. S. Chern, Selected Paper, 217 页).

例 3.9.2 Mercator 投影.

设 S 是半径为 a 的球面,设 $\tilde{S}$ 是半径为 a 的圆柱面. 参数方程分别为

$$P_1(u,v)=\left(a\cos v\cos\frac{u}{a}, a\cos v\sin\frac{u}{a}, a\sin v\right),$$

$$P_2(\tilde{u},\tilde{v})=\left(a\cos\frac{\tilde{u}}{a}, a\sin\frac{\tilde{u}}{a}, \tilde{v}\right).$$

则第一基本形式分别是

$$\mathrm{I}_1=\cos^2 v\mathrm{d}u^2+a^2\mathrm{d}v^2,$$

$$\mathrm{I}_2=\mathrm{d}\tilde{u}^2+\mathrm{d}\tilde{v}^2.$$

令

$$\tilde{u}=u, \quad \tilde{v}=\int_0^v\frac{a\mathrm{d}v}{\cos v}=a\ln\left|\tan\left(\frac{v}{2}+\frac{\pi}{4}\right)\right|,$$

于是

$$\mathrm{I}_2=\mathrm{d}u^2+\frac{a^2}{\cos^2 v}\mathrm{d}v^2=\frac{1}{\cos^2 v}\mathrm{I}_1,$$

因而对应的映射 $\sigma: S\to\tilde{S}$ 为保角对应,由 I_2 知 $\tilde{S}$ 与平面是等距的.

习　题

1. 写出下列曲面的参数方程:

(1) 椭圆柱面 $\dfrac{x^2}{a^2}+\dfrac{y^2}{b^2}=1$;

(2) 双曲柱面 $\dfrac{x^2}{a^2}-\dfrac{y^2}{b^2}=1$;

(3) 抛物柱面 $y^2=4ax$;

(4) 二次锥面 $\dfrac{x^2}{a^2}+\dfrac{y^2}{b^2}=\dfrac{z^2}{c^2}$;

(5) 椭圆抛物面 $\dfrac{x^2}{a^2}+\dfrac{y^2}{b^2}=2z$.

2. 求下列曲面的第一基本形式：

(1) $P=(u\cos v, u\sin v, \varphi(v))$；

(2) $P=(u\cos v, u\sin v, \varphi(u)+av)$，其中 a 是常数.

3. 求正螺旋面

$$P = P(u,v) = (u\cos v, u\sin v, bv)$$

与圆柱面$(x-a)^2+y^2=a^2$ 的交线，并求它的曲率.

4. 求出习题 1 各曲面在一点处的切平面与法向量.

5. 试证：曲面 $xyz=a^3$ 的切平面和三个坐标平面所构成的四面体的体积是常数.

6. 一个曲面是球面当且仅当它的所有法线过一定点.

7. 一个曲面是旋转面当且仅当它的所有法线都与定直线相交.

8. 试证：一个曲面是锥面当且仅当它的所有切平面过一定点.

9. 设曲线 C 有弧长参数表示 $P(s)$，而且 $N(s)$，$B(s)$分别为其主法向量与次法向量. 参数曲面 S

$$P(s,v) = P(s) + a(N(s)\cos v + B(s)\sin v)$$

(a 为参数)称作管状面，求它的单位法向量.

10. 设曲面 S 有参数方程

$$P(x,y) = (x,y,f(x,y)),$$

其中 $f(x,y)$三阶连续可导，求 S 的法向量与第一基本形式.

11. 设在曲面上一点，由二次方程

$$P\mathrm{d}u^2 + 2Q\mathrm{d}u\mathrm{d}v + R\mathrm{d}v^2 = 0$$

确定了两个切方向. 证明：这两个切方向彼此正交的充要条件是

$$ER - 2FQ + GP = 0.$$

12. 已知曲面有参数方程

$$P(u,v) = (x(u,v), y(u,v), z(u,v)),$$

且有 $F(x,y,z)=0$，试证：

(1) $n=(F_x,F_y,F_z)/\sqrt{F_x^2+F_y^2+F_z^2}$；

(2) $\mathrm{I}=\mathrm{d}x^2+\mathrm{d}y^2+\mathrm{d}z^2$.

13. 已知曲面的第一基本形式

$$\mathrm{I} = \mathrm{d}u^2 + (u^2+a^2)\mathrm{d}v^2,$$

求：

(1) 曲面上的曲线 $u=v$ 从 v_1 到 v_2 弧长；

(2) 曲面上曲线 $u+v=0$ 与 $u-v=0$ 之间的夹角；

(3) 曲面上由曲线 $u=av, u=-av, v=1$ 所围的面积.

14. 计算习题 10 所给的曲面的第二基本形式.

15. 求下列曲面的第二基本形式：

(1) $P=(a\cos\varphi\cos\theta, a\cos\varphi\sin\theta, b\sin\varphi)$；

(2) $P=\left(u,v,\frac{1}{2}(u^2+v^2)\right)$；

(3) $P=(a(u+v),a(u-v),2uv)$.

16. 设 $P_0=P(s)$(s 为弧长参数)是曲率、挠率均为常数的曲线. 求以 $P(s)$ 为中心曲线的管状面 S_r 的第一与第二基本形式、主方向、主曲率、总曲率与平均曲率.

17. 求曲面 $x^2+y^2+\frac{z^2}{9}=1$ 在 $p_0=\left(\frac{\sqrt{2}}{2},\frac{\sqrt{2}}{2},0\right)$ 处的主方向、主曲率、总曲率与平均曲率.

18. 求螺面 $P=(u\cos v,u\sin v,u+v)$ 的 Gauss 曲率和平均曲率.

19. 设曲面 S 满足

$$x^2+y^2=f(z),$$

其中 $f(z)$ 三次可微,且 $f(0)=0$, $f'(0)\neq 0$. 证明:S 在点 $(0,0,0)$ 处的法曲率函数为常数.

20. 对于球面

$$P=(a\cos\varphi\cos\theta,a\cos\varphi\sin\theta,a\sin\varphi),$$

证明处处 $L:M:N=E:F:G$.

21. 如果 u^*,v^* 是使曲面的

$$\begin{pmatrix} E & F \\ F & G \end{pmatrix}$$

与

$$\begin{pmatrix} L & M \\ M & N \end{pmatrix}$$

都为对角型的正则参数,求 $\frac{\partial P}{\partial u^*}$ 与 $\frac{\partial P}{\partial v^*}$ 正交的条件.

22. 求双曲抛物面

$$P(u,v)=(a(u+v),b(u-v),uv)$$

的主曲率、主方向和曲率线方程.

23. 求曲线 $\rho=\rho(s)$ 的切线面

$$P(s,u)=\rho(s)+u\alpha(s)$$

的曲率线、比较曲率线的曲率与该曲面的主曲率.

24. 求悬链面 $P=(\sqrt{u^2+a^2}\cos v,\sqrt{u^2+a^2}\sin v,a\ln(u+\sqrt{u^2+a^2}))$ 的第一基本形式和第二基本形式,并求它在点 $(0,0)$ 沿切向量 $\mathrm{d}P=2P_u+P_v$ 的法曲率.

25. 试证:曲面上任意点处,任意两个正交方向上的法曲率之和是常数.

26. 设在曲面上一个固定点和一个与主方向夹角为 θ 的切方向所对应的法曲率记为 $\kappa(\theta)$,试证:

$$\frac{1}{2\pi}\int_0^{2\pi}\kappa_n(\theta)\mathrm{d}\theta=H,$$

其中 $H=\frac{\kappa_1+\kappa_2}{2}$ 为平均曲率.

27. 设曲面上的一条曲率线不是渐近线. 并且它的密切平面与曲面的切平面交角为定角,证明该曲线是平面曲线.

28. 设曲面 S_1, S_2 的交线 C 的曲率是 κ，曲线在曲面 S_i 上的法曲率是 $\kappa_n^{(i)}$ $(i=1,2)$. 设 S_1 与 S_2 在交点的法线之间交角为 θ，证明：

$$\kappa^2 \sin^2\theta = (\kappa_n^{(1)})^2 + (\kappa_n^{(2)})^2 - 2\kappa_n^{(1)}\kappa_n^{(2)}\cos\theta.$$

29. 证明：曲面上一条曲线在任意一点的法曲率等于该曲线在该点由其切向量决定的法截面上的投影曲线在该点的相对曲率.

30. 在非脐点处，如果交角为 θ_0 的任意两个方向的法曲率之和为常数，则 $\theta_0 = \dfrac{\pi}{2}$（比较第 19 题）.

31. 设曲面在一点的夹角为$\dfrac{2\pi}{m}$的 m 个切向量所对应的法曲率为 $\kappa_n^{(1)}, \cdots, \kappa_n^{(m)}$ $(m>2)$. 证明：

$$H = \frac{1}{m}(\kappa_n^{(1)} + \cdots + \kappa_n^{(m)}).$$

32. 在曲面 $P=P(u,v)$ 上每一点沿法线方向截取长为 λ 的一段（设 λ 充分小），其端点轨迹构成曲面

$$P^* = P(u,v) + \lambda n(u,v).$$

证明：在 P 与 P^* 的对应点上有

$$K^* = \frac{K}{1 - 2\lambda H + \lambda^2 K},$$

$$H^* = \frac{H - \lambda K}{1 - 2\lambda H + \lambda^2 K}.$$

33. 若 θ 为曲面上在一个双曲点的两个渐近方向的夹角，试证：

$$\tan\theta = \frac{\sqrt{-K}}{H}.$$

34. 研究（习题 8）管状曲面上各种类型点的分布.

35. 试证：若曲面在一点有三个渐近方向，且它们两两不共线，则该点一定是平点.

36. 求曲面 $z=e^{xy}$ 在 $(0,0,1)$ 处主曲率和主方向，并求该点处的密切抛物面方程.

37. 若曲面有参数表示 $P(u,v)$，其中 u,v 为正交参数. 写出曲面的基本公式.

38. 证明：曲面在一般参数系 (u,v) 下，总曲率有如下表达式：

$$K = \frac{1}{(EG-F^2)^2} \times \left\{ \begin{vmatrix} -\dfrac{G_{uu}}{2} + F_{uv} - \dfrac{E_{vv}}{2} & \dfrac{E_u}{2} & F_u - \dfrac{E_v}{2} \\ F_v - \dfrac{G_u}{2} & E & F \\ \dfrac{G_v}{2} & F & G \end{vmatrix} - \begin{vmatrix} 0 & \dfrac{E_v}{2} & \dfrac{G_u}{2} \\ \dfrac{E_v}{2} & E & F \\ \dfrac{G_u}{2} & F & G \end{vmatrix} \right\}.$$

39. 已知第一基本形式，求总曲率：

(1) $\mathrm{I}=\dfrac{\mathrm{d}u^2+\mathrm{d}v^2}{1+\dfrac{c}{4}(u^2+v^2)}$，$c$ 是常数；

(2) $\mathrm{I}=\dfrac{a^2(\mathrm{d}u^2+\mathrm{d}v^2)}{v^2}$，$v>0$，$a$ 是常数；

(3) $\mathrm{I}=\dfrac{\mathrm{d}u^2+\mathrm{d}v^2}{u^2+v^2+c}$，$c$ 是正常数；

(4) $\mathrm{I}=\mathrm{d}u^2+\mathrm{e}^{\frac{2u}{a}}\mathrm{d}v^2$，$a$ 是常数；

(5) $\mathrm{I}=\mathrm{d}u^2+\cosh^2\dfrac{u}{a}\mathrm{d}v^2$，$a$ 是常数.

40. 设有参数变换 $u^\alpha=u^\alpha(v^1,v^2)$，$a^\alpha_\beta=\dfrac{\partial u^\alpha}{\partial v^\beta}$，试证明：

$$\Gamma^{\gamma'}_{\alpha'\beta'}=\Gamma^{\gamma}_{\alpha\beta}a^\alpha_{\alpha'}a^\beta_{\beta'}a^{\gamma'}_\gamma+\frac{\partial a^\gamma_{\alpha'}}{\partial v^{\beta'}}a^{\gamma'}_\gamma.$$

41. 验证中曲率

$$H=\frac{1}{2}\Omega_{\alpha\beta}g^{\alpha\beta}.$$

42. 若 $\mathrm{I}=\lambda^2(u,v)(\mathrm{d}u^2+\mathrm{d}v^2)$，试证明：

$$K=-\frac{1}{\lambda^2}\left(\frac{\partial^2}{\partial u^2}\ln\lambda+\frac{\partial^2}{\partial v^2}\ln\lambda\right).$$

43. 在曲面上一个双曲点 p，若两条渐近线都不是直线，则它们的挠率分别为 $\sqrt{-K}$ 与 $-\sqrt{-K}$.

44. 求曲面 $P=(u^3,v^3,u+v)$ 上的抛物点轨迹.

45. 设旋转曲面的经线有水平切线，证明：这些切点都是曲面的抛物点.

46. 证明：每一条曲线在它的主法线曲面上是渐近曲线.

47. 求下列曲面上的渐近曲线：

(1) 正螺旋面：$P=(u\cos v,u\sin v,bv)$；

(2) 双曲抛物面：$P=\left(\dfrac{u+v}{2},\dfrac{u-v}{2},\dfrac{uv}{2}\right)$.

48. 设 C 是曲面上一条非直线的渐近曲线，其参数方程为 $u=u(s)$，$v=v(s)$，其中 s 为弧长参数. 证明：C 的挠率等于

$$\tau=\frac{1}{\sqrt{EG-F^2}}\begin{vmatrix}(\dot v)^2 & -\dot u\dot v & (\dot u)^2\\ E & F & G\\ L & M & N\end{vmatrix}.$$

49. 证明：$z=c\cdot\arctan\dfrac{y}{x}$ 是极小曲面，并求它的主曲率.

50. 设旋转曲面的经线有水平切线，证明：这些切点都是曲面的抛物点.

第四章　曲面论基本定理

4.1　外微分式

4.1.1　线性空间的微分式

1. 对偶空间,一次形式.

设 T 是 $\mathbf{R}$ 上的 n 维线性空间. 自然 $\mathbf{R}$ 是 $\mathbf{R}$ 上的一维线性空间. 令 $T^* = \mathrm{Hom}(T,\mathbf{R})$ 为 T 到 $\mathbf{R}$ 的所有线性映射的集合. 即 $\omega \in T^*$,当且仅当

$$\omega(X+Y) = \omega(X) + \omega(Y), \quad \forall X, Y \in T,$$

$$\omega(aX) = a\omega(X), \forall a \in \mathbf{R}, \quad X \in T.$$

在 T^* 中可定义加法、数乘为

$$(\omega_1 + \omega_2)(X) = \omega_1(X) + \omega_2(X), \quad \forall \omega_i \in T^*, \quad X \in T,$$

$$(a\omega)(X) = a(\omega(X)) = \omega(aX),$$

$$\forall \omega \in T^*, \quad a \in \mathbf{R}, \quad X \in T.$$

则 T^* 是一个线性空间,称为 T 的对偶空间. T^* 中的元素称为 1 形式或线性泛函.

若 $e_1, e_2, \cdots, e_n$ 是 T 的一组基,我们可定义 T^* 的一组基 $e^1, e^2, \cdots, e^n$,使满足

$$e^j(e_i) = \delta_{ij}, \qquad 1 \leqslant i, j \leqslant n.$$

事实上,对于 $X = \sum x_i e_i$,令

$$e^j\left(\sum_{i=1}^n x_i e_i\right) = x_j, \qquad 1 \leqslant j \leqslant n.$$

容易证明 $e^j \in T^*$,又若有 $y_1, y_2, \cdots, y_n$,使

$$\sum_{j=1}^n y_j e^j = 0,$$

于是 $\forall i$,有

$$\left(\sum_{j=1}^n y_j e^j\right)(e_i) = \sum_{j=1}^n y_j e^j(e_i) = y_i = 0.$$

故 $e^1, e^2, \cdots, e^n$ 是线性无关的.

设 $\omega \in T^*$,则 $\sum_{j=1}^n \omega(e_j) e^j \in T^*$,且

$$\left(\sum_{j=1}^{n}\omega(e_j)e^j\right)\left(\sum_{i=1}^{n}x_ie_i\right)=\sum_{i=1}^{n}x_i\omega(e_i)=\omega\left(\sum_{i=1}^{n}x_ie_i\right),$$

于是

$$\omega=\sum_{j=1}^{n}\omega(e_j)e^j.$$

因而 $e^1,e^2,\cdots,e^n$ 为 T^* 的一组基,称为 $e_1,e_2,\cdots,e_n$ 的**对偶基**.

显然 $\dim T^*=\dim T$.

2. k 次微分形式.

如果映射

$$\Omega:\underbrace{T\times\cdots\times T}_{k}\to\mathbf{R}$$

满足:

(i) $\Omega(X_1,X_2,\cdots,X_k)=\operatorname{sgn}\sigma\Omega(X_{\sigma(1)},\cdots,X_{\sigma(k)}),\forall\sigma\in S_k$;

(ii)
$$\Omega(aX_1+bX_1',X_2,\cdots,X_k)$$
$$=a\Omega(X_1,X_2,\cdots,X_k)+b\Omega(X_1',X_2,\cdots,X_k),$$

则称 Ω 是 T 上 k **次微分形式**.用 $\wedge^kT$ 表示 T 上所有 k 次微分形式的集合.

性质 4.1.1 对任一变量 X_i,Ω 都是线性的(k 线性型).

事实上

$$\begin{aligned}&\Omega(X_1,\cdots,X_{i-1},aX_i+bX_i',X_{i+1},\cdots,X_k)\\=&-\Omega(aX_i+bX_i',X_2,\cdots,X_{i-1},X_1,X_{i+1},\cdots,X_k)\\=&-a\Omega(X_i,X_2,\cdots,X_{i-1},X_1,X_{i+1},\cdots,X_k)\\&-b\Omega(X_i',X_2,\cdots,X_{i-1},X_1,X_{i+1},\cdots,X_k)\\=&\ a\Omega(X_1,X_2,\cdots,X_{i-1},X_i,X_{i+1},\cdots,X_k)\\&+b\Omega(X_1,X_2,\cdots,X_{i-1},X_i',X_{i+1},\cdots,X_k).\end{aligned}$$

性质 4.1.2 若 $X_1,X_2,\cdots,X_k$ 线性相关,则

$$\Omega(X_1,X_2,\cdots,X_k)=0.$$

证 设 $a_1,a_2,\cdots,a_k\in\mathbf{R}$,不妨设 $a_1\neq0$,使

$$\sum_{i=1}^{k}a_iX_i=0.$$

于是

$$X_1=a_1^{-1}\sum_{i=2}^{k}a_iX_i.$$

因而有

$$\Omega(X_1,X_2,\cdots,X_k)=\sum_{i=2}^{k}a_1^{-1}a_i\Omega(X_i,X_2,\cdots,X_k),$$

注意到,取$(1,i)\in S_k$,则由

$$\Omega(X_i,X_2,\cdots,X_i,\cdots,X_k)=-\Omega(X_i,X_2,\cdots,X_i,\cdots,X_k),$$

有

$$\Omega(X_i,X_2,\cdots,X_i,\cdots,X_k)=0,$$

因而

$$\Omega(X_1,X_2,\cdots,X_k)=0.$$

推论 4.1.1　$\wedge^m T=0$,若 $m>n$.

性质 4.1.3　$\Omega\in\wedge^k T$,则

$$\Omega(X_1,\cdots,X_k)=\frac{1}{k!}\sum_{\sigma\in S_k}\operatorname{sgn}\sigma\Omega(X_{\sigma(1)},\cdots,X_{\sigma(k)}).$$

定理 4.1.1　在$\wedge^k T$ 中定义加法与数乘为

$$\begin{aligned}&(\Omega_1+\Omega_2)(X_1,X_2,\cdots,X_k)\\=&\Omega_1(X_1,X_2,\cdots,X_k)+\Omega_2(X_1,X_2,\cdots,X_k),\\&(a\Omega)(X_1,X_2,\cdots,X_k)\\=&a\Omega(X_1,X_2,\cdots,X_k).\end{aligned}$$

则$\wedge^k T$ 是 $\mathbf{R}$ 上的线性空间. 且

$$\dim\wedge^k T=C_n^k,\qquad 1\leqslant k\leqslant n.$$

证　容易证明 $\wedge^k T$ 是 $\mathbf{R}$ 上的线性空间. 设 $\omega\in\wedge^k T,X_i=\sum_{j=1}^{n}x_{ij}e_j$, $x_{ij}\in\mathbf{R},1\leqslant i\leqslant k$,即

$$\begin{pmatrix}X_1\\X_2\\\vdots\\X_k\end{pmatrix}=\begin{pmatrix}x_{11}&x_{12}&\cdots&x_{1n}\\x_{21}&x_{22}&\cdots&x_{2n}\\\vdots&\vdots&&\vdots\\x_{k1}&x_{k2}&\cdots&x_{kn}\end{pmatrix}\begin{pmatrix}e_1\\e_2\\\vdots\\e_n\end{pmatrix}.$$

于是有

$$\omega(X_1,X_2,\cdots,X_k)=\sum_{i_1,i_2,\cdots,i_k}x_{1i_1}x_{2i_2}\cdots x_{ki_k}\omega(e_{i_1},e_{i_2},\cdots,e_{i_k}),$$

若 $s\neq t$,而 $i_s=i_t$,则

$$\omega(\cdots,e_{i_s},\cdots,e_{i_t},\cdots)=0.$$

故只考虑 $s\neq t,i_s\neq i_t$. 对 $\sigma\in S_k$,有

$$\omega(e_{i_{\sigma(1)}},\cdots,e_{i_{\sigma(k)}})=\mathrm{sgn}\sigma\omega(e_{i_1},\cdots,e_{i_k}),$$

于是

$$\begin{aligned}\omega(X_1,X_2,\cdots,X_k)&=\sum_{i_1<i_2<\cdots<i_k}\sum_{\sigma\in S_k}\mathrm{sgn}\sigma x_{1i_{\sigma(1)}}\cdots x_{ki_{\sigma(k)}}\omega(e_{i_1},e_{i_2},\cdots,e_{i_k})\\&=\sum_{i_1<i_2<\cdots<i_k}X\begin{pmatrix}1&\cdots&k\\i_1&\cdots&i_k\end{pmatrix}\omega(e_{i_1},e_{i_2},\cdots,e_{i_k}),\end{aligned}$$

其中

$$X\begin{pmatrix}1&\cdots&k\\i_1&\cdots&i_k\end{pmatrix}=\det\begin{pmatrix}x_{1i_1}&x_{1i_2}&\cdots&x_{1i_k}\\x_{2i_1}&x_{2i_2}&\cdots&x_{2i_k}\\\vdots&\vdots&&\vdots\\x_{ki_1}&x_{ki_2}&\cdots&x_{ki_k}\end{pmatrix}.$$

因而 ω 由 $\{\omega(e_{i_1},\cdots,e_{i_k})\mid i_1<i_2<\cdots<i_k\}$ 完全决定.

设 $e^1,e^2,\cdots,e^n$ 为 $e_1,e_2,\cdots,e_n$ 的对偶基. 记 $e^{i_1}\wedge e^{i_2}\wedge\cdots\wedge e^{i_k}$ 为 $\underbrace{T\times\cdots\times T}_{k}\to\mathbf{R}$ 的映射:

$$\begin{aligned}&(e^{i_1}\wedge e^{i_2}\wedge\cdots\wedge e^{i_k})(X_1,\cdots,X_k)\\=&\frac{1}{k!}\sum_{\sigma\in S_k}\mathrm{sgn}\sigma\cdot e^{i_1}(X_{\sigma(1)})\cdot e^{i_2}(X_{\sigma(2)})\cdot\cdots\cdot e^{i_k}(X_{\sigma(k)}).\end{aligned}$$

显然 $e^{i_1}\wedge e^{i_2}\wedge\cdots\wedge e^{i_k}\in\wedge^k T$, 且

$$(e^{i_1}\wedge e^{i_2}\wedge\cdots\wedge e^{i_k})(X_1,\cdots,X_k)=\frac{1}{k!}X\begin{pmatrix}1&\cdots&k\\i_1&\cdots&i_k\end{pmatrix},$$

特别对 $j_1<j_2<\cdots<j_k$ 有

$$(e^{i_1}\wedge e^{i_2}\wedge\cdots\wedge e^{i_k})(e_{j_1},\cdots,e_{j_k})=\begin{cases}\dfrac{1}{k!}, i_t=j_t, 1\leqslant t\leqslant k,\\0, \quad\text{若有 } i_t\neq j_t.\end{cases}$$

于是 $\omega\in\wedge^k T$, 有

$$\omega=k!\sum_{i_1<\cdots<i_k}\omega(e_{i_1},\cdots,e_{i_k})(e^{i_1}\wedge\cdots\wedge e^{i_k}).$$

故 $\{e^{i_1}\wedge\cdots\wedge e^{i_k}\mid i_1<i_2<\cdots<i_k\}$ 生成 $\wedge^k T$, 若

$$\sum a_{j_1\cdots j_k}e^{j_1}\wedge\cdots\wedge e^{j_k}=0.$$

于是

$$\left(\sum a_{j_1\cdots j_k}e^{j_1}\wedge\cdots\wedge e^{j_k}\right)(e_{i_1},\cdots,e_{i_k})=\frac{1}{k!}a_{i_1\cdots i_k}=0,$$

故$\{e^{i_1}\wedge\cdots\wedge e^{i_k}\mid i_1<i_2<\cdots<i_k\}$是$\wedge^k T$ 的基. 故

$$\dim\wedge^k T = C_n^k.$$

3. **外代数**$\wedge T$.

令$\wedge^0 T=\mathbf{R}$,

$$\wedge T=\wedge^0 T\oplus\wedge^1 T\oplus\cdots\oplus\wedge^n T.$$

我们在$\wedge T$中定义一种乘法,称为**外乘法**.

设$\Omega\in\wedge^k T$,$\omega\in\wedge^l T$,定义

$$\begin{aligned}&\Omega\wedge\omega(X_1,\cdots,X_k,X_{k+1},\cdots,X_{k+l})\\&=\frac{1}{(k+l)!}\sum_{\sigma\in S_{k+l}}\mathrm{sgn}\sigma\Omega(X_{\sigma(1)},\cdots,X_{\sigma(k)})\\&\quad\cdot\omega(X_{\sigma(k+1)},\cdots,X_{\sigma(k+l)}).\end{aligned}$$

定理 4.1.2 $\Omega,\Omega_1,\Omega_2\in\wedge^k T$,$\eta,\eta_1,\eta_2\in\wedge^l T$,$\theta\in\wedge^h T$,则有:

(1) $(a_1\Omega_1+a_2\Omega_2)\wedge\eta=a_1(\Omega_1\wedge\eta)+a_2(\Omega_2\wedge\eta)$,

$\Omega\wedge(\eta_1+\eta_2)=\Omega\wedge\eta_1+\Omega\wedge\eta_2$;

(2) $\Omega\wedge\eta=(-1)^{kl}\eta\wedge\Omega$;

(3) $(\Omega\wedge\eta)\wedge\theta=\Omega\wedge(\eta\wedge\theta)$.

证 (1) 是显然的.

(2) 因为$\Omega\wedge\eta$是$k+l$形式,故对任一$\tau\in S_{k+l}$有

$$(\Omega\wedge\eta)(X_{\tau(1)},\cdots,X_{\tau(k+l)})=\mathrm{sgn}\tau\cdot(\Omega\wedge\eta)(X_1,\cdots,X_{k+l}),$$

取

$$\tau=\begin{pmatrix}1&2&\cdots&k&k+1&\cdots&k+l\\l+1&l+2&\cdots&k+l&1&\cdots&l\end{pmatrix},$$

于是有

$$\mathrm{sgn}\tau=(-1)^{kl},$$

因而有

$$\begin{aligned}&(\Omega\wedge\eta)(X_1,\cdots,X_{k+l})\\&=(-1)^{kl}(\Omega\wedge\eta)(X_{\tau(1)},\cdots,X_{\tau(k+l)})\\&=\frac{(-1)^{kl}}{(k+l)!}\sum_{\sigma\in S_{k+l}}\mathrm{sgn}\sigma\cdot\Omega(X_{\sigma(\tau(1))},\cdots,X_{\sigma(\tau(k))})\\&\quad\cdot\eta(X_{\sigma(\tau(k+1))},\cdots,X_{\sigma(\tau(k+l))})\\&=\frac{(-1)^{kl}}{(k+l)!}\sum_{\sigma}\mathrm{sgn}\sigma\cdot\Omega(X_{\sigma(l+1)},\cdots,X_{\sigma(k+l)})\end{aligned}$$

$$\cdot \eta(X_{\sigma(1)},\cdots,X_{\sigma(l)})$$
$$=(-1)^{kl}(\eta\wedge\Omega)(X_1,\cdots,X_{k+l}),$$

因而

$$\Omega\wedge\eta=(-1)^{kl}\eta\wedge\Omega.$$

(3) 设 $X_1,\cdots,X_{k+l+h}\in T$,于是

$$(\Omega\wedge\eta)\wedge\theta(X_1,\cdots,X_{k+l+h})$$
$$=\frac{1}{(k+l+h)!}\frac{1}{(k+l)!}\sum_{\sigma\in S_{k+l+h}}\sum_{\tau\in S_{k+l}}\mathrm{sgn}\sigma\mathrm{sgn}\tau$$
$$\cdot\Omega(X_{\varpi(1)},\cdots,X_{\varpi(k)})\eta(X_{\varpi(k+1)},\cdots,X_{\varpi(k+l)})$$
$$\cdot\theta(X_{\varpi(k+l+1)},\cdots,X_{\varpi(k+l+h)}).$$

自然我们可以将 τ 视为 S_{k+l+h} 中的元素,即有 $\tau(\sigma(k+l+i))=\sigma(k+l+i)$,所以

$$(\Omega\wedge\eta)\wedge\theta(X_1,\cdots,X_{k+l+h})$$
$$=\frac{1}{(k+l+h)!}\frac{1}{(k+l)!}\sum_{\tau}\sum_{\sigma\tau}\mathrm{sgn}(\sigma\tau)$$
$$\cdot\Omega(X_{\varpi(1)},\cdots,X_{\varpi(k)})\eta(X_{\varpi(k+1)},\cdots,X_{\varpi(k+l)})$$
$$\cdot\theta(X_{\varpi(k+l+1)},\cdots,X_{\varpi(k+l+h)})$$
$$=\frac{1}{(k+l+h)!}\sum_{\sigma}\mathrm{sgn}\sigma\Omega(X_{\sigma(1)},\cdots,X_{\sigma(k)})$$
$$\cdot\eta(X_{\sigma(k+1)},\cdots,X_{\sigma(k+l)})\theta(X_{\sigma(k+l+1)},\cdots,X_{\sigma(k+l+h)}).$$

同样 $(\Omega\wedge(\eta\wedge\theta))(X_1,\cdots,X_{k+l+h})$ 也等于上式,故

$$(\Omega\wedge\eta)\wedge\theta=\Omega\wedge(\eta\wedge\theta).$$

推论 4.1.2 $1\leqslant i_1<i_2<\cdots<i_k\leqslant n, e^1,\cdots,e^n\in T^*=\wedge^1T$. 则 $\{e^{i_1}\wedge\cdots\wedge e^{i_k}\}$ 构成 $\wedge^kT$ 的基.

证

$$(e^{i_1}\wedge\cdots\wedge e^{i_k})(e_{j_1},\cdots,e_{j_k})=\frac{1}{k!}\sum_{\sigma}\mathrm{sgn}\sigma\prod_{s=1}^{k}e^{i_s}(e_{j_{\sigma(s)}})$$
$$=\frac{1}{k!}\sum_{\sigma}\mathrm{sgn}\sigma\prod_{s=1}^{k}\delta_{i_sj_{\sigma(s)}},$$

其中 $j_1<j_2<\cdots<j_k$. 若 $\{j_1,\cdots,j_k\}\neq\{i_1,\cdots,i_k\}$,则 $\exists\, j_{t_0}$ 使 $\delta_{i_sj_{t_0}}=0,\forall s$. 若 $\{j_1,\cdots,j_k\}=\{i_1,\cdots,i_k\}$,即 $i_s=j_s, s=1,2,\cdots,k$. 如果 $\sigma\neq id$,有 s_0 使得 $\sigma(s_0)\neq s_0$,即 $i_{s_0}\neq j_{\sigma(s_0)}$,因而 $\delta_{i_{s_0}j_{\sigma(s_0)}}=0$. 于是

$$(e^{i_1}\wedge\cdots\wedge e^{i_k})(e_{j_1},\cdots,e_{j_k})=\begin{cases}\dfrac{1}{k!}, & i_s=j_s,\\ 0, & \{i_1,\cdots,i_k\}\neq\{j_1,\cdots,j_k\}.\end{cases}$$

推论 4.1.3 $\sigma\in S_k$，则有

$$e^{i_{\sigma(1)}}\wedge\cdots\wedge e^{i_{\sigma(k)}}=\operatorname{sgn}\sigma(e^{i_1}\wedge\cdots\wedge e^{i_k}).$$

证 由于 S_k 由$\{(j,j+1),1\leqslant j\leqslant k-1\}$生成，故只要讨论 $\sigma=(j,j+1)$的情形.

$$\begin{aligned}&e^{i_1}\wedge\cdots\wedge e^{i_{j+1}}\wedge e^{i_j}\wedge\cdots\wedge e^{i_k}\\ =&(e^{i_1}\wedge\cdots\wedge e^{i_{j-1}})\wedge(e^{i_{j+1}}\wedge e^{i_j})\wedge\cdots\\ =&(e^{i_1}\wedge\cdots\wedge e^{i_{j-1}})\wedge(-1)(e^{i_j}\wedge e^{i_{j+1}})\wedge\cdots\\ =&\operatorname{sgn}(j,j+1)\cdot e^{i_1}\wedge\cdots\wedge e^{i_k}.\end{aligned}$$

特别，若有 $i_s=i_t,s\neq t$，则

$$e^{i_1}\wedge\cdots\wedge e^{i_k}=0.$$

定理 4.1.3 设 $\omega^i=\sum_{j=1}^{n}a_j^ie^j$，即

$$\begin{pmatrix}\omega^1\\ \omega^2\\ \vdots\\ \omega^k\end{pmatrix}=\begin{pmatrix}a_1^1 & \cdots & a_n^1\\ a_1^2 & \cdots & a_n^2\\ \vdots & & \vdots\\ a_1^k & \cdots & a_n^k\end{pmatrix}\begin{pmatrix}e^1\\ e^2\\ \vdots\\ e^n\end{pmatrix},$$

则

$$\omega^1\wedge\cdots\wedge\omega^k=\sum_{i_1<i_2<\cdots<i_k}A\begin{pmatrix}i_1 & \cdots & i_k\\ j_1 & \cdots & j_k\end{pmatrix}e^{i_1}\wedge\cdots\wedge e^{i_k},$$

其中 $A=(a_j^i)$.

证

$$\begin{aligned}&\omega^1\wedge\cdots\wedge\omega^k\\ =&\Big(\sum_{j_1=1}^{n}a_{j_1}^1e^{j_1}\Big)\wedge\cdots\wedge\Big(\sum_{j_k=1}^{n}a_{j_k}^ke^{j_k}\Big)\\ =&\sum a_{j_1}^1a_{j_2}^2\cdots a_{j_k}^k\cdot e^{j_1}\wedge\cdots\wedge e^{j_k}\\ =&\sum_{j_s\neq j_t}a_{j_1}^1a_{j_2}^2\cdots a_{j_k}^k\cdot e^{j_1}\wedge\cdots\wedge e^{j_k}\\ =&\sum_{i_1<i_2<\cdots<i_k}\operatorname{sgn}\begin{pmatrix}i_1 & \cdots & i_k\\ j_1 & \cdots & j_k\end{pmatrix}a_{j_1}^1\cdots a_{j_k}^ke^{i_1}\wedge\cdots\wedge e^{i_k}\end{aligned}$$

$$= \sum_{i_1<i_2<\cdots<i_k} A\begin{pmatrix} i_1 & \cdots & i_k \\ j_1 & \cdots & j_k \end{pmatrix} e^{i_1} \wedge \cdots \wedge e^{i_k}.$$

定理 4.1.4 设 $e_1,\cdots,e_n$ 为 T 的基, $e^1,\cdots,e^n$ 为 T^* 的对偶基. $f_1,\cdots,f_n$ 为 T 的另一组基, $f^1,\cdots,f^n$ 为其对偶基. 若

$$\begin{pmatrix} f_1 \\ \vdots \\ f_n \end{pmatrix} = A \begin{pmatrix} e_1 \\ \vdots \\ e_n \end{pmatrix},$$

$$\begin{pmatrix} f^1 \\ \vdots \\ f^n \end{pmatrix} = B \begin{pmatrix} e^1 \\ \vdots \\ e^n \end{pmatrix},$$

则

$$BA^{\mathrm{T}} = I.$$

证 设

$$(x_i e^i)(y^j e_j) = x_i y^j e^i(e_j) = x_i y^j \delta_j^i = x_i y^i.$$

则

$$\delta_{jk} = f^j(f_k) = \left(\mathrm{row}_j B \begin{pmatrix} e^1 \\ \vdots \\ e^n \end{pmatrix}\right)\left(\mathrm{row}_k A \begin{pmatrix} e_1 \\ \vdots \\ e_n \end{pmatrix}\right)^{\mathrm{T}}$$

$$= \mathrm{row}_j B \cdot (\mathrm{row}_k A)^{\mathrm{T}}$$

$$= \mathrm{row}_j B \cdot \mathrm{col}_k A^{\mathrm{T}},$$

故

$$BA^{\mathrm{T}} = I.$$

推论 4.1.4 若 A 为正交矩阵,则 $B=A$.

推论 4.1.5 设 $e_1,\cdots,e_n$; $f_1,\cdots,f_n$ 均为 T 的基. $e^1,\cdots,e^n$; $f^1,\cdots,f^n$ 为它们的对偶基. 则有

$$f^{i_1} \wedge \cdots \wedge f^{i_k} = \sum_{j_1<\cdots<j_n} B\begin{pmatrix} i_1 & \cdots & i_k \\ j_1 & \cdots & j_k \end{pmatrix} e^{j_1} \wedge \cdots \wedge e^{j_k}.$$

4. 映射 $\mathscr{L}: S \to T$ 可以诱导一个映射

$$\mathscr{L}^*: T^* \to S^*,$$

使得

$$\mathscr{L}^*(f^*) = f^* \mathscr{L},$$

即

$$(\mathscr{L}^*(f^*))(X)=f^*(\mathscr{L}X),\quad \forall X\in S.$$

容易证明 $\mathscr{L}^*$ 也是线性映射.

一般,对 $\Omega\in\wedge^k T$, $\wedge^k\mathscr{L}^*:\wedge^k T\to\wedge^k S$,

$$\begin{aligned}(\wedge^k\mathscr{L}^*\Omega)(X_1,\cdots,X_k)&=(\Omega\cdot\mathscr{L})(X_1,\cdots,X_k)\\&=\Omega(\mathscr{L}X_1,\cdots,\mathscr{L}X_n),\end{aligned}$$

$$\forall X_1,\cdots,X_k\in S.$$

特别,若 $\mathscr{L}$ 为可逆映射,于是有 $\mathscr{L}^{-1}:T\to S$,因而$(\mathscr{L}^{-1})^*:\wedge^k S\to\wedge^k T$.

$$\begin{aligned}&\mathscr{L}^*(\mathscr{L}^{-1})^*\Omega(X_1,\cdots,X_k)\\&=((\mathscr{L}^{-1})^*\Omega)(\mathscr{L}X_1,\cdots,\mathscr{L}X_k)\\&=\Omega(\mathscr{L}^{-1}\mathscr{L}X_1,\cdots,\mathscr{L}^{-1}\mathscr{L}X_k)\\&=\Omega(X_1,\cdots,X_k),\qquad X_i\in S,\end{aligned}$$

即

$$\mathscr{L}^*(\mathscr{L}^{-1})^*=id_{\wedge^k S}.$$

又

$$\begin{aligned}&(\mathscr{L}^{-1})^*\mathscr{L}^*\omega(Y_1,\cdots,Y_k)\\&=\mathscr{L}^*\omega(\mathscr{L}^{-1}Y_1,\cdots,\mathscr{L}^{-1}Y_k)\\&=\omega(\mathscr{L}\mathscr{L}^{-1}Y_1,\cdots,\mathscr{L}\mathscr{L}^{-1}Y_k)\\&=\omega(Y_1,\cdots,Y_k),\qquad Y_j\in T.\end{aligned}$$

即

$$(\mathscr{L}^{-1})^*\mathscr{L}^*=id_{\wedge^k T}.$$

因而 $\mathscr{L}^*$ 可逆,且

$$(\mathscr{L}^*)^{-1}=(\mathscr{L}^{-1})^*.$$

4.1.2　曲面上的外微分式

设 S 是一 k 次连续可微的正则曲面(曲面片),映射

$$f:S\to\mathbf{R}$$

称为 S 上的 k 次连续可微函数,如果 S 有正则参数表示 $P(u^1,u^2)$,使得 $f(P(u^1,u^2))$是 u^1,u^2 的 k 次连续可微函数.

如果(v^1,v^2)是另一正则参数,由于 u^i 为 v^1,v^2 的 k 次连续可微函数,$f(P)$也是 v^1,v^2 的 k 次连续可微函数. 因而 f 是 k 次连续可微函数与参数选取无关.

以 $\mathscr{F}(S)$ 表示 S 上所有 k 次连续可微函数的集合. 显然,对 $a\in\mathbf{R}$,记映射 $a:S\to\mathbf{R}$ 为

$$p\mapsto a,\qquad \forall p\in S,$$

则 $a\in\mathscr{F}(S)$,故可以假定 $\mathbf{R}\subseteq\mathscr{F}(S)$.

显然,$\forall f_1,f_2\in\mathscr{F}(S)$,有 $f_1+f_2,f_1f_2\in\mathscr{F}(S)$,由此可知 $\mathscr{F}(S)$ 是交换幺环,也是 $\mathbf{R}$ 上的线性空间,即 $\mathscr{F}(S)$ 是 $\mathbf{R}$ 上的**结合代数**(简称**代数**).

$P(u^1,u^2)=(x(u^1,u^2),y(u^1,u^2),z(u^1,u^2))$,则 $x(u^1,u^2),y(u^1,u^2),z(u^1,u^2)\in\mathscr{F}(S)$.

设 $D:\mathscr{F}(S)\to\mathscr{F}(S)$ 满足:

(1) $D(af+bg)=aD(f)+bD(g),\forall a,b\in\mathbf{R},f,g\in\mathscr{F}(S)$;

(2) $D(fg)=(Df)\cdot g+f\cdot(Dg),\forall f,g\in\mathscr{F}(S)$.

则称 D 为 $\mathscr{F}(S)$ 的一个**导子**.

所有导子的集合记为 $\mathrm{Der}\mathscr{F}(S)=\mathscr{D}^1(S)$.

对于 $h\in\mathscr{F}(S),D\in\mathscr{D}^1(S)$,定义

$$(hD)(g)=h(Dg),\quad \forall g\in\mathscr{F}(S).$$

$\forall D_1,D_2\in\mathscr{D}^1(S)$,定义

$$(D_1+D_2)(g)=D_1(g)+D_2(g).$$

容易验证 $hD,D_1+D_2\in\mathscr{D}^1(S)$,而且

$$(h_1+h_2)D=h_1D+h_2D,$$

$$(h_1h_2)D=h_1\cdot(h_2D),$$

因而 $\mathscr{D}^1(S)$ 是一个 $\mathscr{F}(S)$ 模.

设 u^1,u^2 为正则参数,显然 $\dfrac{\partial}{\partial u^1},\dfrac{\partial}{\partial u^2}\in\mathscr{D}^1(S)$.

定理 4.1.5 设 $D\in\mathscr{D}^1(S)$,则

$$D=Du^i\frac{\partial}{\partial u^i}.$$

证 $\forall f\in\mathscr{F}(S)$,有 $p_0=P(u_0),p=P(u)$.

$$\begin{aligned}f(p)-f(p_0)&=\int_0^1\frac{\mathrm{d}}{\mathrm{d}t}f(u_0+t(u-u_0))\mathrm{d}t\\&=\sum(u^i-u_0^i)\int_0^1\frac{\partial f}{\partial u^i}(u_0+t(u-u_0))\mathrm{d}t.\end{aligned}$$

记 $h_i(u)=\displaystyle\int_0^1\frac{\partial f}{\partial u^i}(u_0+t(u-u_0))\mathrm{d}t$,于是

$$h_i(u_0)=\frac{\partial f}{\partial u^i}(u_0)=\frac{\partial f}{\partial u^i}(p_0),$$

因而

$$Df(P)\big|_{p_0} = \sum_i Du^i\big|_{p_0} \cdot \frac{\partial f}{\partial u^i}(p_0) + \sum_i (u^i - u_0^i) Dh_i(u)\big|_{p_0}$$
$$= \sum_i Du^i \left.\frac{\partial f}{\partial u^i}\right|_{p_0}.$$

于是

$$D = Du^i \frac{\partial}{\partial u^i}.$$

定理 4.1.6　$p_0 \in S$,则 $T_{p_0}S \cong \{X_{p_0} \mid X \in \mathscr{D}^1(S)\}$,而且与参数选取无关.

证　作 $\varphi: T_{p_0}S \to \mathscr{D}^1_{p_0}(S) = \{X_{p_0} \mid X \in \mathscr{D}^1(S)\}$ 为

$$\varphi\left(a\frac{\partial P}{\partial u^1} + b\frac{\partial P}{\partial u^2}\right) = a\frac{\partial}{\partial u^1} + b\frac{\partial}{\partial u^2}.$$

显然 φ 是线性同构映射.

若 v^1, v^2 是另一正则参数,则有

$$a\frac{\partial P}{\partial u^1} + b\frac{\partial P}{\partial u^2} = (a \quad b)\begin{pmatrix} \dfrac{\partial v^1}{\partial u^1} & \dfrac{\partial v^1}{\partial u^2} \\ \dfrac{\partial v^2}{\partial u^1} & \dfrac{\partial v^2}{\partial u^2} \end{pmatrix}\begin{pmatrix} \dfrac{\partial P}{\partial v^1} \\ \dfrac{\partial P}{\partial v^2} \end{pmatrix}.$$

而

$$(a \quad b)\begin{pmatrix} \dfrac{\partial}{\partial u^1} \\ \dfrac{\partial}{\partial u^2} \end{pmatrix} = (a \quad b)\begin{pmatrix} \dfrac{\partial v^1}{\partial u^1} & \dfrac{\partial v^1}{\partial u^2} \\ \dfrac{\partial v^2}{\partial u^1} & \dfrac{\partial v^2}{\partial u^2} \end{pmatrix}\begin{pmatrix} \dfrac{\partial}{\partial v^1} \\ \dfrac{\partial}{\partial v^2} \end{pmatrix},$$

因而 φ 与参数的选取无关. 故 $T_{p_0}S \cong \mathscr{D}^1_{p_0}(S)$.

这样,我们可以将 $X_p = a\dfrac{\partial}{\partial u^1} + b\dfrac{\partial}{\partial u^2}$ 视为 T_pS 中的元素. 故 $X \in \mathscr{D}^1(S)$ 是 S 上的**切向量场**.

设 k 是一个正整数,映射

$$\Omega: \underbrace{\mathscr{D}^1(S) \times \cdots \times \mathscr{D}^1(S)}_{k} \to \mathscr{F}(S)$$

如果满足:

(i) $\forall X_1, \cdots, X_k \in \mathscr{D}^1(S), \sigma \in S_k$ 有

$$\Omega(X_{\sigma(1)}, \cdots, X_{\sigma(k)}) = \operatorname{sgn}\sigma\, \Omega(X_1, \cdots, X_k);$$

(ii) $\forall f, g \in \mathscr{F}(S), X, Y, X_2, \cdots, X_k \in \mathscr{D}^1(S)$,

$$\Omega(fX + gY, X_2, \cdots, X_k)$$

$$= f\Omega(X, X_2, \cdots, X_k) + g\Omega(Y, X_2, \cdots, X_k).$$

则称 Ω 为 S 上的 **k 次微分形式**(k-form). 特别,一次微分形式又称为余切向量场.

同样,我们可以在 k 次微分形式中定义加法及与 $\mathscr{F}(S)$ 中元素的乘法. 所有的 k 次微分形式的集合表示为 $\mathscr{A}_k(S)$,则 $\mathscr{A}_k(S)$ 是 $\mathscr{F}(S)$ 模. 令

$$\mathscr{A}(S) = \bigoplus_k \mathscr{A}_k(S),$$

其中 $\mathscr{A}_0(S) = \mathscr{F}(S)$. 可在 $\mathscr{A}(S)$ 中定义外积"$\wedge$". $\forall\, \omega \in \mathscr{A}_k(S), \theta \in \mathscr{A}_l(S), \omega \wedge \theta \in \mathscr{A}_{k+l}(S)$,

$$\begin{aligned}&(\omega \wedge \theta)(X_1, \cdots, X_{k+l})\\&= \frac{1}{(k+l)!} \sum_{\tau \in S_{k+l}} \omega(X_{\tau(1)}, \cdots, X_{\tau(k)})\\&\quad \cdot \theta(X_{\tau(k+1)}, \cdots, X_{\tau(k+l)}).\end{aligned}$$

$\mathscr{A}(S)$ 称为 S 上的 Grassmann 代数.

类似于对线性空间的讨论,我们可得到类似的结果. 为决定 $\mathscr{A}_k(S)$,我们需要知道 $\mathscr{A}_1(S)$.

对于参数 u^1, u^2,S 有参数表示 $P(u^1, u^2)$. 故 T_pS 中元素表示为

$$x = x^1 P_1 + x^2 P_2, \quad x^1, x^2 \in R.$$

显然,映射

$$\mathrm{d}u^i : x \to x^i$$

是 T_pS 上的线性映射,且

$$\mathrm{d}u^i \left(\frac{\partial P}{\partial u^j} \right) = \delta_{ij},$$

故为 P_1, P_2 的对偶基. 因而以 $\frac{\partial}{\partial u^j}$ 代替 $\frac{\partial P}{\partial u^j}$,则可写成

$$\mathrm{d}u^i \left(\frac{\partial}{\partial u^j} \right) = \frac{\partial u^i}{\partial u^j} = \delta_{ij}.$$

如果 v^1, v^2 是另一组参数. 我们有

$$\begin{pmatrix} \dfrac{\partial}{\partial v^1} \\ \\ \dfrac{\partial}{\partial v^2} \end{pmatrix} = \begin{pmatrix} \dfrac{\partial u^1}{\partial v^1} & \dfrac{\partial u^2}{\partial v^1} \\ \\ \dfrac{\partial u^1}{\partial v^2} & \dfrac{\partial u^2}{\partial v^2} \end{pmatrix} \begin{pmatrix} \dfrac{\partial}{\partial u^1} \\ \\ \dfrac{\partial}{\partial u^2} \end{pmatrix} = \frac{\partial(u^1, u^2)}{\partial(v^1, v^2)} \begin{pmatrix} \dfrac{\partial}{\partial u^1} \\ \\ \dfrac{\partial}{\partial u^2} \end{pmatrix}.$$

于是

$$\left(\frac{\partial(u^1,u^2)}{\partial(v^1,v^2)}\right)^{\mathrm{T}^{-1}} = \begin{pmatrix} \dfrac{\partial v^1}{\partial u^1} & \dfrac{\partial v^1}{\partial u^2} \\ \dfrac{\partial v^2}{\partial u^1} & \dfrac{\partial v^2}{\partial u^2} \end{pmatrix},$$

故

$$\begin{pmatrix} \mathrm{d}v^1 \\ \mathrm{d}v^2 \end{pmatrix} = \begin{pmatrix} \dfrac{\partial v^1}{\partial u^1} & \dfrac{\partial v^1}{\partial u^2} \\ \dfrac{\partial v^2}{\partial u^1} & \dfrac{\partial v^2}{\partial u^2} \end{pmatrix} \begin{pmatrix} \mathrm{d}u^1 \\ \mathrm{d}u^2 \end{pmatrix},$$

即

$$\mathrm{d}v^1 = \frac{\partial v^1}{\partial u^1}\mathrm{d}u^1 + \frac{\partial v^1}{\partial u^2}\mathrm{d}u^2,$$

$$\mathrm{d}v^2 = \frac{\partial v^2}{\partial u^1}\mathrm{d}u^1 + \frac{\partial v^2}{\partial u^2}\mathrm{d}u^2,$$

恰为将 v^i 看成 u^1,u^2 的函数得到的微分式. 由此可知,作为 $\mathscr{F}(S)$ 模,$\mathscr{A}_k(S)$ 由

$$\{\mathrm{d}u^{i_1} \wedge \cdots \wedge \mathrm{d}u^{i_k} \mid i_1 < i_2 < \cdots < i_k\}$$

张成. 对于 $S: P(u^1,u^2)$,$\mathscr{A}_2(S)$ 由 $\mathrm{d}u^1 \wedge \mathrm{d}u^2$ 张成.

定义 $\mathscr{A}(S)$ 上的 $\mathbf{R}$ 线性算子 d,满足

$$\mathrm{d}(f\mathrm{d}u^{i_1} \wedge \cdots \wedge \mathrm{d}u^{i_k}) = \mathrm{d}f \wedge \mathrm{d}u^{i_1} \wedge \cdots \wedge \mathrm{d}u^{i_k},$$

其中 $\mathrm{d}f = \sum_i \dfrac{\partial f}{\partial u^i}\mathrm{d}u^i$,即 $(\mathrm{d}f)(X) = Xf$. 则有:

(i) $\mathrm{d}\mathscr{A}_k \subseteq \mathscr{A}_{k+1}, k \geqslant 0$;

(ii) $f \in \mathscr{A}_0$,则 $\mathrm{d}f(X) = Xf$;

(iii) $\mathrm{d} \circ \mathrm{d} = 0$;

(iv) $\mathrm{d}(\omega_1 \wedge \omega_2) = \mathrm{d}\omega_1 \wedge \omega_2 + (-1)^k \omega_1 \wedge \mathrm{d}\omega_2$,其中 $\omega_1 \in \mathscr{A}_k(S)$,$\omega_2 \in \mathscr{A}(S)$.

而且满足(i)～(iv)的算子是唯一的.

4.2　幺正活动标架

在曲线论中,我们取活动标架 $\{P(s); T, N, B\}$,于是有

$$\frac{\mathrm{d}P}{\mathrm{d}s} = (1,0,0)\begin{pmatrix} T \\ N \\ B \end{pmatrix},$$

$$\frac{\mathrm{d}}{\mathrm{d}s}\begin{pmatrix}T\\N\\B\end{pmatrix}=\begin{pmatrix}0&k&0\\-k&0&\tau\\0&-\tau&0\end{pmatrix}\begin{pmatrix}T\\N\\B\end{pmatrix}.$$

第二式中的矩阵为反对称矩阵是因为 T,N,B 为幺正活动标架.

当然,我们也希望在研究曲面时用幺正活动标架,即 $\{P;e_1,e_2,e_3\}$ 为幺正活动标架,而且使得 $e_3(P)=n(P)$ 为单位法向量.

若 u,v 为正则参数,我们有

$$\begin{aligned}P(u,v)&=(f(u,v),g(u,v),h(u,v))\\&\in\wedge^0(S)\times\wedge^0(S)\times\wedge^0(S),\end{aligned}$$

$$\frac{\partial P}{\partial u}(u,v)=\left(\frac{\partial f}{\partial u},\frac{\partial g}{\partial u},\frac{\partial h}{\partial u}\right)\in\wedge^0(S)\times\wedge^0(S)\times\wedge^0(S),$$

因而我们可以将 $\frac{\partial P}{\partial u},\frac{\partial P}{\partial v},n$ 视为 $\wedge^0(S)\times\wedge^0(S)\times\wedge^0(S)=\wedge^0(S)\otimes\mathbf{R}^3$ 中的元素. 于是,e_1,e_2,e_3 也可视为 $\wedge^0(S)\otimes\mathbf{R}^3$ 中的元素.

此时,我们有

$$\begin{aligned}\mathrm{d}P&=\left(\frac{\partial f}{\partial u}\mathrm{d}u+\frac{\partial f}{\partial v}\mathrm{d}v,\frac{\partial g}{\partial u}\mathrm{d}u+\frac{\partial g}{\partial v}\mathrm{d}v,\frac{\partial h}{\partial u}\mathrm{d}u+\frac{\partial h}{\partial v}\mathrm{d}v\right)\\&\in\wedge^1(S)\times\wedge^1(S)\times\wedge^1(S)=\wedge^1(S)\otimes\mathbf{R}^3.\end{aligned}$$

同样,可以认为 $\mathrm{d}P,\mathrm{d}e_i\in\wedge^1(S)\otimes\mathbf{R}^3$.

这样我们可以引进"向量值的微分式",即"以外微分式为分量的向量". 令

$$\begin{aligned}\wedge^k(S)\otimes\mathbf{R}^3&=\wedge^k(S)\times\wedge^k(S)\times\wedge^k(S)\\&=\{(\omega_1,\omega_2,\omega_3)\mid\omega_i\in\wedge^k(S)\}.\end{aligned}$$

在其中定义加法,外积与外微分运算 d 为:

$$+:(\wedge^k(S)\otimes\mathbf{R}^3)\times(\wedge^k(S)\otimes\mathbf{R}^3)\to\wedge^k(S)\otimes\mathbf{R}^3,$$

$$\begin{aligned}&(\omega_1,\omega_2,\omega_3)+(\Omega_1,\Omega_2,\Omega_3)\\&=(\omega_1+\Omega_1,\omega_2+\Omega_2,\omega_3+\Omega_3);\end{aligned}$$

$$\wedge:\text{(i)}\ \wedge^m(S)\times(\wedge^n(S)\otimes\mathbf{R}^3)\to\wedge^{m+n}\otimes\mathbf{R}^3,$$

$$\omega\wedge(\omega_1,\omega_2,\omega_3)=(\omega\wedge\omega_1,\omega\wedge\omega_2,\omega\wedge\omega_3);$$

$$\text{(ii)}\ (\wedge^m(S)\otimes\mathbf{R}^3)\times(\wedge^n(S)\otimes\mathbf{R}^3)^{\mathrm{T}}\to\wedge^{m+n}(S),$$

$$(\omega_1,\omega_2,\omega_3)\wedge\begin{pmatrix}\Omega_1\\\Omega_2\\\Omega_3\end{pmatrix}=\omega_1\wedge\Omega_1+\omega_2\wedge\Omega_2+\omega_3\wedge\Omega_3;$$

$$\mathrm{d}:\wedge^k(S)\otimes\mathbf{R}^3\to\wedge^{k+1}(S)\otimes\mathbf{R}^3,$$

$$d(\omega_1, \omega_2, \omega_3) = (d\omega_1, d\omega_2, d\omega_3).$$

同样我们可以定义“矩阵值的微分式”，即“以外微分式为矩阵元的矩阵”.

令

$$\wedge^k(S) \otimes \mathbf{R}^{m\times n} = \{(\omega_{ij})_{n\times n} \mid \omega_{ij} \in \wedge^k(S)\}.$$

于是 $\wedge^k(S)\otimes\mathbf{R}^1 = \wedge^k(S)\otimes\mathbf{R}^{1\times 1}$，$\wedge^k(S)\otimes\mathbf{R}^3 = \wedge^k(S)\otimes\mathbf{R}^{1\times 3}$，即外微分式，向量值微分式都是矩阵值微分式的特殊情况.

下面我们引进矩阵值微分式的加法、外积与外微分运算如下：

$$+:(\wedge^k(S) \otimes \mathbf{R}^{m\times n}) \times (\wedge^k(S) \otimes \mathbf{R}^{m\times n}) \to \wedge^k(S) \otimes \mathbf{R}^{m\times n},$$

$$\mathrm{ent}_{ij}(A+B) = \mathrm{ent}_{ij}A + \mathrm{ent}_{ij}B;$$

$$\wedge:\text{(i)}\ (\wedge^{k_1}(S) \otimes \mathbf{R}^{m\times n}) \times (\wedge^{k_2}(S) \otimes \mathbf{R}^{n\times l}) \to \wedge^{k_1+k_2}(S) \otimes \mathbf{R}^{m\times l},$$

$$\mathrm{ent}_{ij}(AB) = \sum_{s=1}^{n} \mathrm{ent}_{is}A \wedge \mathrm{ent}_{sj}B = \mathrm{row}_i A \wedge \mathrm{col}_j B;$$

$$\text{(ii)}\ \wedge^{k_1}(S) \times (\wedge^{k_2}(S) \otimes \mathbf{R}^{m\times n}) \to \wedge^{k_1+k_2}(S) \otimes \mathbf{R}^{m\times n},$$

$$\mathrm{ent}_{ij}(\omega \wedge A) = \omega \wedge \mathrm{ent}_{ij}A;$$

$$d:\ \wedge^k(S) \otimes \mathbf{R}^{m\times n} \to \wedge^{k+1}(S) \otimes \mathbf{R}^{m\times n},$$

$$\mathrm{ent}_{ij}(dA) = d\,\mathrm{ent}_{ij}A.$$

引理 4.2.1　$\omega \in \wedge^k(S)$，A,B,C 分别为 k_1,k_2,k_3 次可作外积的矩阵值的外微分式，则有：

(i) $(A\wedge B)\wedge C = A\wedge(B\wedge C)$；

(ii) $d(\omega\wedge A) = d\omega\wedge A + (-1)^k\omega\wedge dA$；

(iii) $d(A\wedge B) = dA\wedge B + (-1)^{k_1}A\wedge dB$.

证　(i)

$$\begin{aligned}&\mathrm{ent}_{ij}(A\wedge B)\wedge C\\ &= \sum_s\sum_t(\mathrm{ent}_{it}A \wedge \mathrm{ent}_{ts}B) \wedge \mathrm{ent}_{sj}C\\ &= \sum_t \mathrm{ent}_{it}A \wedge (\sum_s \mathrm{ent}_{ts}B \wedge \mathrm{ent}_{sj}C)\\ &= \mathrm{ent}_{ij}A \wedge (B \wedge C).\end{aligned}$$

(ii)

$$\begin{aligned}&\mathrm{ent}_{ij}\,d(\omega\wedge A)\\ &= d\,\mathrm{ent}_{ij}\omega \wedge A\\ &= d(\omega \wedge \mathrm{ent}_{ij}A)\end{aligned}$$

$$= d\omega \wedge \mathrm{ent}_{ij}A + (-1)^k \omega \wedge \mathrm{ent}_{ij}A$$
$$= \mathrm{ent}_{ij}(d\omega \wedge A) + (-1)^k \mathrm{ent}_{ij}(\omega \wedge dA).$$

(iii)
$$\mathrm{ent}_{ij}\,d(A \wedge B) = d\mathrm{ent}_{ij}A \wedge B$$
$$= d\Big(\sum_s \mathrm{ent}_{is}A \wedge \mathrm{ent}_{sj}B\Big)$$
$$= \sum_s d(\mathrm{ent}_{is}A \wedge \mathrm{ent}_{sj}B)$$
$$= \sum_s (d\mathrm{ent}_{is}A \wedge \mathrm{ent}_{sj}B + (-1)^{k_1}\mathrm{ent}_{is}A \wedge d\mathrm{ent}_{sj}B)$$
$$= \mathrm{ent}_{ij}(dA \wedge B + (-1)^{k_1} A \wedge dB).$$

特别，对于 $k=k_1=k_2=0$，$+$ 与 $\wedge$ 就是通常的矩阵加法，乘法及矩阵系数的乘法运算. 因而对于零次矩阵值外微分式出现于外乘积中时，经常将外积符号“$\wedge$”省去.

我们特别感兴趣的是 $\wedge^k(S)\otimes\mathbf{R}^{1\times3}$，$\wedge^k(S)\otimes\mathbf{R}^{3\times1}$ 与 $\wedge^k(S)\otimes\mathbf{R}^{3\times3}$，$k=0,1,2$ 的情形.

仍假定 $P(u,v)$ 为 S 的正则参数表示.

引理 4.2.2 设 $\{P;e_1,e_2,e_3\}$ 是 S 上的幺正标架场，则对任意的 $e\in\wedge^k(S)\otimes\mathbf{R}^3$，有唯一的一组 $\omega_1,\omega_2,\omega_3\in\wedge^k(S)$，使得

$$e = (\omega_1,\omega_2,\omega_3) \wedge \begin{pmatrix} e_1 \\ e_2 \\ e_3 \end{pmatrix}.$$

证 注意这里 $e_i\in\wedge^0(s)\otimes\mathbf{R}^3$. 设

$$e = (\Omega_1,\Omega_2,\Omega_3),$$
$$\delta_1 = (1,0,0),\quad \delta_2 = (0,1,0),\quad \delta_3 = (0,0,1),$$

于是

$$e = (\Omega_1,\Omega_2,\Omega_3) \wedge \begin{pmatrix} \delta_1 \\ \delta_2 \\ \delta_3 \end{pmatrix}.$$

设 $e_i=(a_{i1},a_{i2},a_{i3})$，则有

$$\begin{pmatrix} e_1 \\ e_2 \\ e_3 \end{pmatrix} = \begin{pmatrix} a_{11} & a_{12} & a_{13} \\ a_{21} & a_{22} & a_{23} \\ a_{31} & a_{32} & a_{33} \end{pmatrix} \begin{pmatrix} \delta_1 \\ \delta_2 \\ \delta_3 \end{pmatrix}$$

$$= \begin{pmatrix} a_{11} & a_{12} & a_{13} \\ a_{21} & a_{22} & a_{23} \\ a_{31} & a_{32} & a_{33} \end{pmatrix} \wedge \begin{pmatrix} \delta_1 \\ \delta_2 \\ \delta_3 \end{pmatrix}.$$

由于 e_1, e_2, e_3 为幺正标架，故知

$$\begin{pmatrix} a_{11} & a_{12} & a_{13} \\ a_{21} & a_{22} & a_{23} \\ a_{31} & a_{32} & a_{33} \end{pmatrix}^{-1} = \begin{pmatrix} a_{11} & a_{21} & a_{31} \\ a_{12} & a_{22} & a_{32} \\ a_{13} & a_{23} & a_{33} \end{pmatrix},$$

即有

$$e = (\Omega_1, \Omega_2, \Omega_3) \wedge \begin{pmatrix} a_{11} & a_{21} & a_{31} \\ a_{12} & a_{22} & a_{32} \\ a_{13} & a_{23} & a_{33} \end{pmatrix} \wedge \begin{pmatrix} e_1 \\ e_2 \\ e_3 \end{pmatrix},$$

故

$$(\omega_1, \omega_2, \omega_3) = (\Omega_1, \Omega_2, \Omega_3) \wedge \begin{pmatrix} a_{11} & a_{21} & a_{31} \\ a_{12} & a_{22} & a_{32} \\ a_{13} & a_{23} & a_{33} \end{pmatrix},$$

即

$$\omega_j = \sum_i \Omega_i a_{ji}.$$

将此结果应用到 $\{P; e_1, e_2, e_3\}$，则有

$$dP = \omega_1 e_1 + \omega_2 e_2 + \omega_3 e_3,$$

$$de_i = \omega_{i1} e_1 + \omega_{i2} e_2 + \omega_{i3} e_3,$$

这里 $\omega_i, \omega_{ij} \in \wedge^1(S)$，或者

$$dP = (\omega_1, \omega_2, \omega_3) \begin{pmatrix} e_1 \\ e_2 \\ e_3 \end{pmatrix},$$

$$d\begin{pmatrix} e_1 \\ e_2 \\ e_3 \end{pmatrix} = \begin{pmatrix} \omega_{11} & \omega_{12} & \omega_{13} \\ \omega_{21} & \omega_{22} & \omega_{23} \\ \omega_{31} & \omega_{32} & \omega_{33} \end{pmatrix} \begin{pmatrix} e_1 \\ e_2 \\ e_3 \end{pmatrix}.$$

引理 4.2.3　$\omega_3 = 0, \omega_{ij} = -\omega_{ji}$.

证

$$dP = \frac{\partial P}{\partial u} du + \frac{\partial P}{\partial v} dv$$

$$= \sum_{i=1}^{3} \left\langle \frac{\partial P}{\partial u}, e_i \right\rangle e_i \mathrm{d}u + \sum_{j=1}^{3} \left\langle \frac{\partial P}{\partial v}, e_j \right\rangle e_j \mathrm{d}v$$

$$= \sum_{i=1}^{3} \left(\left\langle \frac{\partial P}{\partial u}, e_i \right\rangle \mathrm{d}u + \left\langle \frac{\partial P}{\partial v}, e_i \right\rangle \mathrm{d}v \right) e_i.$$

由于 $e_3 = n$，故有

$$\omega_i = \left\langle \frac{\partial P}{\partial u}, e_i \right\rangle \mathrm{d}u + \left\langle \frac{\partial P}{\partial v}, e_i \right\rangle \mathrm{d}v, i = 1, 2,$$

$$\omega_3 = 0,$$

$$\mathrm{d}e_i = \frac{\partial e_i}{\partial u}\mathrm{d}u + \frac{\partial e_i}{\partial v}\mathrm{d}v = \sum_{j=1}^{3} \left(\left\langle \frac{\partial e_i}{\partial u}, e_j \right\rangle \mathrm{d}u + \left\langle \frac{\partial e_i}{\partial v}, e_j \right\rangle \mathrm{d}v \right) e_j,$$

于是

$$\omega_{ij} = \left\langle \frac{\partial e_i}{\partial u}, e_j \right\rangle \mathrm{d}u + \left\langle \frac{\partial e_i}{\partial v}, e_j \right\rangle \mathrm{d}v.$$

由于

$$\left\langle e_i, e_j \right\rangle = \delta_{ij},$$

因而

$$\left\langle \frac{\partial e_i}{\partial u}, e_j \right\rangle = -\left\langle \frac{\partial e_j}{\partial u}, e_i \right\rangle,$$

$$\left\langle \frac{\partial e_i}{\partial v}, e_j \right\rangle = -\left\langle \frac{\partial e_j}{\partial v}, e_i \right\rangle,$$

故

$$\omega_{ij} = -\omega_{ji}.$$

由此有曲面基本公式

$$\mathrm{d}P = (\omega_1, \omega_2, 0) \begin{pmatrix} e_1 \\ e_2 \\ e_3 \end{pmatrix},$$

$$\mathrm{d}\begin{pmatrix} e_1 \\ e_2 \\ e_3 \end{pmatrix} = \begin{pmatrix} 0 & \omega_{12} & \omega_{13} \\ -\omega_{12} & 0 & \omega_{23} \\ -\omega_{13} & -\omega_{23} & 0 \end{pmatrix} \begin{pmatrix} e_1 \\ e_2 \\ e_3 \end{pmatrix} = \Omega \wedge \begin{pmatrix} e_1 \\ e_2 \\ e_3 \end{pmatrix}.$$

设 $\beta \in \wedge^0(S) \otimes \mathbf{R}^3$，于是

$$\mathrm{d}(\mathrm{d}\beta) = \mathrm{d}\left(\frac{\partial \beta}{\partial u}\mathrm{d}u + \frac{\partial \beta}{\partial v}\mathrm{d}v \right)$$

$$= \mathrm{d}\left(\frac{\partial \beta}{\partial u} \right) \wedge \mathrm{d}u + \mathrm{d}\left(\frac{\partial \beta}{\partial v} \right) \wedge \mathrm{d}v$$

$$= du \wedge dv\left(\frac{\partial^2 \beta}{\partial u \partial v} - \frac{\partial^2 \beta}{\partial v \partial u}\right),$$

故 $d(d\beta)=0$ 当且仅当

$$\frac{\partial^2 \beta}{\partial u \partial v} = \frac{\partial^2 \beta}{\partial v \partial u}.$$

显然,$\{P;e_1,e_2,e_3\}$均满足上述条件.我们知道所谓结构方程就是利用二阶偏导数与顺序无关而导出的方程.这里自然与 $d^2=0$ 相联系.

引理 4.2.4　我们有如下结构方程:

$$d(\omega_1,\omega_2,0) = (\omega_1,\omega_2,0) \wedge \Omega,$$

$$d(\Omega) = \Omega \wedge \Omega.$$

证

$$0 = d(dP) = d\left((\omega_1,\omega_2,0) \wedge \begin{pmatrix} e_1 \\ e_2 \\ e_3 \end{pmatrix}\right)$$

$$= d(\omega_1,\omega_2,0) \wedge \begin{pmatrix} e_1 \\ e_2 \\ e_3 \end{pmatrix} - (\omega_1,\omega_2,0) \wedge d\begin{pmatrix} e_1 \\ e_2 \\ e_3 \end{pmatrix}$$

$$= d(\omega_1,\omega_2,0) \wedge \begin{pmatrix} e_1 \\ e_2 \\ e_3 \end{pmatrix} - (\omega_1,\omega_2,0) \wedge \Omega \wedge \begin{pmatrix} e_1 \\ e_2 \\ e_3 \end{pmatrix},$$

所以

$$d(\omega_1,\omega_2,0) = (\omega_1,\omega_2,0) \wedge \Omega.$$

又

$$0 = d\left(d\begin{pmatrix} e_1 \\ e_2 \\ e_3 \end{pmatrix}\right) = d\left(\Omega \wedge \begin{pmatrix} e_1 \\ e_2 \\ e_3 \end{pmatrix}\right)$$

$$= d\Omega \wedge \begin{pmatrix} e_1 \\ e_2 \\ e_3 \end{pmatrix} - \Omega \wedge d\begin{pmatrix} e_1 \\ e_2 \\ e_3 \end{pmatrix}$$

$$= d\Omega \wedge \begin{pmatrix} e_1 \\ e_2 \\ e_3 \end{pmatrix} - \Omega \wedge \Omega \wedge \begin{pmatrix} e_1 \\ e_2 \\ e_3 \end{pmatrix},$$

因而

$$d\Omega = \Omega \wedge \Omega.$$

如果我们用分量形式写出,则有

$$d\omega_1 = \omega_{12} \wedge \omega_2,$$

$$d\omega_2 = \omega_{21} \wedge \omega_1,$$

$$\omega_1 \wedge \omega_{13} + \omega_2 \wedge \omega_{23} = 0,$$

$$d\omega_{12} = \omega_{13} \wedge \omega_{32} (\text{Gauss 方程}),$$

$$d\omega_{13} = \omega_{12} \wedge \omega_{23},$$

$$d\omega_{23} = \omega_{21} \wedge \omega_{13} (\text{Codazzi 方程}).$$

事实上,

$$d\omega_1 = \omega_2 \wedge \omega_{21} = \omega_2 \wedge (-\omega_{12}) = \omega_{12} \wedge \omega_2,$$

$$d\omega_2 = \omega_1 \wedge \omega_{12} = \omega_1 \wedge (-\omega_{21}) = \omega_{21} \wedge \omega_1.$$

引理 4.2.5 (1) $\forall \omega \in \wedge^1(S)$,有唯一的 $f, g \in \wedge^0(S)$ 使得

$$\omega = f\omega_1 + g\omega_2.$$

(2) $\forall \omega \in \wedge^2(S)$,有唯一的 $h \in \wedge^0(S)$,使得

$$\omega = h\omega_1 \wedge \omega_2.$$

证 记

$$A = \begin{pmatrix} \left\langle \dfrac{\partial P}{\partial u}, e_1 \right\rangle & \left\langle \dfrac{\partial P}{\partial u}, e_2 \right\rangle \\ \left\langle \dfrac{\partial P}{\partial v}, e_1 \right\rangle & \left\langle \dfrac{\partial P}{\partial v}, e_2 \right\rangle \end{pmatrix},$$

于是有

$$\begin{pmatrix} \dfrac{\partial P}{\partial u} \\ \dfrac{\partial P}{\partial v} \\ n \end{pmatrix} = \begin{pmatrix} A & 0 \\ 0 & 1 \end{pmatrix} \begin{pmatrix} e_1 \\ e_2 \\ e_3 \end{pmatrix}.$$

又

$$dP = (\omega_1, \omega_2, 0) \begin{pmatrix} e_1 \\ e_2 \\ e_3 \end{pmatrix}$$

$$= (\mathrm{d}u, \mathrm{d}v, 0) \begin{pmatrix} \dfrac{\partial P}{\partial u} \\ \dfrac{\partial P}{\partial v} \\ n \end{pmatrix}$$

$$= (\mathrm{d}u, \mathrm{d}v, 0) \begin{pmatrix} A & 0 \\ 0 & 1 \end{pmatrix} \begin{pmatrix} e_1 \\ e_2 \\ e_3 \end{pmatrix},$$

于是

$$(\mathrm{d}u, \mathrm{d}v) = (\omega_1, \omega_2)A^{-1},$$

$$\mathrm{d}u \wedge \mathrm{d}v = (\det A)^{-1}\omega_1 \wedge \omega_2.$$

(i) 若 $\omega \in \wedge^1(S)$,则有唯一的 f_1, g_1 使得

$$\omega = f_1 \mathrm{d}u + g_1 \mathrm{d}v,$$

故有

$$\omega = (\mathrm{d}u, \mathrm{d}v) \begin{pmatrix} f_1 \\ g_1 \end{pmatrix} = (\omega_1, \omega_2)A^{-1} \begin{pmatrix} f_1 \\ g_1 \end{pmatrix},$$

所以

$$\begin{pmatrix} f \\ g \end{pmatrix} = A^{-1} \begin{pmatrix} f_1 \\ g_1 \end{pmatrix}.$$

(ii) 若 $\omega \in \wedge^2(S)$,则有唯一的 h_1 使得 $\omega = h_1 \mathrm{d}u \wedge \mathrm{d}v$,于是

$$\omega = h_1 \mathrm{d}u \wedge \mathrm{d}v = h_1 (\det A)^{-1} \omega_1 \wedge \omega_2,$$

故

$$h = h_1 / \det A.$$

由于引理 4.2.4 中 $\omega_{ij} \in \wedge^1(S)$,自然可以用 ω_1, ω_2 表出. 如果将引理 4.2.4 中的方程视为 ω_1, ω_2 已知,Ω 未知,则有 Ω 是否存在唯一的问题.

引理 4.2.6(Cartan 引理)　设 $\omega_{ij} = h_{ij}^1 \omega_1 + h_{ij}^2 \omega_2$,则

$$h_{12}^i \omega_1 \wedge \omega_2 = d\omega_i, i = 1, 2,$$

$$h_{13}^2 = h_{23}^1.$$

证　由引理 4.2.4 的方程,有

$$\mathrm{d}\omega_1 = \omega_{12} \wedge \omega_2 = (h_{12}^1 \omega_1 + h_{12}^2 \omega_2) \wedge \omega_2 = h_{12}^1 \omega_1 \wedge \omega_2,$$

$$\mathrm{d}\omega_2 = \omega_{21} \wedge \omega_1 = -\omega_{12} \wedge \omega_1 = -h_{12}^2 \omega_2 \wedge \omega_1 = h_{12}^2 \omega_1 \wedge \omega_2.$$

由

$$\omega_1 \wedge \omega_{13} + \omega_2 \wedge \omega_{23} = 0,$$

知

$$h_{13}^2 \omega_1 \wedge \omega_2 - h_{23}^1 \omega_1 \wedge \omega_2 = 0,$$

于是

$$h_{13}^2 = h_{23}^1.$$

如果将 Ω 视为未知的，则上面的 ω_{12} 是存在唯一的. 为方便起见，令

$$h_{12}^1 = f, h_{12}^2 = g,$$

$$h_{13}^1 = a, h_{13}^2 = h_{23}^1 = b, h_{23}^2 = c.$$

则有

$$\begin{cases} \omega_{12} = f\omega_1 + g\omega_2, \\ \omega_{13} = a\omega_1 + b\omega_2, \\ \omega_{23} = b\omega_1 + c\omega_2. \end{cases}$$

4.3 基本形式与 Gauss 曲率

为了将曲面的第一、第二基本形式用外微分形式表示出来，我们需要引进一次外微分式的对称积.

设 $\omega, \Omega \in \wedge^1(S)$. 由下面的等式

$$(\omega\Omega)(X,Y) = \frac{1}{2}(\Omega(X)\omega(Y) + \omega(X)\Omega(Y))$$

所确定的 $\mathscr{D}^1(S) \times \mathscr{D}^1(S) \to \mathscr{F}(S)$ 的映射，称为 ω 与 Ω 的**对称积**. 对称积有如下的性质：

(1) $\omega\Omega$ 是对称双线性的.

事实上，

$$\begin{aligned}
&(\omega\Omega)(a_1X_1 + a_2X_2, Y) \\
&= \frac{1}{2}[(a_1\omega(X_1) + a_2\omega(X_2))\Omega(Y) \\
&\quad + \omega(Y)(a_1\Omega(X_1) + a_2\Omega(X_2))] \\
&= a_1 \cdot \frac{1}{2}(\omega(X_1)\Omega(Y) + \omega(Y)\Omega(X_1)) \\
&\quad + a_2 \cdot \frac{1}{2}(\omega(X_2)\Omega(Y) + \omega(Y)\Omega(X_2))
\end{aligned}$$

$$= a_1(\omega\Omega)(X_1, Y) + a_2(\omega\Omega)(X_2, Y).$$

又由定义，

$$(\omega\Omega)(X, Y) = (\omega\Omega)(Y, X).$$

(2) 对称积是交换的、双线性的.

$$(\omega\Omega)(X, Y) = \frac{1}{2}(\omega(X)\Omega(Y) + \omega(Y)\Omega(X)) = (\Omega\omega)(X, Y),$$

即

$$\omega\Omega = \Omega\omega.$$

又若 $\omega_1, \omega_2, \Omega \in \wedge^1(S)$，$a_1, a_2 \in \mathscr{F}(S)$，则

$$\begin{aligned}
&(a_1\omega_1 + a_2\omega_2) \cdot \Omega(X, Y) \\
&= \frac{1}{2}(a_1\omega_1(X) + a_2\omega_2(X))\Omega(Y) \\
&\quad + \frac{1}{2}\Omega(X)(a_1\omega_1(Y) + a_2\omega_2(Y)) \\
&= a_1 \cdot \frac{1}{2}(\omega_1(X)\Omega(Y) + \Omega(X)\omega_1(Y)) \\
&\quad + a_2 \cdot \frac{1}{2}(\omega_2(X)\Omega(Y) + \Omega(X)\omega_2(Y)) \\
&= a_1(\omega_1\Omega)(X, Y) + a_2(\omega_2\Omega)(X, Y).
\end{aligned}$$

即

$$(a_1\omega_1 + a_2\omega_2)\Omega = a_1(\omega_1\Omega) + a_2(\omega_2\Omega).$$

(3) 若 J 是 $\mathscr{D}^1(S)$ 上的对称双线性函数，则 J 可以表示为一次外微分对称积的组合.

设 α_1, α_2 为标架场，Ω_1, Ω_2 为对偶的一次外微分式. $X = \sum_i \Omega_i(X)\alpha_i$，$Y = \sum_j \Omega_j(Y)\alpha_j$.

因而

$$J(X, Y) = \sum_{i,j} J(\alpha_i, \alpha_j)\Omega_i(X)\Omega_j(Y),$$

$$J(Y, X) = \sum_{i,j} J(\alpha_i, \alpha_j)\Omega_i(Y)\Omega_j(X).$$

于是

$$J(X, Y) = \Big(\sum_{i,j} J(\alpha_i, \alpha_j)\Omega_i\Omega_j\Big)(X, Y),$$

即可得

$$J = \sum_{i,j} J(\alpha_i, \alpha_j)\Omega_i\Omega_j$$

$$= (\Omega_1, \Omega_2)\begin{pmatrix} J(\alpha_1, \alpha_1) & J(\alpha_1, \alpha_2) \\ J(\alpha_2, \alpha_1) & J(\alpha_2, \alpha_2) \end{pmatrix}\begin{pmatrix} \Omega_1 \\ \Omega_2 \end{pmatrix}.$$

对于内积,只要取 $J(\alpha_i, \alpha_j) = \langle \alpha_i, \alpha_j \rangle$.

引理 4.3.1 设 $\{P; e_1, e_2, e_3 = n\}$ 为幺正标架场. 又

$$\mathrm{d}P = (\omega_1, \omega_2, 0)\begin{pmatrix} e_1 \\ e_2 \\ e_3 \end{pmatrix},$$

$$\mathrm{d}\begin{pmatrix} e_1 \\ e_2 \\ e_3 \end{pmatrix} = \Omega \begin{pmatrix} e_1 \\ e_2 \\ e_3 \end{pmatrix}$$

为基本方程,且

$$\omega_{13} = a\omega_1 + b\omega_2, \quad \omega_{23} = b\omega_1 + c\omega_2,$$

则 S 的第一、第二基本形式与总曲率 K 分别为

$$\mathrm{I} = \omega_1^2 + \omega_2^2;$$

$$\mathrm{II} = a\omega_1^2 + 2b\omega_1\omega_2 + c\omega_2^2;$$

$$K = ac - b^2.$$

证 首先我们说明 ω_1, ω_2 是 e_1, e_2 的对偶标架场.

$$\omega_i(e_j) = \left\langle \frac{\partial P}{\partial u}, e_i \right\rangle \mathrm{d}u(e_j) + \left\langle \frac{\partial P}{\partial v}, e_i \right\rangle \mathrm{d}v(e_j)$$

$$= \left(\left\langle \frac{\partial P}{\partial u}, e_i \right\rangle, \left\langle \frac{\partial P}{\partial v}, e_i \right\rangle \right) \begin{pmatrix} \mathrm{d}u(e_j) \\ \mathrm{d}v(e_j) \end{pmatrix}.$$

注意到

$$\begin{pmatrix} \dfrac{\partial P}{\partial u} \\ \dfrac{\partial P}{\partial v} \end{pmatrix} = \begin{pmatrix} \left\langle \dfrac{\partial P}{\partial u}, e_1 \right\rangle & \left\langle \dfrac{\partial P}{\partial u}, e_2 \right\rangle \\ \left\langle \dfrac{\partial P}{\partial v}, e_1 \right\rangle & \left\langle \dfrac{\partial P}{\partial v}, e_2 \right\rangle \end{pmatrix} \begin{pmatrix} e_1 \\ e_2 \end{pmatrix},$$

$$\begin{pmatrix} e_1 \\ e_2 \end{pmatrix} = \begin{pmatrix} \mathrm{d}u(e_1) & \mathrm{d}v(e_1) \\ \mathrm{d}u(e_2) & \mathrm{d}v(e_2) \end{pmatrix} \begin{pmatrix} \dfrac{\partial P}{\partial u} \\ \dfrac{\partial P}{\partial v} \end{pmatrix},$$

因而

$$\omega_i(e_j) = \delta_{ij}.$$

由此知

$$\mathrm{I} = \sum \langle e_i, e_j \rangle \omega_i \omega_j = \omega_1^2 + \omega_2^2.$$

又设 W 为 Weingarten 变换. 为此，我们只要证明

$$M_{\{e_1,e_2\}}W=\begin{pmatrix}a & b\\ b & c\end{pmatrix},$$

则有

$$\mathrm{II}=a\omega_1^2+2b\omega_1\omega_2+c\omega_2^2,$$
$$K=ac-b^2.$$

事实上，

$$W\begin{pmatrix}\dfrac{\partial P}{\partial u}\\[2mm] \dfrac{\partial P}{\partial v}\end{pmatrix}=-\begin{pmatrix}\dfrac{\partial e_3}{\partial u}\\[2mm] \dfrac{\partial e_3}{\partial v}\end{pmatrix}=-\begin{pmatrix}\left\langle\dfrac{\partial e_3}{\partial u},e_1\right\rangle & \left\langle\dfrac{\partial e_3}{\partial u},e_2\right\rangle\\[2mm] \left\langle\dfrac{\partial e_3}{\partial v},e_1\right\rangle & \left\langle\dfrac{\partial e_3}{\partial v},e_2\right\rangle\end{pmatrix}\begin{pmatrix}e_1\\ e_2\end{pmatrix}.$$

但是

$$W\begin{pmatrix}\dfrac{\partial P}{\partial u}\\[2mm] \dfrac{\partial P}{\partial v}\end{pmatrix}-W\left(\begin{pmatrix}\left\langle\dfrac{\partial P}{\partial u},e_1\right\rangle & \left\langle\dfrac{\partial P}{\partial u},e_2\right\rangle\\[2mm] \left\langle\dfrac{\partial P}{\partial v},e_1\right\rangle & \left\langle\dfrac{\partial P}{\partial v},e_2\right\rangle\end{pmatrix}\begin{pmatrix}e_1\\ e_2\end{pmatrix}\right)-A\begin{pmatrix}We_1\\ We_2\end{pmatrix},$$

故

$$M_{\{e_1,e_2\}}W=-A^{-1}\begin{pmatrix}\left\langle\dfrac{\partial e_3}{\partial u},e_1\right\rangle & \left\langle\dfrac{\partial e_3}{\partial u},e_2\right\rangle\\[2mm] \left\langle\dfrac{\partial e_3}{\partial v},e_1\right\rangle & \left\langle\dfrac{\partial e_3}{\partial v},e_2\right\rangle\end{pmatrix}=-A^{-1}A_1.$$

而

$$\begin{aligned}\mathrm{d}e_3&=-(\omega_{13},\omega_{23})\begin{pmatrix}e_1\\ e_2\end{pmatrix}=-(\omega_1,\omega_2)\begin{pmatrix}a & b\\ b & c\end{pmatrix}\begin{pmatrix}e_1\\ e_2\end{pmatrix}\\ &=(\mathrm{d}u,\mathrm{d}v)\begin{pmatrix}\dfrac{\partial e_3}{\partial u}\\[2mm] \dfrac{\partial e_3}{\partial v}\end{pmatrix}=(\mathrm{d}u,\mathrm{d}v)A_1\begin{pmatrix}e_1\\ e_2\end{pmatrix}\\ &=(\omega_1,\omega_2)A^{-1}A_1\begin{pmatrix}e_1\\ e_2\end{pmatrix},\end{aligned}$$

所以 $M_{\{e_1,e_2\}}=\begin{pmatrix}a & b\\ b & c\end{pmatrix}$.

引理 4.3.2　$\mathrm{d}\omega_{12}=-K\omega_1\wedge\omega_2$，$K$ 为 Gauss 曲率.

证

$$\mathrm{d}\omega_{12}=\omega_{13}\wedge\omega_{32}=-\omega_{13}\wedge\omega_{23}=-(a\omega_1+b\omega_2)\wedge(b\omega_1+c\omega_2)$$

$$=-(ac-b^2)\omega_1\wedge\omega_2=-K\omega_1\wedge\omega_2.$$

证毕.

引理 4.3.3 设 $\theta_1,\theta_2\in\Lambda^1(S)$,且

$$\mathrm{I}=\theta_1^2+\theta_2^2,$$

则有 $\varepsilon_i,\varepsilon_j\in\mathscr{D}^1(S)$使得

$$\begin{cases}\theta_i(\epsilon_j)=\delta_{ij},\\(\epsilon_i,\epsilon_j)=\delta_{ij}.\end{cases}$$

证 设$(\theta_1,\theta_2)=(\mathrm{d}u,\mathrm{d}v)B$,满足

$$\begin{aligned}\mathrm{I}&=(\mathrm{d}u,\mathrm{d}v)\begin{pmatrix}E&F\\F&G\end{pmatrix}\begin{pmatrix}\mathrm{d}u\\\mathrm{d}v\end{pmatrix}=(\theta_1,\theta_2)\begin{pmatrix}\theta_1\\\theta_2\end{pmatrix}\\&=(\mathrm{d}u,\mathrm{d}v)BB^T\begin{pmatrix}\mathrm{d}u\\\mathrm{d}v\end{pmatrix},\end{aligned}$$

于是

$$\begin{pmatrix}E&F\\F&G\end{pmatrix}=BB^{\mathrm{T}},$$

因而 B 是可逆的. 令

$$\begin{pmatrix}\epsilon_1\\\epsilon_2\end{pmatrix}=B^{-1}\begin{pmatrix}\dfrac{\partial P}{\partial u}\\\dfrac{\partial P}{\partial v}\end{pmatrix},$$

因而

$$\begin{pmatrix}\theta_1\\\theta_2\end{pmatrix}(\epsilon_1,\epsilon_2)=B^{\mathrm{T}}\begin{pmatrix}\mathrm{d}u\\\mathrm{d}v\end{pmatrix}\left(\frac{\partial P}{\partial u},\frac{\partial P}{\partial v}\right)(B^{\mathrm{T}})^{-1}=B^{\mathrm{T}}(B^{\mathrm{T}})^{-1}=\mathrm{I},$$

即

$$\theta_i(\epsilon_j)=\delta_{ij}.$$

又

$$\begin{aligned}(\epsilon_i,\epsilon_j)&=\mathrm{I}(\epsilon_i,\epsilon_j)=\frac{1}{2}(\delta_{1i}\delta_{1j}+\delta_{1j}\delta_{1i})+\frac{1}{2}(\delta_{2i}\delta_{2j}+\delta_{2j}\delta_{2i})\\&=\delta_{1i}\delta_{1j}+\delta_{2i}\delta_{2j}=\delta_{ij}.\end{aligned}$$

定理 4.3.1(Guass Egregium 定理) 总曲率 K 由第一基本形式确定 .

证 由 I 已知,故可确定 ω_1,ω_2,使得

$$\mathrm{I} = \omega_1^2 + \omega_2^2.$$

由方程

$$\mathrm{d}\omega_1 = \omega_{12} \wedge \omega_2,$$

$$\mathrm{d}\omega_2 = -\omega_{12} \wedge \omega_1$$

可确定 ω_{12}，最后由

$$\mathrm{d}\omega_{12} = -K\omega_1 \wedge \omega_2$$

确定 K.

这里我们需要由 I 确定 ω_1,ω_2 而无须将对应的 e_1,e_2 找出来，而确定 ω_1，ω_2 事实上是将正定对称矩阵合同变为单位矩阵. 当然也可以用配方法.

例 4.3.1　设

$$\mathrm{I} = E\mathrm{d}u^2 + G\mathrm{d}v^2,$$

求 K.

解　取

$$\begin{pmatrix} \omega_1 \\ \omega_2 \end{pmatrix} = \begin{pmatrix} \sqrt{E} & 0 \\ 0 & \sqrt{G} \end{pmatrix} \begin{pmatrix} \mathrm{d}u \\ \mathrm{d}v \end{pmatrix},$$

则

$$\mathrm{I} = \omega_1^2 + \omega_2^2,$$

于是

$$\mathrm{d}\omega_1 = -\frac{\partial \sqrt{E}}{\partial v}\mathrm{d}u \wedge \mathrm{d}v = -\frac{\partial \sqrt{E}}{\partial v}\Big/(\sqrt{E}\cdot\sqrt{G})\omega_1 \wedge \omega_2,$$

$$\mathrm{d}\omega_2 = \frac{\partial \sqrt{G}}{\partial u}\Big/(\sqrt{E}\cdot\sqrt{G})\omega_1 \wedge \omega_2.$$

于是

$$\begin{aligned} \omega_{12} &= -\frac{\partial \sqrt{E}}{\partial v}\Big/(\sqrt{E}\cdot\sqrt{G})\omega_1 + \frac{\partial \sqrt{G}}{\partial u}\Big/(\sqrt{E}\cdot\sqrt{G})\omega_2 \\ &= -\frac{\partial \sqrt{E}}{\partial v}\Big/\sqrt{G}\,\mathrm{d}u + \frac{\partial \sqrt{G}}{\partial u}\Big/\sqrt{E}\,\mathrm{d}v, \end{aligned}$$

故

$$\begin{aligned} \mathrm{d}\omega_{12} &= -\frac{\partial}{\partial v}\left(-\frac{\partial \sqrt{E}}{\partial v}\Big/\sqrt{G}\right)\mathrm{d}u \wedge \mathrm{d}v + \frac{\partial}{\partial u}\left(\frac{\partial \sqrt{G}}{\partial u}\Big/\sqrt{E}\right)\mathrm{d}u \wedge \mathrm{d}v \\ &= \frac{1}{\sqrt{EG}}\left\{\left[\frac{(\sqrt{E})_v}{\sqrt{G}}\right]_v + \left[\frac{(\sqrt{G})_u}{\sqrt{E}}\right]_u\right\}\omega_1 \wedge \omega_2. \end{aligned}$$

即

$$K=-\frac{1}{\sqrt{EG}}\left\{\left(\frac{(\sqrt{E})_v}{\sqrt{G}}\right)_v+\left(\frac{(\sqrt{G})_u}{\sqrt{E}}\right)_u\right\}.$$

例 4.3.2 求结构方程

$$\begin{cases}\mathrm{d}\omega_{12}=\omega_{13}\wedge\omega_{32},\\ \mathrm{d}\omega_{13}=\omega_{12}\wedge\omega_{23},\\ \mathrm{d}\omega_{23}=\omega_{21}\wedge\omega_{13}\end{cases}$$

在正交参数(即$\left(\frac{\partial P}{\partial u},\frac{\partial P}{\partial v}\right)=F=0$)下的表现形式.

解

$$\mathrm{I}=E\mathrm{d}u^2+G\mathrm{d}v^2,$$

$$\mathrm{II}=L\mathrm{d}u^2+2M\mathrm{d}u\mathrm{d}v+N\mathrm{d}v^2=(\mathrm{d}u,\mathrm{d}v)\begin{pmatrix}L & M\\ M & N\end{pmatrix}\begin{pmatrix}\mathrm{d}u\\ \mathrm{d}v\end{pmatrix}.$$

令

$$\omega_1=\sqrt{E}\mathrm{d}u,\omega_2=\sqrt{G}\mathrm{d}v,$$

则有

$$\mathrm{II}=(\omega_1,\omega_2)\begin{pmatrix}L/E & M/\sqrt{EG}\\ M/\sqrt{EG} & N/G\end{pmatrix}\begin{pmatrix}\omega_1\\ \omega_2\end{pmatrix},$$

故

$$\begin{pmatrix}a & b\\ b & c\end{pmatrix}=\begin{pmatrix}L/E & M/\sqrt{EG}\\ M/\sqrt{EG} & N/G\end{pmatrix}.$$

于是

$$\omega_{13}=L/E\omega_1+M/\sqrt{EG}\omega_2=L/\sqrt{E}\mathrm{d}u+M/\sqrt{E}\mathrm{d}v,$$

$$\omega_{23}=M/\sqrt{EG}\omega_1+N/G\omega_2=M/\sqrt{G}\mathrm{d}u+N/\sqrt{G}\mathrm{d}v.$$

又

$$\omega_{12}=-\frac{\partial\sqrt{E}}{\partial v}\Big/\sqrt{G}\mathrm{d}u+\frac{\partial\sqrt{G}}{\partial u}\Big/\sqrt{E}\mathrm{d}v,$$

由

$$\mathrm{d}\omega_{12}=\omega_{13}\wedge\omega_{32},$$

得

$$\left\{\left(\frac{(\sqrt{E})_v}{\sqrt{G}}\right)_v+\left(\frac{(\sqrt{G})_u}{\sqrt{E}}\right)_u\right\}\mathrm{d}u\wedge\mathrm{d}v=\frac{-1}{\sqrt{EG}}(LN-M^2)\mathrm{d}u\wedge\mathrm{d}v.$$

即有

$$-\frac{1}{\sqrt{EG}}\left\{\left[\frac{(\sqrt{E})_v}{\sqrt{G}}\right]_v+\left[\frac{(\sqrt{G})_u}{\sqrt{E}}\right]_u\right\}=\frac{LN-M^2}{EG},$$

$$\begin{aligned}d\omega_{13}&=-\left(\frac{L}{\sqrt{E}}\right)_v du\wedge dv+\left(\frac{M}{\sqrt{E}}\right)_u du\wedge dv\\&=\left\{\left(\frac{M}{\sqrt{E}}\right)_u-\left(\frac{L}{\sqrt{E}}\right)_v\right\}du\wedge dv\\&=\omega_{12}\wedge\omega_{23}\\&=-\left[\frac{(\sqrt{E})_v}{\sqrt{G}}\cdot\frac{N}{\sqrt{G}}+\frac{(\sqrt{G})_uM}{\sqrt{EG}}\right]du\wedge dv,\end{aligned}$$

所以有

$$\left(\frac{L}{\sqrt{E}}\right)_v-\left(\frac{M}{\sqrt{E}}\right)_u-\frac{N}{G}(\sqrt{E})_v-\frac{M}{\sqrt{EG}}(\sqrt{G})_u=0;$$

$$\begin{aligned}d\omega_{23}&=\left\{-\left(\frac{M}{\sqrt{G}}\right)_v+\left(\frac{N}{\sqrt{G}}\right)_u\right\}du\wedge dv\\&=\omega_{21}\wedge\omega_{13}\\&=\left\{\frac{M}{\sqrt{EG}}(\sqrt{E})_v+\frac{L}{E}(\sqrt{G})_u\right\}du\wedge dv.\end{aligned}$$

所以有

$$\left(\frac{N}{\sqrt{G}}\right)_u-\left(\frac{M}{\sqrt{G}}\right)_v-\frac{L}{E}(\sqrt{G})_u-\frac{M}{\sqrt{EG}}(\sqrt{E})_v=0.$$

例 4.3.3　计算 $\mathbf{R}^3$ 中球面

$$S=\{(x,y,z)\mid x^2+y^2+z^2=r^2\}$$

上某一点的 Gauss 曲率.

解法一

$$\langle P,P\rangle=r^2,$$

$$\left\langle\frac{\partial P}{\partial u},P\right\rangle=\left\langle\frac{\partial P}{\partial v},P\right\rangle=0.$$

$$e_3=n=\frac{1}{r}(x,y,z)=\frac{1}{r}P,$$

$$dP=\omega_1e_1+\omega_2e_2,$$

$$de_3=\frac{1}{r}dP=\frac{\omega_1}{r}e_1+\frac{\omega_2}{r}e_2=\omega_{31}e_1+\omega_{32}e_2,$$

故

$$\omega_{31}=\frac{\omega_1}{r},\omega_{32}=\frac{\omega_2}{r},$$

$$\mathrm{d}\omega_{12}=\omega_{13}\wedge\omega_{32}=\frac{-1}{r^2}\omega_1\wedge\omega_2=-K\omega_1\wedge\omega_2.$$

所以

$$K=\frac{1}{r^2}.$$

解法二

$$\langle P,P\rangle=r^2,$$

$$\langle \mathrm{d}P,P\rangle=0,$$

$$n=\frac{1}{r}P,$$

$$\mathrm{II}(\mathrm{d}P,\mathrm{d}P)=\mathrm{I}(\mathrm{d}P,-\mathrm{d}n)=-\frac{1}{r}\mathrm{I}(\mathrm{d}P,\mathrm{d}P),$$

故

$$k_n(\mathrm{d}P)=-\frac{1}{r},$$

$$k_1=k_2=-\frac{1}{r},$$

$$K=k_1k_2=\frac{1}{r^2}.$$

解法三

$$P(u,v)=(r\cos u\cos v,r\cos u\sin v,r\sin u),$$

$$\frac{\partial P}{\partial u}=r(-\sin u\cos v,-\sin u\sin v,\cos u),$$

$$\frac{\partial P}{\partial v}=r(-\cos u\sin v,\cos u\cos v,0),$$

$$E=r^2,F=0,G=r^2\cos^2u.$$

于是

$$\mathrm{I}=r^2\mathrm{d}u^2+r^2\cos^2u\mathrm{d}v^2,$$

$$\omega_1=r\mathrm{d}u,\omega_2=r\cos u\mathrm{d}v,$$

$$\mathrm{I}=\omega_1^2+\omega_2^2.$$

$$\mathrm{d}\begin{pmatrix}\omega_1\\ \omega_2\end{pmatrix}=\begin{pmatrix}0\cdot\mathrm{d}u\wedge\mathrm{d}v\\ -r\sin u\cdot\mathrm{d}u\wedge\mathrm{d}v\end{pmatrix},$$

$$\mathrm{d}\omega_1 = \omega_{12} \wedge \omega_2 = 0,$$

$$\mathrm{d}\omega_2 = \omega_{21} \wedge \omega_1 = \frac{-1}{r}\frac{\sin u}{\cos u}\omega_1 \wedge \omega_2,$$

故

$$\omega_{12} = \frac{-1}{r}\frac{\sin u}{\cos u}\omega_2 = -\sin u \mathrm{d}v,$$

$$\mathrm{d}\omega_{12} = -\cos u \mathrm{d}u \wedge \mathrm{d}v = -\frac{1}{r^2}\omega_1 \wedge \omega_2.$$

故

$$K = \frac{1}{r^2}.$$

例 4.3.4　已知

$$\mathrm{I} = \left(1 + \frac{k}{4}(u^2 + v^2)\right)^{-2}(\mathrm{d}u^2 + \mathrm{d}v^2),$$

求 K.

解　令 $c=1+\frac{k}{4}(u^2+v^2)$, $c_v=\frac{kv}{2}$, $c_u=\frac{ku}{2}$,

$$\omega_1 = \frac{1}{c}\mathrm{d}u, \qquad \omega_2 = \frac{1}{c}\mathrm{d}v.$$

于是

$$\mathrm{I} = \omega_1^2 + \omega_2^2,$$

$$\begin{pmatrix} \mathrm{d}\omega_1 \\ \mathrm{d}\omega_2 \end{pmatrix} = \begin{pmatrix} -\left(\frac{1}{c}\right)_v \\ \left(\frac{1}{c}\right)_u \end{pmatrix} \mathrm{d}u \wedge \mathrm{d}v = c^2 \begin{pmatrix} -\left(\frac{1}{c}\right)_v \\ \left(\frac{1}{c}\right)_u \end{pmatrix} \omega_1 \wedge \omega_2,$$

$$\omega_{12} = \frac{1}{2}kv\omega_1 - \frac{1}{2}ku\omega_2 = \frac{k}{2c}(v\mathrm{d}u - u\mathrm{d}v),$$

$$\mathrm{d}\omega_{12} = \frac{k}{2}\left(-\left(\frac{v}{c}\right)_v - \left(\frac{u}{c}\right)_u\right)\mathrm{d}u \wedge \mathrm{d}v = -\frac{kc^2}{2}\left(\left(\frac{v}{c}\right)_v + \left(\frac{u}{c}\right)_u\right)\omega_1 \wedge \omega_2,$$

故有

$$K = \frac{k}{2} \cdot c^2 \left(\frac{2}{c} - \frac{\frac{k}{2}(u^2 + v^2)}{c^2}\right) = k \cdot \left(c - \frac{k}{4}(u^2 + v^2)\right) = k.$$

4.4　曲面论基本定理

本节将证明满足基本方程与结构方程的曲面的存在唯一性——即曲面论

的基本定理. 这与曲线论的基本定理相类似. 曲线由曲率与挠率确定, 而曲面由第一、第二基本形式确定.

首先我们写出基本方程与结构方程的矩阵形式.

设我们所要求的曲面为 $P(u,v)$, 幺正标架为 $\{P;e_1,e_2,e_3=n\}$, $\omega_1,\omega_2,\omega_{ij}$ 为相关的一次微分式. 于是

$$P=(x_1,x_2,x_3),$$
$$e_i=(y_{i1},y_{i2},y_{i3}).$$

又设

$$\omega_i=\alpha_i\mathrm{d}u+\beta_i\mathrm{d}v,$$
$$\omega_{ij}=a_{ij}\mathrm{d}u+b_{ij}\mathrm{d}v.$$

记

$$\alpha=(\alpha_1,\alpha_2,0),\qquad \beta=(\beta_1,\beta_2,0),$$
$$A=(a_{ij}),\qquad B=(b_{ij}),$$
$$X=(x_1,x_2,x_3),\qquad Y=(y_{ij}),\quad YY^{\mathrm{T}}=I.$$

于是基本方程可写成

$$\begin{cases}\mathrm{d}X=(\alpha\mathrm{d}u+\beta\mathrm{d}v)Y,\\ \mathrm{d}Y=(A\mathrm{d}u+B\mathrm{d}v)Y,\end{cases}\tag{4.4.1}$$

或等价地写成

$$\begin{cases}\dfrac{\partial X}{\partial u}Y^{-1}=\alpha,\\ \dfrac{\partial X}{\partial v}Y^{-1}=\beta,\\ \dfrac{\partial Y}{\partial u}Y^{-1}=A,\\ \dfrac{\partial Y}{\partial v}Y^{-1}=B.\end{cases}\tag{4.4.2}$$

结构方程可写成

$$\begin{cases}\dfrac{\partial\beta}{\partial u}-\dfrac{\partial\alpha}{\partial v}=\alpha B-\beta A,\\ \dfrac{\partial B}{\partial u}-\dfrac{\partial A}{\partial v}=AB-BA.\end{cases}\tag{4.4.3}$$

现在的问题是如果 α,β,A 与 B 已知. 能否求出函数 X,Y 满足(4.4.1)或者(4.4.2)? 自然要问基本方程什么时候有解.

引理 4.4.1 方程组(4.4.1)或(4.4.2)有解的条件(即可积的条件)是 α,

β, A 与 B 满足(4.4.3).

证　首先注意,由

$$YY^{-1}=I,$$

知

$$\frac{\partial Y}{\partial u}Y^{-1}+Y\frac{\partial Y^{-1}}{\partial u}=0,$$

故有

$$\frac{\partial Y^{-1}}{\partial u}=-Y^{-1}\frac{\partial Y}{\partial u}Y^{-1}.$$

同理

$$\frac{\partial Y^{-1}}{\partial v}=-Y^{-1}\frac{\partial Y}{\partial v}Y^{-1}.$$

于是

$$\begin{aligned}\frac{\partial \alpha}{\partial v}=\frac{\partial}{\partial v}\left(\frac{\partial X}{\partial u}Y^{-1}\right)&=\frac{\partial^2 X}{\partial u\partial v}Y^{-1}-\frac{\partial X}{\partial u}Y^{-1}\frac{\partial Y}{\partial v}Y^{-1}\\&=\frac{\partial^2 X}{\partial u\partial v}Y^{-1}-\alpha B,\end{aligned}$$

$$\frac{\partial \beta}{\partial u}=\frac{\partial^2 X}{\partial v\partial u}Y^{-1}-\beta A,$$

$$\frac{\partial A}{\partial v}=\frac{\partial^2 X}{\partial u\partial v}Y^{-1}-AB,$$

$$\frac{\partial B}{\partial u}=\frac{\partial^2 Y}{\partial v\partial u}Y^{-1}-BA,$$

因而可积条件为(4.4.3).

引理 4.4.2　方程组(4.4.1)在可积条件(4.4.3)成立的情况下,对任意的初值条件

$$X(u_0,v_0)=X_0,\quad Y(u_0,v_0)=Y_0(Y_0\text{ 可逆})$$

在 (u_0,v_0) 附近总有唯一解.

证　常微分方程组

$$\begin{cases}\dfrac{\partial X}{\partial v}Y^{-1}=\beta,\\[2mm]\dfrac{\partial Y}{\partial v}Y^{-1}=B,\\[2mm]X(u_0,v_0)=X_0,\quad Y(u_0,v_0)=Y_0\end{cases}$$

的解为 $X(u_0,v), Y(u_0,v)$. 再从

$$\begin{cases}\dfrac{\partial \widetilde{X}}{\partial u}\widetilde{Y}^{-1}=\alpha,\\ \dfrac{\partial \widetilde{Y}}{\partial u}\widetilde{Y}^{-1}=A,\\ \widetilde{X}(u_0,v)=X(u_0,v),\widetilde{Y}(u_0,v)=Y(u_0,v)\end{cases}$$

解出 $\widetilde{X}(u,v),\widetilde{Y}(u,v)$. 此为可求的唯一解.

定理 4.4.1 设在平面区域 $D=\{(u,v)\}$有五个已知的一次外微分式 ω_1, $\omega_2,\omega_{12},\omega_{13},\omega_{23}$,满足

$$d(\omega_1,\omega_2,0)=(\omega_1,\omega_2,0)\wedge\Omega,$$

$$d\Omega=\Omega\wedge\Omega,$$

$$\mathrm{ent}_{ij}\Omega=-\mathrm{ent}_{ji}\Omega,\quad \mathrm{ent}_{ij}\Omega=\omega_{ij},i<j.$$

则对任意给定的初始条件 $X(u_0,v_0)=X_0,Y(u_0,v_0)=Y_0$($Y_0$ 可微)在$(u_0,v_0)\in D$ 的附近总有 $\mathbf{R}^3$ 中唯一的曲面片 $S:P(u,v)$及幺正标架$\{P;e_1,e_2,e_3\}$满足

$$dP=\omega_1e_1+\omega_2e_2=(\omega_1,\omega_2,0)\begin{pmatrix}e_1\\e_2\\e_3\end{pmatrix},$$

$$d\begin{pmatrix}e_1\\e_2\\e_3\end{pmatrix}=\Omega\begin{pmatrix}e_1\\e_2\\e_3\end{pmatrix}.$$

证 取引理 4.4.2 满足初值条件

$$X_0=P(u_0,v_0),$$

$$\begin{pmatrix}e_1(u_0,v_0)\\e_2(u_0,v_0)\\e_3(u_0,v_0)\end{pmatrix}=Y_0$$

的唯一解 X,Y. 令

$$P=X\begin{pmatrix}e_1\\e_2\\e_3\end{pmatrix},\quad \begin{pmatrix}e_1\\e_2\\e_3\end{pmatrix}=Y.$$

我们只要验证 $YY^{\mathrm{T}}=I$. 由于 $A^{\mathrm{T}}=-A$,

$$\frac{\partial(YY^{\mathrm{T}})}{\partial u}=\frac{\partial Y}{\partial u}Y^{\mathrm{T}}+Y\frac{\partial Y^{\mathrm{T}}}{\partial u}=AYY^{\mathrm{T}}-YY^{\mathrm{T}}A,$$

$$\frac{\partial(YY^{\mathrm{T}})}{\partial v}=BYY^{\mathrm{T}}-YY^{\mathrm{T}}B,$$

$$YY^{\mathrm{T}}(u_0,v_0)=I,$$

故 YY^{T} 是方程

$$\begin{cases}\dfrac{\partial U}{\partial u}=AU-UA,\\ \dfrac{\partial U}{\partial v}=BU-UB,\\ U(u_0,v_0)=I\end{cases}$$

的解. 但上述方程解唯一，为 $U=I$，故 $YY^{\mathrm{T}}=I$.

定理 4.4.2　设在 (u,v) 区域中有

$$\varphi_1=E(u,v)\mathrm{d}u^2+2F(u,v)\mathrm{d}u\mathrm{d}v+G(u,v)\mathrm{d}v^2>0,$$
$$\varphi_2=L(u,v)\mathrm{d}u^2+2M(u,v)\mathrm{d}u\mathrm{d}v+N(u,v)\mathrm{d}v^2$$

满足 Gauss 方程，Codazzi 方程(方程中 Γ_{ij}^k 满足

$$\Gamma_{ij}^k=\frac{1}{2}g^{lk}\cdot\left(\frac{\partial g_{jl}}{\partial u^i}+\frac{\partial g_{il}}{\partial u^j}-\frac{\partial g_{ij}}{\partial u^l}\right),$$

其中

$$(g_{ij})=\begin{pmatrix}E & F\\ F & G\end{pmatrix},(g^{lk})=\begin{pmatrix}E & F\\ F & G\end{pmatrix}^{-1},$$
$$u^1=u,\quad u^2=v,$$

则在 $\mathbf{R}^3$ 中有以 (u,v) 为参数的曲面以 φ_1,φ_2 为第一、第二基本形式.

证　由 φ_1,φ_2 求出 ω_1,ω_2，再求出 ω_{12},ω_{13} 和 ω_{23}. 于是由定理 4.4.1 得证定理.

例 4.4.1　设 $\varphi_1=\mathrm{d}u^2+\mathrm{d}v^2,\varphi_2=-\mathrm{d}u^2$，求曲面.

解　由于 $\omega_1=\mathrm{d}u,\omega_2=\mathrm{d}v,\mathrm{d}\omega_1=\mathrm{d}\omega_2=0$，故知 $\omega_{12}=0$. 又

$$\varphi_2=-\mathrm{d}u^2=-\omega_1^2,$$

故 $a=-1,b=c=0$. 故

$$\omega_{13}=-\mathrm{d}u,\quad\omega_{23}=0.$$

即

$$A=\begin{pmatrix}0 & 0 & -1\\ 0 & 0 & 0\\ 1 & 0 & 0\end{pmatrix},B=0,$$

故

$$\mathrm{d}Y\cdot Y^{-1}=\begin{pmatrix}0 & 0 & -1\\ 0 & 0 & 0\\ 1 & 0 & 0\end{pmatrix}\mathrm{d}u.$$

于是

$$Y=\mathrm{e}^{uA}=\begin{pmatrix}\cos u & 0 & -\sin u\\ 0 & 1 & 0\\ \sin u & 0 & \cos u\end{pmatrix}$$

为一个解.

$$\begin{aligned}\mathrm{d}X&=(\alpha\mathrm{d}u+\beta\mathrm{d}v)Y=(\omega_1,\omega_2,0)Y\\&=(\mathrm{d}u,\mathrm{d}v,0)\begin{pmatrix}\cos u & 0 & -\sin u\\ 0 & 1 & 0\\ \sin u & 0 & \cos u\end{pmatrix}\\&=(\cos u\mathrm{d}u,\mathrm{d}v,-\sin u\mathrm{d}u),\end{aligned}$$

故有一个解

$$X=(\sin u,v,-\cos u),$$

因而曲面为方程为

$$x^2+z^2=1$$

的柱面.

例 4.4.2 设

$$\mathrm{I}=(1+u^2)\mathrm{d}u^2+u^2\mathrm{d}v^2,$$

$$\mathrm{II}=\frac{1}{\sqrt{1+u^2}}\mathrm{d}u^2+\frac{u^2}{\sqrt{1+u^2}}\mathrm{d}v^2,$$

求曲面.

解 令 $\omega_1=\sqrt{1+u^2}\mathrm{d}u,\omega_2=u\mathrm{d}v$,则

$$\mathrm{I}=\omega_1^2+\omega_2^2,$$

$$\mathrm{II}=(1+u^2)^{-\frac{3}{2}}\omega_1^2+(1+u^2)^{-\frac{1}{2}}\omega_2^2,$$

$$\omega_{13}=(1+u^2)^{-\frac{3}{2}}\omega_1=(1+u^2)^{-1}\mathrm{d}u,$$

$$\omega_{23}=(1+u^2)^{-\frac{1}{2}}\omega_2=u(1+u^2)^{-\frac{1}{2}}\mathrm{d}v,$$

$$\mathrm{d}\begin{pmatrix}\omega_1\\ \omega_2\end{pmatrix}=\begin{pmatrix}0 & \omega_{12}\\ -\omega_{12} & 0\end{pmatrix}\wedge\begin{pmatrix}\omega_1\\ \omega_2\end{pmatrix},$$

即

$$0=\omega_{12}\wedge\omega_2,\mathrm{d}u\wedge\mathrm{d}v=-\omega_{12}\wedge\omega_1,$$

由此可得

$$\omega_{12}=(\sqrt{1+u^2})^{-\frac{1}{2}}\mathrm{d}v,$$

$$\alpha = (\sqrt{1+u^2}, 0, 0),$$
$$\beta = (0, u, 0),$$
$$A = \begin{pmatrix} 0 & 0 & \frac{1}{1+u^2} \\ 0 & 0 & 0 \\ \frac{-1}{1+u^2} & 0 & 0 \end{pmatrix},$$
$$B = \begin{pmatrix} 0 & \frac{1}{\sqrt{1+u^2}} & 0 \\ \frac{-1}{\sqrt{1+u^2}} & 0 & \frac{u}{\sqrt{1+u^2}} \\ 0 & \frac{-u}{\sqrt{1+u^2}} & 0 \end{pmatrix}.$$

由于 $AB \neq BA$，故 $e^{A+B} \neq e^A e^B$，我们不能简单求出 Y 来. 可令 $Y = Y_1 Y_2$，于是

$$\begin{aligned} dY \cdot Y^{-1} &= d(Y_1 Y_2) \cdot (Y_1 Y_2)^{-1} \\ &= (dY_1 \cdot Y_2 + Y_1 \cdot dY_2) Y_2^{-1} Y_1^{-1} \\ &= dY_1 \cdot Y_1^{-1} + Y_1 \cdot (dY_2 \cdot Y_2^{-1}) Y_1^{-1}. \end{aligned}$$

设

$$dY_1 \cdot Y_1^{-1} = A \cdot du = \begin{pmatrix} 0 & 0 & 1 \\ 0 & 0 & 0 \\ -1 & 0 & 0 \end{pmatrix} \frac{du}{1+u^2},$$

令 $u = \tan\varphi$，则 $d\varphi = (1+u^2)^{-1} du$，

$$\sin\varphi = \frac{u}{\sqrt{1+u^2}}, \cos\varphi = \frac{1}{\sqrt{1+u^2}},$$
$$dY_1 \cdot Y_1^{-1} = \begin{pmatrix} 0 & 0 & 1 \\ 0 & 0 & 0 \\ -1 & 0 & 0 \end{pmatrix} d\varphi,$$

因而有

$$Y_1 = \begin{pmatrix} \cos\varphi & 0 & \sin\varphi \\ 0 & 1 & 0 \\ -\sin\varphi & 0 & \cos\varphi \end{pmatrix} = \frac{1}{\sqrt{1+u^2}} \begin{pmatrix} 1 & 0 & u \\ 0 & \sqrt{1+u^2} & 0 \\ -u & 0 & 1 \end{pmatrix},$$

$$Y_1(\mathrm{d}Y_2 \cdot Y_2^{-1})Y_1^{-1} = \begin{pmatrix} 0 & \cos\varphi & 0 \\ -\cos\varphi & 0 & \sin\varphi \\ 0 & -\sin\varphi & 0 \end{pmatrix} \mathrm{d}v,$$

$$\mathrm{d}Y_2 \cdot Y_2^{-1} = Y_1^{-1} \begin{pmatrix} 0 & \cos\varphi & 0 \\ -\cos\varphi & 0 & \sin\varphi \\ 0 & -\sin\varphi & 0 \end{pmatrix} Y_1 \mathrm{d}v = \begin{pmatrix} 0 & 1 & 0 \\ -1 & 0 & 0 \\ 0 & 0 & 0 \end{pmatrix} \mathrm{d}v,$$

故

$$Y_2 = \begin{pmatrix} \cos v & \sin v & 0 \\ -\sin v & \cos v & 0 \\ 0 & 0 & 1 \end{pmatrix}.$$

故

$$Y = Y_1 Y_2 = \begin{pmatrix} \dfrac{\cos v}{\sqrt{1+u^2}} & \dfrac{\sin v}{\sqrt{1+u^2}} & \dfrac{u}{\sqrt{1+u^2}} \\ -\sin v & \cos v & 0 \\ \dfrac{-u\cos v}{\sqrt{1+u^2}} & \dfrac{-u\sin v}{\sqrt{1+u^2}} & \dfrac{1}{\sqrt{1+u^2}} \end{pmatrix}.$$

进而有

$$\begin{aligned} \mathrm{d}X &= (\omega_1, \omega_2, 0)Y = (\sqrt{1+u^2}\,\mathrm{d}u, u\mathrm{d}v, 0)Y \\ &= (\cos v, \sin v, u)\mathrm{d}u + (-u\sin v, u\cos v, 0)\mathrm{d}v \\ &= \mathrm{d}(u\cos u, u\sin v, \frac{u^2}{2}), \end{aligned}$$

故

$$X = (u\cos v, u\sin v, \frac{u^2}{2}) + C,$$

即曲面为由方程

$$x^2 + y^2 - 2z = 0$$

所确定的旋转抛物面经过一个运动而得的.

习　题

1. 设 $\varphi = yz\mathrm{d}x + \mathrm{d}z, \psi = \sin z\mathrm{d}x + \cos z\mathrm{d}y, \xi = \mathrm{d}y + z\mathrm{d}z$,计算

(1) $\varphi\wedge\psi, \psi\wedge\xi, \xi\wedge\varphi$;(2) $\mathrm{d}\varphi, \mathrm{d}\psi, \mathrm{d}\xi$.

2. f, g 是两个光滑函数,化简:

(1) $\mathrm{d}(f\mathrm{d}g+g\mathrm{d}f)$；

(2) $\mathrm{d}[(f-g)(\mathrm{d}f+\mathrm{d}g)]$；

(3) $\mathrm{d}(f\mathrm{d}g\wedge g\mathrm{d}f)$；

(4) $\mathrm{d}(gf\mathrm{d}f)+\mathrm{d}(f\mathrm{d}g)$.

3. 假设 u,v,w 是 x,y,z 的函数,证明：

$$\mathrm{d}u\wedge\mathrm{d}v\wedge\mathrm{d}w=\frac{\partial(u,v,w)}{\partial(x,y,z)}\mathrm{d}x\wedge\mathrm{d}y\wedge\mathrm{d}z.$$

4. 设

$$\varphi=\frac{1}{r!}\varphi_{i_1\cdots i_r}\mathrm{d}u^{i_1}\wedge\cdots\wedge\mathrm{d}u^{i_r},$$

$$\mathrm{d}\varphi=\frac{1}{(r+1)!}(\mathrm{d}\varphi)_{i_1\cdots i_r}\wedge\mathrm{d}u^{i_1}\wedge\cdots\wedge\mathrm{d}u^{i_r}$$

其中 $\varphi_{i_1\cdots i_r}$,$(\mathrm{d}\varphi)_{i_1\cdots i_r}$ 关于下标是反对偶的. 证明：

$$(\mathrm{d}\varphi)_{i_1\cdots i_r}=\sum_{\alpha=1}^{r+1}(-1)^{\alpha+1}\frac{\partial\varphi_{i_1\cdots\hat{i}_\alpha\cdots i_r}}{\partial u^{i_\alpha}}.$$

5. 设 S 是抽象曲面片,Y_1 与 Y_2 是 S 上向量场,α_1 与 α_2 是一次外微分式,如果

$$\mathrm{d}P=\alpha_1Y_1+\alpha_2Y_2,$$

则$\{Y_1,Y_2\}$与$\{\alpha_1,\alpha_2\}$都是基,并且它们对偶.

6. 设 S 是曲面片,$Y_1,\cdots,Y_m\in\mathscr{D}^1(S)$,$\alpha_1,\cdots,\alpha_m\in\mathscr{A}_1(S)$,如果

$$\mathrm{d}P=\alpha_1Y_1+\cdots+\alpha_mY_m,$$

则：

(1) 任取 $X\in\mathscr{D}^1(S)$,有

$$\sum_{i=1}^m\alpha_i(X)Y_i=X;$$

(2) 任取 $\omega\in\mathscr{A}_1(S)$,有

$$\sum_{i=1}^m\omega(Y_i)\alpha=\omega;$$

(3)

$$\sum_{i=1}^m\mathrm{d}\alpha_i\cdot Y_i+\frac{1}{2}\sum_{i,j=1}^m(\alpha_i\wedge\alpha_j)[Y_i,Y_j]=0.$$

7. 设 S 是 $\mathbf{R}^3$ 中曲面片,问在什么意义下,这里的 $\mathrm{d}P$ 相当于通常的微分?

8. 设 $E(u,v)$,$F(u,v)$,$G(u,v)$是曲面的第一基本量. 引进新参数 $\tilde{u},\tilde{v}$,使得

$$\tilde{u}=\tilde{u}(u,v),$$

$$\tilde{v}=\tilde{v}(u,v).$$

证明：

$$\sqrt{\widetilde{E}\widetilde{G}-\widetilde{F}^2}\,\mathrm{d}\tilde{u}\wedge\mathrm{d}\tilde{v}=\sqrt{EG-F^2}\,\mathrm{d}u\wedge\mathrm{d}v.$$

9. 设(r,φ,θ)是 $\mathbf{R}^3$ 中球坐标系,即

$$x=r\cos\theta\cos\varphi,\qquad y=r\cos\theta\sin\varphi,\qquad z=r\sin\theta.$$

将 $dx\wedge dy+dy\wedge dz+dz\wedge dx, dx\wedge dy\wedge dz$ 用球坐标系表示出来.

10. 设(r,θ,t)是 $\mathbf{R}^3$ 中的柱面坐标系,即

$$x = r\cos\theta,\quad y = r\sin\theta,\quad z = t.$$

将 $dx\wedge dy\wedge dz$ 用柱面坐标系表示出来.

11. 设 D 是(u,v)平面,参数曲面 $P:D\to E$ 定义如下:

$$\begin{cases} x = \dfrac{2u}{1+u^2+v^2}, \\ y = \dfrac{2v}{1+u^2+v^2}, \\ z = \dfrac{1-u^2-v^2}{1+u^2+v^2}. \end{cases}$$

设

$$\omega = x\mathrm{d}x + y\mathrm{d}y + z\mathrm{d}z,$$
$$\xi = x\mathrm{d}y\wedge \mathrm{d}z + y\mathrm{d}z\wedge \mathrm{d}x + z\mathrm{d}x\wedge \mathrm{d}y.$$

用 u,v 表示 ω,ξ 与 $\mathrm{d}\xi$.

12. 设$\{P;P_1,P_2,n\}$设曲面上自然标架场,记

$$\mathrm{d}P = \omega^1 P_1 + \omega^2 P_2 + \omega^3 n,$$

$$\mathrm{d}\begin{pmatrix}\omega^1\\ \omega^2\\ \omega^3\end{pmatrix} = (\omega_i^j)\begin{pmatrix}\omega^1\\ \omega^2\\ \omega^3\end{pmatrix}.$$

证明:

$$\omega^1 = \mathrm{d}u^1, \omega^2 = \mathrm{d}u^2,$$
$$\omega_\alpha^\gamma = \Gamma_{\alpha\beta}^\gamma \mathrm{d}u^\beta,$$
$$\omega_\alpha^3 = \Omega_{\alpha\beta}\mathrm{d}u^\beta,$$
$$\omega_3^3 = 0.$$

13. 条件同上,证明:

(1) $\mathrm{d}g_{\alpha\beta} = g_{\alpha\gamma}\omega_\beta^\gamma + g_{\gamma\beta}\omega_\alpha^\gamma$;

(2) 记 $\omega_{\alpha\beta} = \omega_\alpha^\gamma g_{\gamma\beta}$,则

$$\mathrm{d}\omega_{\alpha\beta} + \omega_\alpha^\gamma\wedge\omega_{\beta\gamma} = \frac{1}{2}R_{\alpha\beta\gamma\delta}\mathrm{d}u^\gamma\wedge \mathrm{d}u^\delta,$$

其中 $R_{\alpha\beta\gamma\delta} = g_{\alpha\xi}R_{\beta\gamma\delta}^\xi$;

(3) $\mathrm{d}g^{\alpha\beta} = -g^{\alpha\gamma}\omega_\gamma^\beta - g^{\gamma\beta}\omega_\gamma^\alpha$;

(4) $\mathrm{d}\omega_3^\alpha - \omega_3^\beta\wedge\omega_\beta^\alpha = -g^{\alpha\gamma}(\mathrm{d}\omega_\gamma^3 - \omega_\gamma^\beta\wedge\omega_\beta^3)$.

14. 设曲面的第一基本形式给定如下.求曲面上关于正交标架场的分量 ω_1,ω_2 及 ω_{12}:

(1) $\mathrm{I} = \dfrac{1}{v^2}(\mathrm{d}u^2+\mathrm{d}v^2), v>0$;

(2) $\mathrm{I} = \dfrac{\mathrm{d}u^2 - 2v\mathrm{d}u\mathrm{d}v + 4u\mathrm{d}v^2}{4(u-v^2)}\quad (u>v^2)$;

(3) $\mathrm{I} = \mathrm{d}u^2 + 2\cos\psi\mathrm{d}u\mathrm{d}v + \mathrm{d}v^2$, ψ 是 u,v 光滑函数.

15. 在旋转曲面

$$P(u,v)=(u\cos v,u\sin v,g(u))$$

上建立正交标架场并计算 ω_i,ω_{ij}.

16. 已知曲面上两个基本形式分别为

$$\mathrm{I}=(a^2+2v^2)\mathrm{d}u^2+4uv\mathrm{d}u\mathrm{d}v+(a^2+2u^2)\mathrm{d}v^2,$$

$$\mathrm{II}=-\frac{2a}{\sqrt{a^2+2(u^2+v^2)}}\mathrm{d}u\mathrm{d}v.$$

求曲面上一个正交标架场及对应的 ω_i,ω_{ij}.

17. 若曲面第一基本形式

$$\mathrm{I}=\lambda^2(u,v)(\mathrm{d}u^2+\mathrm{d}v^2),$$

试证明

$$K=-\frac{1}{\lambda^2}\left(\frac{\partial^2}{\partial u^2}\ln\lambda+\frac{\partial^2}{\partial v^2}\ln\lambda\right).$$

18. 若

$$\mathrm{I}=\frac{\mathrm{d}u^2+\mathrm{d}v^2}{(u^2+v^2+c^2)^2},$$

求总曲率.

19. 若

$$\mathrm{I}=(a^2+x^2y^2)\mathrm{d}x^2+2bxy\mathrm{d}x\mathrm{d}y+b^2\mathrm{d}y^2,\qquad a,b\neq 0,$$

求总曲率.

20. 求曲面 $F(x,y,z)$ 的总曲率.

21. 证明:在悬链面

$$P=\left(a\cosh\frac{t}{a}\cos\theta,a\cosh\frac{t}{a}\sin\theta,t\right)$$

与正旋转面

$$P=(v\cos u,v\sin u,au)$$

之间,存在保长对应.

22. 试求

$$\text{Klein 圆}:u^2+v^2\leqslant 1,\ \mathrm{I}=\frac{\mathrm{d}u^2+\mathrm{d}v^2}{[1-(u^2+v^2)]^2}$$

和

$$\text{Poincaré 上半平面}:y>0,\ \mathrm{I}=\frac{1}{4y^2}(\mathrm{d}x^2+\mathrm{d}y^2)$$

之间的保长对应.

23. 第一基本形式如下的曲面场具有常数总曲率 $-\frac{1}{a^2}$. 试求它们之间的保长对应:

(1) $\mathrm{I}=\frac{a^2}{v^2}(\mathrm{d}u^2+\mathrm{d}v^2)$;

(2) $\mathrm{I}=\mathrm{d}u^2+\mathrm{e}^{\frac{2u}{a}}\mathrm{d}v^2$;

(3) $\mathrm{I}=\mathrm{d}u^2+\cosh^2\dfrac{u}{a}\mathrm{d}v^2$.

24. 试证明:下列曲面之间不存在保长对应:

(1) 球面;　(2) 柱面;　(3) 双曲抛物面 $z=x^2-y^2$.

25. 设曲面 S 和 $\overline{S}$ 的第一基本形式分别为:

$$\mathrm{I}=\mathrm{d}u^2+(1+u^2)\mathrm{d}v^2,$$

$$\widetilde{\mathrm{I}}=\frac{\tilde{u}^2}{\tilde{u}^2-1}\mathrm{d}\tilde{u}^2+\tilde{u}^2\mathrm{d}v^2.$$

试问:在 S 与 $\overline{S}$ 之间是否存在保长对应?

26. 设曲面 S 和 $\overline{S}$ 的第一基本形式分别为:

$$\mathrm{I}=\mathrm{e}^{2v}[\mathrm{d}u^2+a^2(1+u^2)\mathrm{d}v^2],$$

$$\overline{\mathrm{I}}=\mathrm{e}^{2\bar{v}}[\mathrm{d}\bar{u}^2+b^2(1+\bar{u}^2)\mathrm{d}\bar{v}^2],$$

其中 $a^2\neq b^2$. 证明:在对应 $\bar{u}=u,\bar{v}=v$ 下这两个曲面有相同的总曲率,但是在该对应下不是保长对应.

27. 试证明:$\mathbf{R}^3$ 中不存在其上有参数(u,v)的曲面,使其第一基本形式与第二基本形式分别为:

$$\mathrm{I}=\mathrm{d}u^2+\mathrm{d}v^2,$$

$$\mathrm{II}=u\mathrm{d}u^2+2v\mathrm{d}u\mathrm{d}v+\mathrm{d}v^2.$$

28. 判断是否存在 $\mathbf{R}^3$ 中曲面以

$$\varphi=\mathrm{d}u^2+\mathrm{d}v^2,\psi=\mathrm{d}u^2-\mathrm{d}v^2$$

为第一基本形式与第二基本形式?

29. 以

$$\varphi=\mathrm{d}u^2+\cos^2u\mathrm{d}v^2,\psi=\cos^2u\mathrm{d}u^2+\mathrm{d}v^2$$

为第一基本形式与第二基本形式的曲面是否存在?

30. 求以 $\varphi=\psi=\mathrm{d}u^2+\cos^2u\mathrm{d}v^2$ 为第一基本形式与第二基本形式的曲面.

31. 已知:

$$\varphi=E(u,v)\mathrm{d}u^2+G(u,v)\mathrm{d}v^2,$$

$$\psi=\lambda(u,v)\varphi,$$

其中 $E>0,G>0$. 若 φ,ψ 能够作为曲面的第一基本形式和第二基本形式,则 E,G,λ 应该满足什么条件?

假定 $E=G$,写出满足上述条件的 E,G,λ 的具体表达式.

32. 是否存在 $\mathbf{R}^3$ 中曲面,使其第一、第二基本形式分别为:

$$\frac{\mathrm{d}u^2+\mathrm{d}v^2}{1+a(u^2+v^2)},\quad\frac{a^2(\mathrm{d}u^2+\mathrm{d}v^2)}{1+a(u^2+v^2)},$$

其中 a 为非零常数.

第五章　曲面上的曲线

5.1　测地曲率与测地挠率

设 S 是 $\mathbf{R}^3$ 中曲面，并有参数表示

$$P(u,v)=(f(u,v),g(u,v),h(u,v)).$$

$n(P)$为法向量场，C 为 S 上的一条曲线，s 为弧长参数，s 增加的方向与曲线本身方向一致. C 由

$$\varphi:(a,b)\to S\subset\mathbf{R}^3$$

确定. 于是

$$\varphi(s)=P(u(s),v(s)),$$

$u(s)$，$v(s)$为 s 的函数，称曲线有参数方程

$$\begin{cases}u=u(s),\\ v=v(s).\end{cases}$$

曲线 C 上各点处的单位切向量可以表示为

$$T(s)=\frac{\mathrm{d}\varphi(s)}{\mathrm{d}s}=\frac{\mathrm{d}u}{\mathrm{d}s}\frac{\partial P}{\partial u}+\frac{\mathrm{d}v}{\mathrm{d}s}\frac{\partial P}{\partial v}.$$

令 $e_1(s)=T(s)$，$e_2(s)=n(s)\times T(s)$，$e_3(s)=n(s)$，于是$\{\varphi(s);e_1(s),e_2(s),e_3(s)\}$是 C 上幺正活动标架(不一定是 Frenet 标架!). 因而有

$$\frac{\mathrm{d}\varphi(s)}{\mathrm{d}s}=e_1(s),$$

$$\frac{\mathrm{d}}{\mathrm{d}s}\begin{pmatrix}e_1(s)\\ e_2(s)\\ e_3(s)\end{pmatrix}=\begin{pmatrix}0&\kappa_g(s)&\kappa_n(s)\\ -\kappa_g(s)&0&\tau_g(s)\\ -\kappa_n(s)&-\tau_g(s)&0\end{pmatrix}\cdot\begin{pmatrix}e_1(s)\\ e_2(s)\\ e_3(s)\end{pmatrix},\tag{5.1.1}$$

$$\kappa_g(s)=\left\langle\frac{\mathrm{d}T(s)}{\mathrm{d}s},n(s)\times T(s)\right\rangle,$$

$$\kappa_n(s)=\left\langle\frac{\mathrm{d}T(s)}{\mathrm{d}s},n(s)\right\rangle,$$

$$\tau_g(s)=\left\langle\frac{\mathrm{d}(n\times T)(s)}{\mathrm{d}s},n(s)\right\rangle.$$

其中 $\kappa_n(s)$为 C 的法曲率函数，即 C 的曲率向量在 S 的法向量上的投影.

$\kappa_g(s)$为曲率向量在 S 的切平面上的投影.

定义 5.1.1 称 $\kappa_g(s)$为 C 的**测地曲率**,$\kappa_n(s)$为 C 的**法曲率**,$\tau_g(s)$为 C 的**测地挠率**.

我们知道若取新的弧长参数 s_1,并保持定向,则 $s_1=s+a$,此时 κ_g,κ_n,τ_g 不变.若取弧长参数 s^*,改变定向,此时 $s^*=-s+a$,于是

$$e_1^*=-e_1,e_2^*=-e_2,e_3^*=e_3,$$

$$\kappa_g^*=\left\langle\frac{de_1^*}{ds^*},e_2^*\right\rangle=\left\langle\frac{de_1}{ds},-e_2\right\rangle=-\kappa_g,$$

$$\kappa_n^*=\left\langle\frac{de_1^*}{ds^*},e_3^*\right\rangle=\left\langle\frac{de_1}{ds},e_3\right\rangle=\kappa_n,$$

$$\tau_g^*=\left\langle\frac{de_2^*}{ds^*},e_3^*\right\rangle=\left\langle\frac{de_2}{ds},e_3\right\rangle=\tau_g.$$

若 C 的参数不变,而改变 S 的定向,即取 $n^*=-n$,则有

$$e_1^*=e_1,\qquad e_2^*=-e_2,\qquad e_3^*=-e_3,$$

$$\kappa_g^*=-\kappa_g,\qquad \kappa_n^*=-\kappa_n,\qquad \tau_g^*=\tau_g.$$

对于 C 取定幺正标架$\{\varphi(s);e_1(s),e_2(s),e_3(s)\}$,其中 $e_3=n$,同时 C 上又有 Frenet 标架:$\{\varphi(s);T(s),N(s),B(s)\}$,其中 $T(s)=e_1(s)$.由于它们都是右手系(如图 5.1.1),故设 $\alpha=\angle(N,n)$,则有

$$\begin{pmatrix}T\\N\\B\end{pmatrix}=\begin{pmatrix}1&0&0\\0&\sin\alpha&\cos\alpha\\0&-\cos\alpha&\sin\alpha\end{pmatrix}\begin{pmatrix}e_1\\e_2\\e_3\end{pmatrix}.$$

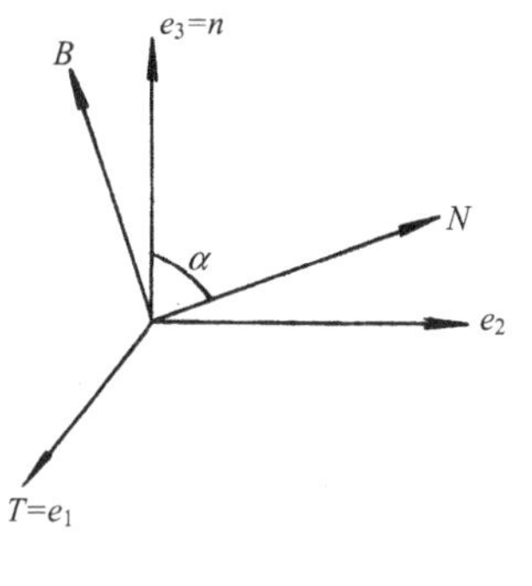

图 5.1.1

引理 5.1.1 设 κ,τ 分别为 C 的曲率与挠率,则有

$$\begin{cases}\kappa_n=\kappa\cos\alpha,\\ \kappa_g=\kappa\sin\alpha,\\ \tau_g=\tau+\dfrac{d\alpha}{ds},\end{cases}\qquad\begin{cases}\kappa=\sqrt{\kappa_n^2+\kappa_g^2},\\ \tau=\tau_g-\dfrac{d}{ds}\left(\arctan\dfrac{\kappa_g}{\kappa_n}\right).\end{cases}$$

证

$$\frac{d}{ds}\begin{pmatrix}T\\N\\B\end{pmatrix}=\begin{pmatrix}0&\kappa&0\\-\kappa&0&\tau\\0&-\tau&0\end{pmatrix}\begin{pmatrix}T\\N\\B\end{pmatrix}$$

$$=\begin{pmatrix}0&\kappa\sin\alpha&\kappa\cos\alpha\\-\kappa&-\tau\cos\alpha&\tau\sin\alpha\\0&-\tau\sin\alpha&-\tau\cos\alpha\end{pmatrix}\begin{pmatrix}e_1\\e_2\\e_3\end{pmatrix}.$$

另一方面，又有

$$\frac{\mathrm{d}}{\mathrm{d}s}\begin{pmatrix}T\\N\\B\end{pmatrix}=\left(\frac{\mathrm{d}\alpha}{\mathrm{d}s}\begin{pmatrix}0&0&0\\0&\cos\alpha&-\sin\alpha\\0&\sin\alpha&\cos\alpha\end{pmatrix}+\begin{pmatrix}1&0&0\\0&\sin\alpha&\cos\alpha\\0&-\cos\alpha&\sin\alpha\end{pmatrix}\right.$$

$$\left.\cdot\begin{pmatrix}0&\kappa_g(s)&\kappa_n(s)\\-\kappa_g(s)&0&\tau_g(s)\\-\kappa_n(s)&-\tau_g(s)&0\end{pmatrix}\right)\begin{pmatrix}e_1\\e_2\\e_3\end{pmatrix},$$

于是有

$$\begin{pmatrix}0&\kappa_g(s)&\kappa_n(s)\\-\kappa_g(s)&0&\tau_g(s)\\-\kappa_n(s)&-\tau_g(s)&0\end{pmatrix}=\begin{pmatrix}1&0&0\\0&\sin\alpha&-\cos\alpha\\0&\cos\alpha&\sin\alpha\end{pmatrix}$$

$$\cdot\left(\begin{pmatrix}0&\kappa\sin\alpha&\kappa\cos\alpha\\-\kappa&-\tau\cos\alpha&\tau\sin\alpha\\0&-\tau\sin\alpha&-\tau\cos\alpha\end{pmatrix}-\frac{\mathrm{d}\alpha}{\mathrm{d}s}\begin{pmatrix}0&0&0\\0&\cos\alpha&-\sin\alpha\\0&\sin\alpha&\cos\alpha\end{pmatrix}\right).$$

因而

$$\kappa_g(s)=\kappa\sin\alpha,$$

$$\kappa_n(s)=\kappa\cos\alpha,$$

$$\tau_g(s)=(0\quad\sin\alpha\quad-\cos\alpha)\cdot\left(\begin{pmatrix}\kappa\cos\alpha\\\tau\sin\alpha\\-\tau\cos\alpha\end{pmatrix}-\frac{\mathrm{d}\alpha}{\mathrm{d}s}\begin{pmatrix}0\\-\sin\alpha\\\cos\alpha\end{pmatrix}\right)$$

$$=\tau+\frac{\mathrm{d}\alpha}{\mathrm{d}s},$$

$$\kappa=\sqrt{\kappa_g^2+\kappa_n^2},$$

$$\tau=\tau_g-\frac{\mathrm{d}\alpha}{\mathrm{d}s}=\tau_g-\frac{\mathrm{d}}{\mathrm{d}s}\arctan\frac{\kappa_g}{\kappa_n}.$$

下面我们用外微分式来表示 κ_g，κ_n 与 τ_g.

引理 5.1.2　$P(u,v)$是 S 的正则参数表示，C：$P(t)=P(u(t),v(t))$是 S 上的一条曲线. 又设 $f(u,v)\in\wedge^0(S)$，$X(t)=\frac{\mathrm{d}P(t)}{\mathrm{d}t}$，则有

$$\mathrm{d}f(X)=\frac{\mathrm{d}}{\mathrm{d}t}f(u(t),v(t)).$$

证 我们知道 $X=\frac{\mathrm{d}u}{\mathrm{d}t}\frac{\partial P}{\partial u}+\frac{\mathrm{d}v}{\mathrm{d}t}\frac{\partial P}{\partial v}$,故

$$\mathrm{d}f(X)=Xf=\frac{\partial f}{\partial u}\frac{\mathrm{d}u}{\mathrm{d}t}+\frac{\partial f}{\partial v}\frac{\mathrm{d}v}{\mathrm{d}t}=\frac{\mathrm{d}}{\mathrm{d}t}f(u(t),v(t)).$$

在 S 上取右手幺正标架场 $\{P;e_1,e_2,e_3\}$, $e_3=n$,使得其限制恰为 $\{\varphi(s);e_1(s),e_2(s),e_3(s)\}$,于是有

$$\mathrm{d}\begin{pmatrix}e_1\\e_2\\e_3\end{pmatrix}=\begin{pmatrix}0&\omega_{12}&\omega_{13}\\-\omega_{12}&0&\omega_{23}\\-\omega_{13}&-\omega_{23}&0\end{pmatrix}\begin{pmatrix}e_1\\e_2\\e_3\end{pmatrix},$$

其中 $\omega_{12},\omega_{13},\omega_{23}$ 为一次微分式.

定理 5.1.1 设 C 为 S 上曲线,则

$$\kappa_g=\omega_{12}(T),\kappa_n=\omega_{13}(T),\tau_g=\omega_{23}(T).$$

证 因为

$$T(s)=\frac{\mathrm{d}u}{\mathrm{d}s}\frac{\partial P}{\partial u}+\frac{\mathrm{d}v}{\mathrm{d}s}\frac{\partial P}{\partial v},$$

$$\omega_{ij}=\left\langle\frac{\partial e_i}{\partial u},e_j\right\rangle\mathrm{d}u+\left\langle\frac{\partial e_i}{\partial v},e_j\right\rangle\mathrm{d}v,$$

于是

$$\begin{aligned}\omega_{ij}(T(s))&=\left\langle\frac{\partial e_i}{\partial u},e_j\right\rangle\mathrm{d}u(T(s))+\left\langle\frac{\partial e_i}{\partial v},e_j\right\rangle\mathrm{d}v(T(s))\\&=\left\langle\frac{\partial e_i}{\partial u},e_j\right\rangle\frac{\mathrm{d}u}{\mathrm{d}s}+\left\langle\frac{\partial e_i}{\partial v},e_j\right\rangle\frac{\mathrm{d}v}{\mathrm{d}s}=\left\langle\frac{\mathrm{d}e_i}{\mathrm{d}s},e_j\right\rangle.\end{aligned}$$

故

$$\kappa_g=\omega_{12}(T),\kappa_n=\omega_{13}(T),\tau_g=\omega_{23}(T).$$

定理 5.1.2(Meusnier 定理)

(1) $C_1,C_2\subset S$,且在 P_0 处相切,则

$$\kappa_n(C_1,P_0)=\kappa_n(C_2,P_0),$$
$$\tau_g(C_1,P_0)=\tau_g(C_2,P_0);$$

(2) $\kappa_n(T)=\mathrm{II}(T,T)/\mathrm{I}(T,T)$;

(3) $\tau_g(T)=\mathrm{II}(n\times T,T)$.

证

$$\mathrm{II}=a\omega_1^2+2b\omega_1\omega_2+c\omega_2^2,$$
$$\omega_{13}=a\omega_1+b\omega_2,$$
$$\omega_{23}=b\omega_1+c\omega_2,$$

因而

$$\omega_{13}(e_2)=\omega_{23}(e_1)=\tau_g,$$

$$\mathrm{II}=\omega_{13}\cdot\omega_1+\omega_{23}\cdot\omega_2.$$

于是

$$\mathrm{II}(e_1,e_1)=\omega_{13}(e_1),\omega_1(e_1)=\kappa_n,$$

$$\mathrm{I}(e_1,e_1)=1.$$

故

$$\kappa_n(T)=\mathrm{II}(T,T)/\mathrm{I}(T,T),$$

$$\begin{aligned}\mathrm{II}(e_2,e_1)&=(\omega_{13}\cdot\omega_1)(e_2,e_1)+(\omega_{23}\cdot\omega_2)(e_2,e_1)\\&=\frac{1}{2}(\omega_{13}(e_2)\omega_1(e_1)+\omega_{13}(e_1)\omega_1(e_2))\\&\quad+\frac{1}{2}(\omega_{23}(e_1)\omega_2(e_1)+\omega_{23}(e_1)\omega_2(e_2))=\tau_g.\end{aligned}$$

故

$$\tau_g=\mathrm{II}(n\times T,T)/\mathrm{I}(T,T).$$

定义 5.1.2　X 是 S 上切向量，则称

$$\tau_g(X)=\mathrm{II}(n\times X,X)/\mathrm{I}(X,X)$$

为**测地挠率函数**.

显然，$\lambda\neq0$，有 $\tau_g(\lambda X)=\tau_g(X)$.

下面给出 κ_n 与 τ_g 在自然标架 $\left\{P;\frac{\partial P}{\partial u},\frac{\partial P}{\partial v},n\right\}$ 下的表达式.

定理 5.1.3　设 $\left\{\frac{\partial P}{\partial u},\frac{\partial P}{\partial v},n\right\}$ 为右手标架，又

$$\mathrm{I}=E\mathrm{d}u^2+2F\mathrm{d}u\mathrm{d}v+G\mathrm{d}v^2,$$

$$\mathrm{II}=L\mathrm{d}u^2+2M\mathrm{d}u\mathrm{d}v+N\mathrm{d}v^2,$$

$$T=x\frac{\partial P}{\partial u}+y\frac{\partial P}{\partial v},\langle T,T\rangle=1.$$

则有

$$\kappa_n(T)=Lx^2+2Mxy+Ny^2,$$

$$\tau_g(T)=\frac{1}{\sqrt{EG-F^2}}\begin{vmatrix}y^2&-xy&x^2\\E&F&G\\L&M&N\end{vmatrix}.$$

证

$$\kappa_n(T)=\mathrm{II}(T,T)=Lx^2+2Mxy+Ny^2,$$

$$n\times T=\frac{1}{\left|\frac{\partial P}{\partial u}\times\frac{\partial P}{\partial v}\right|}\left(\frac{\partial P}{\partial u}\times\frac{\partial P}{\partial v}\right)\times T,$$

$$\left|\frac{\partial P}{\partial u}\times\frac{\partial P}{\partial v}\right|^2=\left\langle\frac{\partial P}{\partial u},\frac{\partial P}{\partial u}\right\rangle\left\langle\frac{\partial P}{\partial v},\frac{\partial P}{\partial v}\right\rangle-\left\langle\frac{\partial P}{\partial u},\frac{\partial P}{\partial v}\right\rangle^2=EG-F^2,$$

$$e_2=n\times T=\frac{1}{\sqrt{EG-F^2}}\left(\frac{\partial P}{\partial u}\times\frac{\partial P}{\partial v}\right)\times\left(x\frac{\partial P}{\partial u}+y\frac{\partial P}{\partial v}\right).$$

又从

$$\begin{pmatrix}\frac{\partial P}{\partial u}\\ \frac{\partial P}{\partial v}\end{pmatrix}=\begin{pmatrix}\left\langle\frac{\partial P}{\partial u},e_1\right\rangle & \left\langle\frac{\partial P}{\partial u},e_2\right\rangle\\ \left\langle\frac{\partial P}{\partial v},e_1\right\rangle & \left\langle\frac{\partial P}{\partial v},e_2\right\rangle\end{pmatrix}\begin{pmatrix}e_1\\ e_2\end{pmatrix}$$

得

$$\begin{aligned}&\left(\left\langle\frac{\partial P}{\partial u},e_1\right\rangle\left\langle\frac{\partial P}{\partial v},e_2\right\rangle-\left\langle\frac{\partial P}{\partial u},e_2\right\rangle\left\langle\frac{\partial P}{\partial v},e_1\right\rangle\right)e_2\\ &=\left\langle\frac{\partial P}{\partial u},e_1\right\rangle\frac{\partial P}{\partial v}-\left\langle\frac{\partial P}{\partial v},e_1\right\rangle\frac{\partial P}{\partial u}.\end{aligned}$$

而

$$\begin{pmatrix}\frac{\partial P}{\partial u}\\ \frac{\partial P}{\partial v}\end{pmatrix}\left(\frac{\partial P}{\partial u},\frac{\partial P}{\partial v}\right)=\begin{pmatrix}E & F\\ F & G\end{pmatrix},$$

即

$$\begin{pmatrix}\left\langle\frac{\partial P}{\partial u},e_1\right\rangle & \left\langle\frac{\partial P}{\partial u},e_2\right\rangle\\ \left\langle\frac{\partial P}{\partial v},e_1\right\rangle & \left\langle\frac{\partial P}{\partial v},e_2\right\rangle\end{pmatrix}\begin{pmatrix}\left\langle\frac{\partial P}{\partial u},e_1\right\rangle & \left\langle\frac{\partial P}{\partial v},e_1\right\rangle\\ \left\langle\frac{\partial P}{\partial u},e_2\right\rangle & \left\langle\frac{\partial P}{\partial u},e_2\right\rangle\end{pmatrix}=\begin{pmatrix}E & F\\ F & G\end{pmatrix}.$$

故

$$\left\langle\frac{\partial P}{\partial u},e_1\right\rangle\left\langle\frac{\partial P}{\partial v},e_2\right\rangle-\left\langle\frac{\partial P}{\partial u},e_2\right\rangle\left\langle\frac{\partial P}{\partial v},e_1\right\rangle=\sqrt{EG-F^2}.$$

故有

$$n\times T=\frac{1}{\sqrt{EG-F^2}}\left\{\left\langle\frac{\partial P}{\partial u},T\right\rangle\frac{\partial P}{\partial v}-\left\langle\frac{\partial P}{\partial v},T\right\rangle\frac{\partial P}{\partial u}\right\}$$

$$= \frac{1}{\sqrt{EG-F^2}}\left\{-(xF+yG)\frac{\partial P}{\partial u}+(xE+yF)\frac{\partial P}{\partial v}\right\}.$$

故

$$\begin{aligned}
&\mathrm{II}(n\times T, T)\\
&= \frac{1}{\sqrt{EG-F^2}}\{-(xF+yG)xL+(xE+yF)xM\\
&\quad -(xF+yG)yM+(xE+yF)yN\}\\
&= \frac{1}{\sqrt{EG-F^2}}\{x^2(EM-FL)+xy(EN-GL)\\
&\quad +y^2(FN-GM)\}\\
&= \frac{1}{\sqrt{EG-F^2}}\begin{vmatrix} y^2 & -xy & x^2 \\ E & F & G \\ L & M & N \end{vmatrix}.
\end{aligned}$$

定理 5.1.4(Euler 公式)　设 e_1, e_2 为主方向,对应主曲率为 κ_1, κ_2. 又 $\{e_1, e_2, n\}$ 为右手标架,

$$T = \cos\theta e_1 + \sin\theta e_2,$$

则

$$\kappa_n(T) = \kappa_1\cos^2\theta + \kappa_2\sin^2\theta,$$

$$\tau_g(T) = \frac{\kappa_2-\kappa_1}{2}\sin 2\theta.$$

证　第一个公式已证明过. 由

$$n\times e_1 = e_2, \qquad n\times e_2 = -e_1$$

知

$$n\times T = \cos\theta e_2 - \sin\theta e_1,$$

$$\begin{aligned}
\tau_g(T) &= \mathrm{II}(n\times T, T) = \mathrm{I}(\cos\theta e_2 - \sin\theta e_1, WT)\\
&= \mathrm{I}(\cos\theta e_2 - \sin\theta e_1, \kappa_1\cos\theta e_1 + \kappa_2\sin\theta e_2)\\
&= \frac{\kappa_2-\kappa_1}{2}\sin 2\theta.
\end{aligned}$$

从这个定理可以得到

$$\min(\kappa_1, \kappa_2) \leqslant \kappa_n \leqslant \max(\kappa_1, \kappa_2),$$

$$-\frac{1}{2}|\kappa_1-\kappa_2| \leqslant \tau_g \leqslant \frac{1}{2}|\kappa_1-\kappa_2|.$$

下面转而讨论 κ_g. 而我们只要能计算出 ω_{12} 即可得. 两条曲线若在某点相

切,这两条曲线的测地曲率未必相等.这是与法曲率、测地挠率不一样的地方.我们在相对简单的情况:(u,v)为正交参数,即$\left\langle \frac{\partial P}{\partial u},\frac{\partial P}{\partial v}\right\rangle=0$的情形下来计算.

C是S中曲线,有标架$\{P;e_1,e_2,e_3\}$,其中e_1为C的切向量,$e_1=T$,$e_3=n$,对应有一次微分式$\omega_1,\omega_2,\omega_{ij}$.

$\left\langle \frac{\partial P}{\partial u},\frac{\partial P}{\partial v}\right\rangle=0$,故$S$有幺正标架

$$\left\{P;\frac{\partial P}{\partial u}\Big/\sqrt{E},\frac{\partial P}{\partial v}\Big/\sqrt{G},n\right\}=\{P;\delta_1,\delta_2,\delta_3\}.$$

不妨假定这也是右手系(如图 5.1.2).设

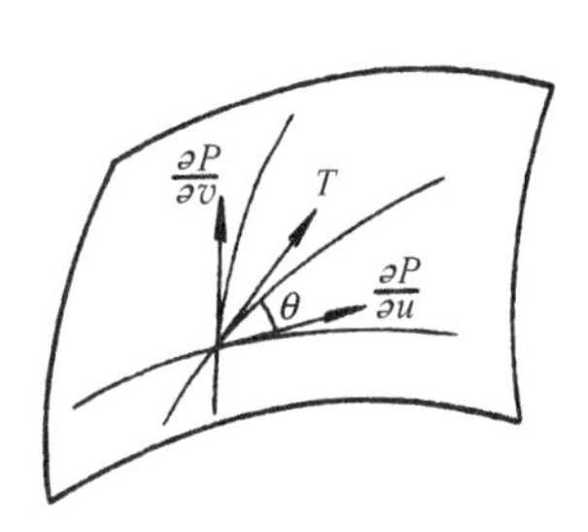

图 5.1.2

$$\theta=\angle\left(\frac{\partial P}{\partial u},T\right),$$

于是有

$$\begin{pmatrix}e_1\\e_2\end{pmatrix}=\begin{pmatrix}\cos\theta & \sin\theta\\-\sin\theta & \cos\theta\end{pmatrix}\begin{pmatrix}\delta_1\\\delta_2\end{pmatrix},$$

$$\mathrm{d}P=(\mathrm{d}u,\mathrm{d}v)\begin{pmatrix}\frac{\partial P}{\partial u}\\\frac{\partial P}{\partial v}\end{pmatrix}=(\sqrt{E}\mathrm{d}u,\sqrt{G}\mathrm{d}v)\begin{pmatrix}\delta_1\\\delta_2\end{pmatrix}$$

$$=(\sqrt{E}\mathrm{d}u,\sqrt{G}\mathrm{d}v)\begin{pmatrix}\cos\theta & -\sin\theta\\\sin\theta & \cos\theta\end{pmatrix}\begin{pmatrix}e_1\\e_2\end{pmatrix}$$

$$=(\omega_1,\omega_2)\begin{pmatrix}e_1\\e_2\end{pmatrix}.$$

因而

$$\begin{pmatrix}\omega_1\\\omega_2\end{pmatrix}=\begin{pmatrix}\cos\theta & \sin\theta\\-\sin\theta & \cos\theta\end{pmatrix}\begin{pmatrix}\sqrt{E}\mathrm{d}u\\\sqrt{G}\mathrm{d}v\end{pmatrix}.$$

引理 5.1.3 在曲面S上选取正交参数(u,v),C为有向曲线,则

$$\omega_{12}=\mathrm{d}\theta+\frac{(\sqrt{G})_u}{\sqrt{E}}\mathrm{d}v-\frac{(\sqrt{E})_v}{\sqrt{G}}\mathrm{d}u. \tag{5.1.2}$$

证

$$\mathrm{d}\begin{pmatrix}\omega_1\\\omega_2\end{pmatrix}=\begin{pmatrix}0 & \omega_{12}\\-\omega_{12} & 0\end{pmatrix}\wedge\begin{pmatrix}\omega_1\\\omega_2\end{pmatrix},$$

则

$$\begin{cases} d\omega_1 = \omega_{12} \wedge \omega_2, \\ d\omega_2 = -\omega_{12} \wedge \omega_1. \end{cases}$$

设

$$\omega_{12} = \alpha\omega_1 + \beta\omega_2,$$

则

$$d\omega_1 = \alpha\omega_1 \wedge \omega_2,$$
$$d\omega_2 = \beta\omega_1 \wedge \omega_2.$$

若

$$\omega = \alpha_1\omega_1 + \beta_1\omega_2,$$

使得

$$d\omega_1 = \omega \wedge \omega_2,$$
$$d\omega_2 = -\omega \wedge \omega_1,$$

则

$$d\omega_1 = \alpha_1\omega_1 \wedge \omega_2,$$
$$d\omega_2 = \beta_1\omega_1 \wedge \omega_2.$$

故

$$\omega = \omega_{12}.$$

令(5.1.2)式的右边为 ω，只要证明

$$d\begin{pmatrix} \omega_1 \\ \omega_2 \end{pmatrix} = \begin{pmatrix} 0 & \omega \\ -\omega & 0 \end{pmatrix} \wedge \begin{pmatrix} \omega_1 \\ \omega_2 \end{pmatrix}.$$

$$\begin{aligned} d\begin{pmatrix} \omega_1 \\ \omega_2 \end{pmatrix} &= \begin{pmatrix} -\sin\theta & \cos\theta \\ -\cos\theta & -\sin\theta \end{pmatrix} d\theta \wedge \begin{pmatrix} \sqrt{E}du \\ \sqrt{G}dv \end{pmatrix} \\ &\quad + \begin{pmatrix} \cos\theta & \sin\theta \\ -\sin\theta & \cos\theta \end{pmatrix} \begin{pmatrix} -(\sqrt{E})_v du \wedge dv \\ (\sqrt{G})_u du \wedge dv \end{pmatrix} \\ &= \begin{pmatrix} -\sin\theta & \cos\theta \\ -\cos\theta & -\sin\theta \end{pmatrix} d\theta \wedge \begin{pmatrix} \cos\theta & -\sin\theta \\ \sin\theta & \cos\theta \end{pmatrix} \begin{pmatrix} \omega_1 \\ \omega_2 \end{pmatrix} \\ &\quad + \begin{pmatrix} \cos\theta & \sin\theta \\ -\sin\theta & \cos\theta \end{pmatrix} \begin{pmatrix} 0 & \omega - d\theta \\ -(\omega - d\theta) & 0 \end{pmatrix} \wedge \begin{pmatrix} \sqrt{E}du \\ \sqrt{G}dv \end{pmatrix} \\ &= \begin{pmatrix} 0 & d\theta \\ -d\theta & 0 \end{pmatrix} \wedge \begin{pmatrix} \omega_1 \\ \omega_2 \end{pmatrix} + \begin{pmatrix} \cos\theta & \sin\theta \\ -\sin\theta & \cos\theta \end{pmatrix} \begin{pmatrix} 0 & \omega - d\theta \\ -(\omega - d\theta) & 0 \end{pmatrix} \end{aligned}$$

$$\wedge \begin{pmatrix} \cos\theta & -\sin\theta \\ \sin\theta & \cos\theta \end{pmatrix} \begin{pmatrix} \omega_1 \\ \omega_2 \end{pmatrix}$$

$$= \begin{pmatrix} 0 & \omega \\ -\omega & 0 \end{pmatrix} \wedge \begin{pmatrix} \omega_1 \\ \omega_2 \end{pmatrix},$$

故

$$\omega_{12} = d\theta + \frac{(\sqrt{G})_u}{\sqrt{E}} dv - \frac{(\sqrt{E})_v}{\sqrt{G}} du.$$

定理 5.1.5(Liouville 公式) 对正交参数(u,v),C的有向曲线,则测地曲率适合下列公式

$$\kappa_g = \frac{d\theta}{ds} - \frac{\cos\theta}{2\sqrt{G}} \frac{\partial \ln E}{\partial v} + \frac{\sin\theta}{2\sqrt{E}} \frac{\partial \ln G}{\partial u},$$

θ为曲线与u线交角. 而且,C的弧长参数为s,表示为$u(s)$,$v(s)$,

$$\begin{cases} \dfrac{du}{ds} = \dfrac{\cos\theta}{\sqrt{E}}, \\ \dfrac{dv}{ds} = \dfrac{\sin\theta}{\sqrt{G}}. \end{cases}$$

证

$$T = \cos\theta\delta_1 + \sin\theta\delta_2 = \frac{\cos\theta}{\sqrt{E}} \frac{\partial P}{\partial u} + \frac{\sin\theta}{\sqrt{G}} \frac{\partial P}{\partial v}$$

$$= \frac{du}{ds} \frac{\partial P}{\partial u} + \frac{dv}{ds} \frac{\partial P}{\partial v},$$

于是

$$\begin{cases} \dfrac{du}{ds} = \dfrac{\cos\theta}{\sqrt{E}}, \\ \dfrac{dv}{ds} = \dfrac{\sin\theta}{\sqrt{G}}. \end{cases}$$

由于

$$T = \frac{\cos\theta}{\sqrt{E}} \frac{\partial}{\partial u} + \frac{\sin\theta}{\sqrt{G}} \frac{\partial}{\partial v},$$

故

$$T = \frac{du}{ds} \frac{\partial P}{\partial u} + \frac{dv}{ds} \frac{\partial P}{\partial v} = \frac{du}{ds} \frac{\partial}{\partial u} + \frac{dv}{ds} \frac{\partial}{\partial v} = \frac{d}{ds}.$$

$$\omega_{12}(T) = d\theta(T) + \frac{(\sqrt{G})_u}{\sqrt{E}} dv(T) - \frac{(\sqrt{E})_v}{\sqrt{G}} du(T)$$

$$= \frac{\mathrm{d}\theta}{\mathrm{d}s} + \frac{(\sqrt{G})_u}{\sqrt{E}}\frac{\mathrm{d}v}{\mathrm{d}s} - \frac{(\sqrt{E})_v}{\sqrt{G}}\frac{\mathrm{d}u}{\mathrm{d}s}$$

$$= \frac{\mathrm{d}\theta}{\mathrm{d}s} + \frac{(\sqrt{G})_u}{\sqrt{E}}\frac{\sin\theta}{\sqrt{G}} - \frac{(\sqrt{E})_v}{\sqrt{G}}\frac{\cos\theta}{\sqrt{E}}$$

$$= \frac{\mathrm{d}\theta}{\mathrm{d}s} + \frac{\sin\theta}{2\sqrt{E}}\frac{\partial \ln G}{\partial u} - \frac{\cos\theta}{2\sqrt{G}}\frac{\partial \ln E}{\partial v}.$$

5.2　曲面上的特殊曲线

设 C 是曲面 S 上的曲线.

若 C 在每点的切向量均为该点的渐近方向,即 $\kappa_n(C')=0$,则称 C 为 S 的**渐近线**.

而曲面在 P 有渐近方向的充要条件是

$$\det\begin{pmatrix} L & M \\ M & N \end{pmatrix} \leqslant 0.$$

若 C 在每点的切方向均为该点的主方向,即 $\kappa_n(C')=\kappa_1$ 或 κ_2,则称 C 为 S 的**曲率线**.

若 C 上处处有 $\kappa_g=0$,则称 C 为**测地线**.

例 5.2.1　设 C 为 S 上的曲线,单位切向量场为 T,n 为 S 的单位法向量场,则下列条件等价:

(1) C 是测地线,即 $\kappa_g=0$;

(2) $\left\langle \frac{\mathrm{d}T}{\mathrm{d}s}, n\times T \right\rangle=0$;

(3) $\left\langle \frac{\mathrm{d}}{\mathrm{d}s}(n\times T), T \right\rangle=0$;

(4) $\frac{\mathrm{d}T}{\mathrm{d}s}=\kappa_n n$;

(5) $\frac{\mathrm{d}T}{\mathrm{d}s} \parallel n$;

(6) $\frac{\mathrm{d}}{\mathrm{d}s}(n\times T)=\tau_g n$;

(7) $\frac{\mathrm{d}}{\mathrm{d}s}(n\times T) \parallel n$.

这实际上由公式

$$\frac{\mathrm{d}}{\mathrm{d}s}\begin{pmatrix} T \\ n\times T \\ n \end{pmatrix}=\begin{pmatrix} 0 & \kappa_g & \kappa_n \\ -\kappa_g & 0 & \tau_g \\ -\kappa_n & -\tau_g & 0 \end{pmatrix}\begin{pmatrix} T \\ n\times T \\ n \end{pmatrix}$$

即可得到.

例 5.2.2 C 为 S 上的曲线,则下列条件等价:

(1) C 是 S 的渐近线,即 $\kappa_n=0$;

(2) $\left\langle \frac{\mathrm{d}T}{\mathrm{d}s},n \right\rangle=0$;

(3) $\left\langle \frac{\mathrm{d}n}{\mathrm{d}s},T \right\rangle=0$;

(4) $\frac{\mathrm{d}T}{\mathrm{d}s}=\kappa_g n\times T$;

(5) $\frac{\mathrm{d}T}{\mathrm{d}s}\parallel n\times T$;

(6) $\frac{\mathrm{d}n}{\mathrm{d}s}=-\tau_g n\times T$;

(7) $\frac{\mathrm{d}n}{\mathrm{d}s}\parallel n\times T$.

例 5.2.3 C 为 S 上的曲线,则下列条件等价:

(1) C 是曲率线;

(2) $\begin{vmatrix} \left(\frac{\mathrm{d}v}{\mathrm{d}s}\right)^2 & -\left(\frac{\mathrm{d}u}{\mathrm{d}s}\right)\left(\frac{\mathrm{d}v}{\mathrm{d}s}\right) & \left(\frac{\mathrm{d}u}{\mathrm{d}s}\right)^2 \\ E & F & G \\ L & M & N \end{vmatrix}=0$;

(3) $\tau_g=0$;

(4) $\left\langle \frac{\mathrm{d}}{\mathrm{d}s}(n\times T),n \right\rangle=0$;

(5) $\frac{\mathrm{d}}{\mathrm{d}s}(n\times T)=-\kappa_g T$;

(6) $\frac{\mathrm{d}}{\mathrm{d}s}(n\times T)\parallel T$;

(7) $\frac{\mathrm{d}n}{\mathrm{d}s}=-\kappa_n T$;

(8) $\left\langle \frac{\mathrm{d}n}{\mathrm{d}s},n\times T \right\rangle=0$;

(9) $\frac{\mathrm{d}n}{\mathrm{d}s}\parallel T$.

事实上，C 为曲线率，即$\frac{\mathrm{d}u}{\mathrm{d}s}\frac{\partial P}{\partial u}+\frac{\mathrm{d}v}{\mathrm{d}s}\frac{\partial P}{\partial v}$为主方向. 由推论 3.5.3 知当且仅当

$$\begin{vmatrix} E\frac{\mathrm{d}u}{\mathrm{d}s}+F\frac{\mathrm{d}v}{\mathrm{d}s} & L\frac{\mathrm{d}u}{\mathrm{d}s}+M\frac{\mathrm{d}v}{\mathrm{d}s} \\ F\frac{\mathrm{d}u}{\mathrm{d}s}+G\frac{\mathrm{d}v}{\mathrm{d}s} & M\frac{\mathrm{d}u}{\mathrm{d}s}+N\frac{\mathrm{d}v}{\mathrm{d}s} \end{vmatrix}=0.$$

即有

$$\left(\frac{\mathrm{d}u}{\mathrm{d}s}\right)^2(EM-FL)+\frac{\mathrm{d}u}{\mathrm{d}s}\frac{\mathrm{d}v}{\mathrm{d}s}(EN-GL)+\left(\frac{\mathrm{d}v}{\mathrm{d}s}\right)^2(FN-GM)=0.$$

写成矩阵形式即

$$\begin{vmatrix} \left(\frac{\mathrm{d}v}{\mathrm{d}s}\right)^2 & -\frac{\mathrm{d}u}{\mathrm{d}s}\frac{\mathrm{d}v}{\mathrm{d}s} & \left(\frac{\mathrm{d}u}{\mathrm{d}s}\right)^2 \\ E & F & G \\ L & M & N \end{vmatrix}=0,$$

即(1)与(2)等价. 由定理 5.1.3 知

$$\tau_g=\frac{1}{\sqrt{EG-F^2}}\begin{vmatrix} \left(\frac{\mathrm{d}v}{\mathrm{d}s}\right)^2 & -\frac{\mathrm{d}u}{\mathrm{d}s}\frac{\mathrm{d}v}{\mathrm{d}s} & \left(\frac{\mathrm{d}u}{\mathrm{d}s}\right)^2 \\ E & F & G \\ L & M & N \end{vmatrix},$$

故(2)与(3)等价. 其余等价条件由(5.1.1)得出.

定理 5.2.1(Rodriques 定理)　S 上的曲线 $\varphi(s)$ 是曲率线的充要条件是存在 $\lambda(s)$，使得

$$\frac{\mathrm{d}n}{\mathrm{d}s}=-\lambda(s)\frac{\mathrm{d}\varphi}{\mathrm{d}s},$$

而且，$\lambda(s)$ 恰是相应点处的主曲率.

证

$$\frac{\mathrm{d}\varphi}{\mathrm{d}s}=\frac{\mathrm{d}u}{\mathrm{d}s}\frac{\partial P}{\partial u}+\frac{\mathrm{d}v}{\mathrm{d}s}\frac{\partial P}{\partial v},$$

故

$$W\left(\frac{\mathrm{d}\varphi}{\mathrm{d}s}\right)=-\frac{\mathrm{d}u}{\mathrm{d}s}\frac{\partial n}{\partial u}-\frac{\mathrm{d}v}{\mathrm{d}s}\frac{\partial n}{\partial v}=-\frac{\mathrm{d}n}{\mathrm{d}s}=\lambda(s)\frac{\mathrm{d}\varphi}{\mathrm{d}s},$$

故$\frac{\mathrm{d}\varphi}{\mathrm{d}s}$是 W 的属于 $\lambda(s)$ 的特征向量，即为主方向，$\lambda(s)$ 为主曲率，$\varphi(s)$ 为曲率线.

例 5.2.4 $C\subset S$,是曲率不为零的曲线段.若 C 是测地线或渐近线,则 $\tau_g=\tau$.

事实上,有

$$\kappa_g=\kappa\sin\alpha,\quad \kappa_n=\kappa\cos\alpha,\quad \alpha=\angle(N,n).$$

由 $\kappa\neq 0$,故有 $\alpha=\frac{\pi}{2}$ 或 0,故 $\frac{\mathrm{d}\alpha}{\mathrm{d}s}=0$,$\tau=\tau_g$.

例 5.2.5 C 是测地线,则 $\kappa=|\kappa_n|$.

事实上,由 $\kappa_g=0$,有

$$\kappa N=\frac{\mathrm{d}T}{\mathrm{d}s}=\kappa_n n,$$

于是

$$\kappa=|\kappa_n|.$$

例 5.2.6 φ_1,φ_2 是两条相交的渐近线(交点一定是双曲点).则在交点处

$$\tau_g(\varphi_1)=\sqrt{-K},\quad \tau_g(\varphi_2)=-\sqrt{-K}.$$

其中 K 为 Gauss 曲率.

事实上,设 κ_1,κ_2 为主曲率,对应主方向为 e_1,e_2.又 φ_i 为渐近线,因而

$$\begin{aligned}0&=\kappa_1\cos^2\theta_i+\kappa_2\sin^2\theta_i\\&=\kappa_1\cdot\frac{1}{2}(1+\cos2\theta_i)+\kappa_2\cdot\frac{1}{2}(1-\cos2\theta_i)\\&=\frac{\kappa_2+\kappa_1}{2}+\frac{\kappa_1-\kappa_2}{2}\cos2\theta_i.\end{aligned}$$

故有

$$\cos2\theta_i=(\kappa_1+\kappa_2)/(\kappa_2-\kappa_1),$$

$$\begin{aligned}\tau_g(\varphi_i)^2&=\left(\frac{\kappa_2-\kappa_1}{2}\right)^2\sin^2 2\theta_i=\left(\frac{\kappa_2-\kappa_1}{2}\right)^2(1-\cos^2 2\theta_i)\\&=-\kappa_1\kappa_2=-K.\end{aligned}$$

若 $\tau_g(\varphi_1)=\tau_g(\varphi_2)$,则

$$\sin2\theta_1=\sin2\theta_2,$$

$$\cos2\theta_1=\cos2\theta_2=\frac{\kappa_1+\kappa_2}{\kappa_2-\kappa_1}.$$

故

$$2\theta_1=2\theta_2+2m\pi,\qquad m\in Z.$$

即 φ_1 与 φ_2 重合，矛盾. 于是有

定理 5.2.2(Enneper 定理)　S 上两条曲率不为零、彼此不同的渐近线，在交点处它们的测地挠率分别为 $\sqrt{-K}$ 和 $-\sqrt{-K}$.

例 5.2.7　在不含脐点的曲面上参数曲线网是曲率线网当且仅当 $F=M=0$.

事实上，

$$W\frac{\partial P}{\partial u}=\kappa_1\frac{\partial P}{\partial u},$$

$$W\frac{\partial P}{\partial v}=\kappa_2\frac{\partial P}{\partial v},$$

则

$$\left\langle\frac{\partial P}{\partial u},\frac{\partial P}{\partial v}\right\rangle=0,$$

$$\left\langle\frac{\partial n}{\partial u},\frac{\partial P}{\partial v}\right\rangle=\left\langle -W\frac{\partial P}{\partial u},\frac{\partial P}{\partial v}\right\rangle=\left\langle -\kappa_1\frac{\partial P}{\partial u},\frac{\partial P}{\partial v}\right\rangle=0.$$

即

$$F=M=0.$$

反之，v 固定，曲线 $P(u,v)$ 的切向量为 $\frac{\partial P}{\partial u}$，于是 $\left|\frac{\partial P}{\partial u}\cdot\frac{\mathrm{d}u}{\mathrm{d}s}\right|=1$，知 $\frac{\mathrm{d}u}{\mathrm{d}s}=\frac{\pm 1}{\sqrt{E}}$. 因而对固定的 u_0,v_0，有

$$\tau_g(P(u_0,v))=\begin{vmatrix}0 & 0 & \frac{1}{E}\\ E & 0 & G\\ L & 0 & N\end{vmatrix}=0,$$

$$\tau_g(P(u,v_0))=\begin{vmatrix}\frac{1}{G} & 0 & 0\\ E & 0 & G\\ L & 0 & N\end{vmatrix}=0.$$

故参数曲线为曲率线.

例 5.2.8　光滑曲面上的自由质点(除约束力外，不受其他外力)的运动轨迹是测地线.

其运动轨迹为

$$P(t)=P(u(t),v(t)).$$

因为受力即约束力

$$F = m\frac{\mathrm{d}^2 P(t)}{\mathrm{d}t^2}$$

恰为加速度方向，即 $P(t)$的主法线方向. 约束力方向为曲面的法方向. 故 $\alpha=0$，于是 $\kappa_g=\kappa\sin\alpha=0$，$P(t)$为测地线.

例 5.2.9 紧绷在曲面上的弹性绳的位置曲线必是测地线.

因为约束力的方向是法方向，绳的张力的合力在密切平面内. 绳处于平衡位置表明约束力与张力的合力共线，故 $\alpha=0$，$\kappa_g=0$，为测地线.

5.3 Gauss-Bonnet 公式

Gauss-Bonnet 公式是曲面整体性质的一个很好的结果. 实际上这是平面上多边形外角和公式的推广.

为此我们需要将转角的概念推广到分段光滑的曲线上. 先看平面曲线.

设 $\boldsymbol{C}$ 是平面上的有向曲线(如图 5.3.1). $A\in \boldsymbol{C}$ 将其分为两段. 前一段记为 $\boldsymbol{C}^-$，后一段记为 $\boldsymbol{C}^+$. 它们在 A 的单位切向量分别为 $\boldsymbol{C}_A^-$，$\boldsymbol{C}_A^+$. 从 $\boldsymbol{C}_A^-$ 到 $\boldsymbol{C}_A^+$ 的有向角$\angle(\boldsymbol{C}_A^-,\boldsymbol{C}_A^+)$，取角度 $\alpha_A(\boldsymbol{C})$使得 $\alpha_A(\boldsymbol{C})\in(-\pi,\pi)$.

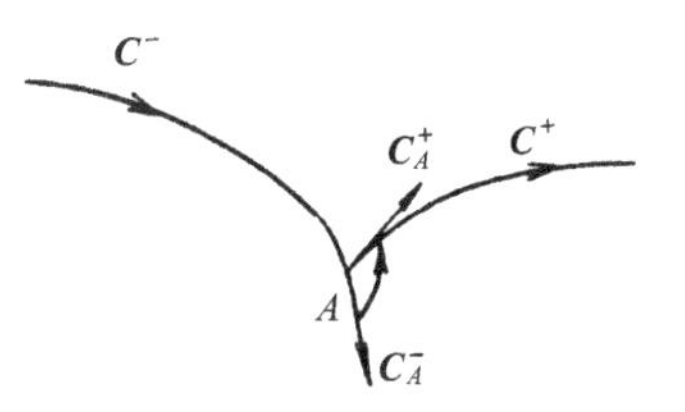

图 5.3.1

如果 $\boldsymbol{C}$ 在 A 光滑(可微)，则 $\alpha_A(\boldsymbol{C})=0$. 如果 $\boldsymbol{C}$ 是平面上一条分段光滑的有向闭曲线，则可定义

$$\alpha(\boldsymbol{C}) = \sum_{A\in \boldsymbol{C}}\alpha_A(\boldsymbol{C}),$$

称其为 $\boldsymbol{C}$ 的**转角**.

例 5.3.1 $\boldsymbol{C}$ 为$\triangle ABC$，则 $\alpha(\boldsymbol{C})=2\pi$.

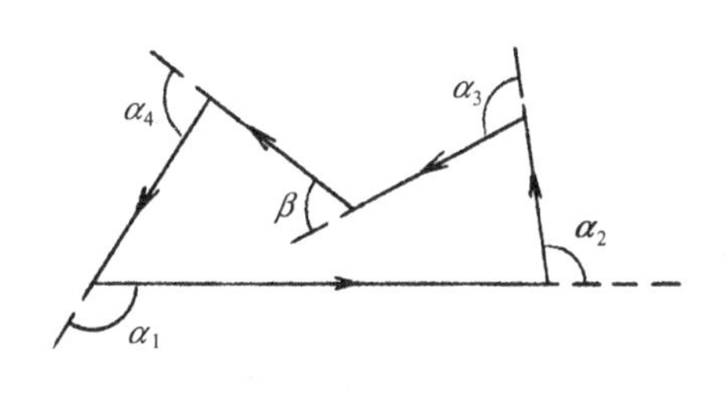

图 5.3.2

例 5.3.2 $\boldsymbol{C}$ 如图 5.3.2 所示，则 $\alpha(\boldsymbol{C})=\alpha_1+\alpha_2+\alpha_3+\alpha_4-\beta=2\pi$.

例 5.3.3 $\boldsymbol{C}$ 是平面上自身不相交的有向闭折线($\boldsymbol{C}$ 围成一个多边形)，D 是$\boldsymbol{C}$ 包围的有界区域. 当沿 $\boldsymbol{C}$ 行走时，D 在左侧，则 $\alpha(\boldsymbol{C})=2\pi$.

例 5.3.4 $\boldsymbol{C}$ 是平面上分段光滑的有向闭曲线. 令$-\boldsymbol{C}$ 是$\boldsymbol{C}$ 的反向曲线. 则 $\alpha(-\boldsymbol{C})=-\alpha(\boldsymbol{C})$.

对于曲面 S 上的有向曲线 $\boldsymbol{C}$，对 $A\in\boldsymbol{C}$，同样可得到有向角$\angle(\boldsymbol{C}_A^-,\boldsymbol{C}_A^+)$. 由于 $\mathbf{R}^3$ 中没有“有向角度”的概念，故我们确定 $\alpha_A(\boldsymbol{C})$需要一些技术上的处理. 设 n 是 S 上单位法向量场，令 $\alpha_A(\boldsymbol{C})$满足下列条件：

$$\begin{cases}\boldsymbol{C}_A^+ = \cos\alpha_A(\boldsymbol{C})\cdot\boldsymbol{C}_A^- + \sin\alpha_A(\boldsymbol{C})(n\times\boldsymbol{C}_A^-),\\ \alpha_A(\boldsymbol{C})\in(-\pi,\pi),\end{cases}$$

即 $\alpha_A(\boldsymbol{C})$的确定如图 5.3.3.

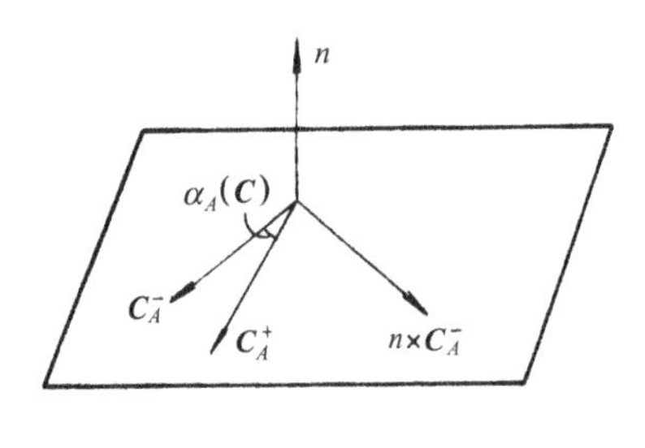

图 5.3.3

显然，如果 $\boldsymbol{C}$ 在 A 处可微，则有$\boldsymbol{C}_A^-=\boldsymbol{C}_A^+$. 因而有 $\alpha_A(\boldsymbol{C})=0$.

这样的刻画，是在 $\boldsymbol{C}$ 上确定了一个标架场$\{\boldsymbol{C}_A^-,n\times\boldsymbol{C}_A^-,n\}$，处理起来有一定困难，不能反映出与曲面 S 的参数之间的关系. 设 S 在 A 处的 u 曲线的单位切向量为 $u(A)$，故有

$$u(A)=\frac{\partial P}{\partial u}\Big/\sqrt{\left\langle\frac{\partial P}{\partial u},\frac{\partial P}{\partial u}\right\rangle},$$

于是可得两个角：

$$\angle(u(A),\boldsymbol{C}_A^-),\qquad \angle(u(A),\boldsymbol{C}_A^+).$$

因而(如图 5.3.4)

$$\angle(\boldsymbol{C}_A^-,\boldsymbol{C}_A^+)\equiv\angle(u(A),\boldsymbol{C}_A^+)-\angle(u(A),\boldsymbol{C}_A^-)\pmod{2\pi}$$

(若用角度来度量，则差一个 2π 的整数倍).

特别当 A 为可微点时，$\boldsymbol{C}_A^+=\boldsymbol{C}_A^-$，上面两个角合而为一. 不可微，则$\angle(\boldsymbol{C}_A^-,\boldsymbol{C}_A^+)$为 $\alpha_A(\boldsymbol{C})$.

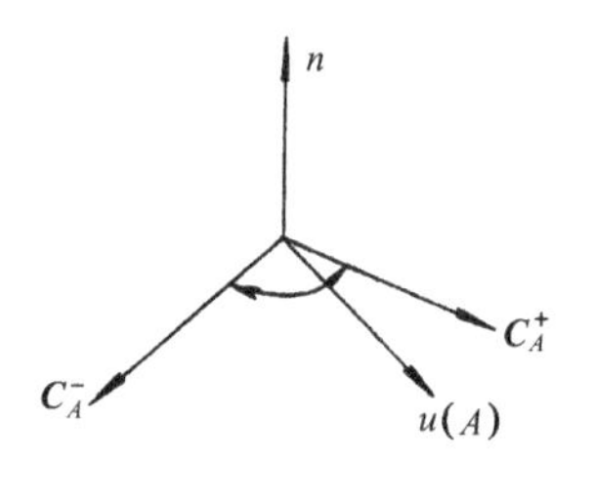

图 5.3.4

下面我们将平面上多边形外角和的公式推广到曲面 S 上的曲边多边形. 先从三角形入手. $D=\triangle ABC$ 是 S 上的曲边三角形，∂D 为其边界. 在 S 上取定方向，即确定好单位法向量场 n. 当人在∂D 上行走，人直立方向与 n 方向一致，D 总保持在前进方向的左侧. 赋有方向的 D 记为 $\boldsymbol{D}$，边界为有向曲线，记为 $\boldsymbol{C}=\partial\boldsymbol{D}$.

显然，可将这种定向方法推广到 S 上的任意曲边多边形上去.

定理 5.3.1 设 n 为曲面 S 的一个固定的单位法向量场，$D=\triangle ABC$ 是 S 上的一个单连通的弯曲三角形(如图 5.3.5). 记 $\boldsymbol{D}=(D,n)$，$\boldsymbol{C}=\partial\boldsymbol{D}$. 则有

$$\iint_D K\,\mathrm{d}S+\int_{|\boldsymbol{C}|}\kappa_g\,\mathrm{d}l+\alpha(\boldsymbol{C})=2\pi,$$

其中 K 为 S 的 Gauss 曲率，κ_g 是 $\boldsymbol{C}$ 的测地曲率，$\mathrm{d}S$，$\mathrm{d}l$ 分别是面积元，弧长元，

$$\alpha(\boldsymbol{C}) = \sum_{P\in \boldsymbol{C}} \alpha_P(\boldsymbol{C}) = \alpha_A(\boldsymbol{C}) + \alpha_B(\boldsymbol{C}) + \alpha_C(\boldsymbol{C})$$

为 $\boldsymbol{C}$ 的转角.

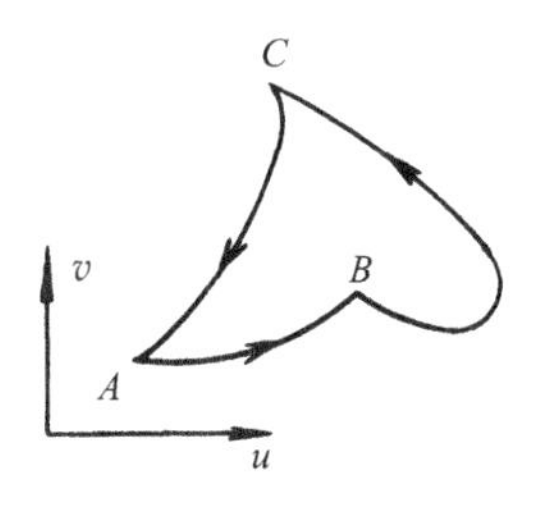

图 5.3.5

证 在 S 上取正交参数 (u,v) 使得：

$$n = \frac{\partial P}{\partial u} \times \frac{\partial P}{\partial v} \Big/ \left| \frac{\partial P}{\partial u} \times \frac{\partial P}{\partial v} \right|,$$

$$I = E(u,v)\mathrm{d}u^2 + G(u,v)\mathrm{d}v^2.$$

在 $\partial \boldsymbol{D} = \boldsymbol{C}$ 上取弧长参数 s，使 s 的值增加方向为 $\boldsymbol{C}$ 的方向. 在 s 处的 u 曲线的单位切向量记为 $u(s)$，即

$$u(s) = \frac{\partial P}{\partial u} \Big/ \sqrt{E} \Big|_s.$$

若 $s \in \widehat{AB}$，记 $\widehat{AB}$ 在 s 点的单位切向量为 $\overrightarrow{AB}(s)$. 同样可定义 $\overrightarrow{BC}(s)$，$\overrightarrow{CA}(s)$. 于是当 s_0 为 A 时 $(\boldsymbol{C}(s_0)=A)$，有

$$\boldsymbol{C}_A^- = \overrightarrow{CA}(s_0) \equiv \overrightarrow{CA}(A),$$

$$\boldsymbol{C}_A^+ = \overrightarrow{AB}(s_0) \equiv \overrightarrow{AB}(A).$$

图 5.3.6

在 $\widehat{AB}$ 上定义连续可微函数 θ_{AB}，使 $s \in \widehat{AB}$ 时，$\theta_{AB}(s) = \angle(u(s), \overrightarrow{AB}(s))$，$(u(s), \overrightarrow{AB}(s) \in T_{\boldsymbol{C}(s)}S$，有向角的角度是有意义的. 类似可定义 θ_{BC}，θ_{CA}. θ_{AB}，θ_{BC} 与 θ_{CA} 均以 θ 表示之（如图 5.3.6）.

由 Liouville 公式，$\boldsymbol{C}$ 的测地曲率为

$$\kappa_g = \frac{\mathrm{d}\theta}{\mathrm{d}s} + \frac{1}{2\sqrt{EG}}\left(-\frac{\partial E}{\partial v}\frac{\mathrm{d}u}{\mathrm{d}s} + \frac{\partial G}{\partial u}\frac{\mathrm{d}v}{\mathrm{d}s}\right).$$

于是

$$\begin{aligned} \int_{\partial D} \kappa_g \mathrm{d}l &= \int_{\partial \boldsymbol{D}} \kappa_g \mathrm{d}s \\ &= \int_{\partial \boldsymbol{D}} \mathrm{d}\theta + \int_{\partial \boldsymbol{D}} \frac{1}{2\sqrt{EG}}\left(-\frac{\partial E}{\partial v}\mathrm{d}u + \frac{\partial G}{\partial u}\mathrm{d}v\right). \end{aligned}$$

由 Green 公式

$$\int_{\boldsymbol{C}} \frac{1}{2\sqrt{EG}}\left(-\frac{\partial E}{\partial v}\mathrm{d}u + \frac{\partial G}{\partial u}\mathrm{d}v\right)$$

$$=\iint_D\left\{\left(\frac{E_v}{2\sqrt{EG}}\right)_v+\left(\frac{G_u}{2\sqrt{EG}}\right)_u\right\}\mathrm{d}u\mathrm{d}v.$$

而当(u,v)为正交参数时

$$K=-\frac{1}{\sqrt{EG}}\left\{\left[\frac{(\sqrt{E})_v}{\sqrt{G}}\right]_v+\left[\frac{(\sqrt{G})_u}{\sqrt{E}}\right]_u\right\}$$

$$=-\frac{1}{\sqrt{EG}}\left\{\left(\frac{E_v}{2\sqrt{EG}}\right)_v+\left(\frac{G_u}{2\sqrt{EG}}\right)_u\right\},$$

$$\mathrm{d}S=\sqrt{EG-F^2}\,\mathrm{d}u\mathrm{d}v=\sqrt{EG}\,\mathrm{d}u\mathrm{d}v.$$

因而

$$\int_{\partial D}\kappa_g\,\mathrm{d}l=\int_{\partial \boldsymbol{D}}\mathrm{d}\theta-\iint_D K\,\mathrm{d}S.$$

现在讨论$\int_{\partial\boldsymbol{D}}\mathrm{d}\theta$. 显然

$$\begin{aligned}\int_{\boldsymbol{C}}\mathrm{d}\theta&=\int_{\overrightarrow{AB}}\mathrm{d}\theta+\int_{\overrightarrow{BC}}\mathrm{d}\theta+\int_{\overrightarrow{CA}}\mathrm{d}\theta\\&=(\theta_{CA}(A)-\theta_{AB}(A))+(\theta_{AB}(B)-\theta_{BC}(B))\\&\quad+(\theta_{BC}(C)-\theta_{CA}(C))\\&\equiv-\alpha_A(\boldsymbol{C})-\alpha_B(\boldsymbol{C})-\alpha_C(\boldsymbol{C})\pmod{2\pi}\\&\equiv-\alpha(\boldsymbol{C})\pmod{2\pi}.\end{aligned}$$

故有整数$\chi(\boldsymbol{D})$,使得

$$\int_{\boldsymbol{C}}\mathrm{d}\theta=-\alpha(\boldsymbol{C})+2\chi(\boldsymbol{D})\cdot\pi.$$

若以$-n$代替n,则$\boldsymbol{C}$变为$-\boldsymbol{C}$,而κ_g,$\alpha(\boldsymbol{C})$不变,故$\chi(\boldsymbol{D})=\chi(-\boldsymbol{D})$,$\chi(\boldsymbol{D})$与$D$的定向选取无关,可记为$\chi(D)$. 故有

$$\iint_D K\,\mathrm{d}S+\int_{|\boldsymbol{C}|}\kappa_g\,\mathrm{d}l+\alpha(\boldsymbol{C})=2\chi(D)\pi.$$

下面证明$\chi(D)=1$. 将D视为$\mathbf{R}^3$中弯曲三角形,故可以$\mathbf{R}^3$中造一个形变$\{D_t\}$,使得$D_0=D$,D_1是平面三角形,即有可微映射:

$$F:D\times[0,1]\to\mathbf{R}^3,$$

$\forall t\in[0,1]$,$F(D\times t)=D_t$为$\mathbf{R}^3$中弯曲三角形. 于是对任意t有

$$\iint_{D_t}K_t\,\mathrm{d}S_t+\int_{|\boldsymbol{C}_t|}(\kappa_g)_t\,\mathrm{d}l_t+\alpha(\boldsymbol{C}_t)=2\chi(D_t)\pi.$$

等式左端连续依赖于t,因而$\chi(D_t)$是连续依赖于t的整数,故为常数. 即$\chi(D_t)=\chi(D)=\chi(D_1)$. 显然,$\chi(D_1)=1$. 因而定理成立.

注 5.3.1 $\{D_t\}$大致可以这样来构造. 取 $p\in D$,先将 D 在 S 上收缩到 p 的一个小邻域内,而后投影到 p 点的切平面上,最后在切平面内变为平面三角形.

注 5.3.2 若 D 不是弯曲三角形,而是一般的带边或无边的连通曲面块(不要求单连通),如弯曲多边形、球面、环面等,相应的 Gauss-Bonnet 公式为

$$\iint_D K\,\mathrm{d}S+\int_{\partial D}\kappa_g\,\mathrm{d}l+\alpha(\boldsymbol{C})=2\chi(D)\pi,$$

其中 $\chi(D)$为 Euler 数.

如果将 D 分为一些弯曲三角形按边界黏合起来,其中三角形的个数、棱的个数、顶点个数分别为 a_2,a_1,a_0. 则

$$\chi(D)=a_0-a_1+a_2.$$

我们将 Gauss-Bonnet 公式用于平面曲线. 设 $\boldsymbol{C}$ 是平面上分段光滑、不自交的有向闭曲线,D 为 $\boldsymbol{C}$ 包围的有界区域. 若沿 $\boldsymbol{C}$ 走,D 在左侧,令 $\varepsilon(\boldsymbol{C})=1$; 若 D 在右侧,令 $\varepsilon(\boldsymbol{C})=-1$. 设 $\boldsymbol{C}$ 的转角为 $\alpha(\boldsymbol{C})$,相对曲率为 $\kappa^{\boldsymbol{C}}$.

定理 5.3.2 平面上有向不自交分段光滑的闭曲线 $\boldsymbol{C}$,满足

$$\int_{|\boldsymbol{C}|}\kappa^{\boldsymbol{C}}\mathrm{d}l+\alpha(\boldsymbol{C})=\varepsilon(\boldsymbol{C})\cdot 2\pi.$$

证 显然有

$$\kappa^{-\boldsymbol{C}}=-\kappa^{\boldsymbol{C}},\ \alpha(-\boldsymbol{C})=-\alpha(\boldsymbol{C}),\ \varepsilon(-\boldsymbol{C})=-\varepsilon(\boldsymbol{C}).$$

故不妨设 $\varepsilon(\boldsymbol{C})=1$. 将平面取为 xy 平面,$n=(0,0,1)$,则 $\kappa^{\boldsymbol{C}}$ 为 $\boldsymbol{C}$ 在 xy 平面中的测地曲率. 又 $K\equiv 0$,故定理成立.

定理 5.3.3 $\boldsymbol{C}$ 如上. 以 $\theta(s)$表示 x 方向到 $\boldsymbol{C}$ 的切方向的夹角(θ 为多值,取 $\theta(s)$为 $\boldsymbol{C}$ 上除去不光滑点外的单值可微函数),则

$$\int_{|\boldsymbol{C}|}\mathrm{d}\theta+\alpha(\boldsymbol{C})=\varepsilon(\boldsymbol{C})\cdot 2\pi.$$

证 当 $\boldsymbol{C}$ 变为 $-\boldsymbol{C}$ 时,$\mathrm{d}\theta$ 变为 $-\mathrm{d}\theta$. 故不妨设 $\varepsilon(\boldsymbol{C})=1$, $T(s)$为 $\boldsymbol{C}$ 的切向量,故 $T(s)=(\cos\theta,\sin\theta)$. 由相对曲率的定义知:

$$\begin{aligned}\kappa^{\boldsymbol{C}}&=\left\langle\frac{\mathrm{d}T(s)}{\mathrm{d}s},\ T(s)\text{ 转 }90^\circ\right\rangle\\&=\left\langle\frac{\mathrm{d}T(s)}{\mathrm{d}s},\ (-\sin\theta,\cos\theta)\right\rangle\\&=\frac{\mathrm{d}\theta}{\mathrm{d}s}.\end{aligned}$$

从而

$$\int_{|\boldsymbol{C}|}\kappa^{\boldsymbol{C}}\mathrm{d}l=\int_{|\boldsymbol{C}|}\mathrm{d}\theta=-\alpha(\boldsymbol{C})+2\pi.$$

此定理就是我们在第二章讨论过的切线转动定理.

5.4 联　　络

联络是微分几何中尤其是现代微分几何中一个非常重要的概念,许多重要的几何不变量都与它有密切的关系,为引进这个概念,我们先回忆一下方向导数的概念.

设 $f(x,y,z)$ 是 $\mathbf{R}^3$ 中的一个可微函数(即可微三元函数),则对 $a,b,c\in\mathbf{R}$, $p=(x_0,y_0,z_0)$,

$$D_{X_p}f=a\frac{\partial f}{\partial x}+b\frac{\partial f}{\partial y}+c\frac{\partial f}{\partial z}\bigg|_p$$

称为沿 $X=(a,b,c)$ 方向的方向导数.求 f 的方向导数,也可用下面的方法:设 $\gamma(t)$ 是一条曲线,满足

$$\gamma(t)=(x(t),y(t),z(t)),$$
$$\gamma(0)=p,$$
$$\gamma'(0)=X=(a,b,c).$$

于是

$$\begin{aligned}D_{X_p}f&=\lim_{t\to0}\frac{f(\gamma(t))-f(\gamma(0))}{t}\\&=\frac{\partial f}{\partial x}\frac{\mathrm{d}x(t)}{\mathrm{d}t}+\frac{\partial f}{\partial y}\frac{\mathrm{d}y(t)}{\mathrm{d}t}+\frac{\partial f}{\partial z}\frac{\mathrm{d}z(t)}{\mathrm{d}t}\bigg|_{t=0}\\&=a\frac{\partial f}{\partial x}+b\frac{\partial f}{\partial y}+c\frac{\partial f}{\partial z}=X_pf.\end{aligned}$$

其中记 $X_p=a\dfrac{\partial}{\partial x}+b\dfrac{\partial}{\partial y}+c\dfrac{\partial}{\partial z}$.

自然我们可以将方向导数推广到 $\mathbf{R}^3$ 的向量场上.

设 $Y(x,y,z)=(f(x,y,z),g(x,y,z),h(x,y,z))$,

$$D_{X_p}Y=(D_{X_p}f,\ D_{X_p}g,D_{X_p}h).$$

特别,设曲面 S 有正则参数表示 $P(u^1,u^2)$.取

$$X_p=P_i\,|_p,\ Y=P_j,$$

则有

$$D_{P_i}P_j=\frac{\partial P_j}{\partial u^i}.$$

这恰是出现在自然方程中的一项:

$$\begin{cases} \dfrac{\partial P}{\partial u^i} = P_i, \ n = P_1 \times P_2 / |P_1 \times P_2|, \\ \dfrac{\partial P_j}{\partial u^i} = \Gamma_{ij}^k P_k + b_{ij} n, \\ \dfrac{\partial n}{\partial u^j} = -\omega_j^k P_k. \end{cases}$$

这里,Γ_{ij}^k称为联络系数.

下面我们来讨论"联络". 在 $p \in S$,有空间 $\mathbf{R}^3$ 的正交分解:

$$\mathbf{R}^3 = T_p(S) \oplus \mathbf{R}n.$$

令 π_p 是 $\mathbf{R}^3$ 到 $T_p(S)$上的投影. 于是

$$\pi_p(D_{P_i} P_j) = \pi_p\left(\frac{\partial P_j}{\partial u^i}\right) = \Gamma_{ij}^k P_k \,|_p.$$

定义 5.4.1　设 $X, Y \in D^1(S)$,由下面关系

$$(\nabla_X Y)_p = \pi_p(D_{X_p} Y)$$

所确定的切向量场$\nabla_X Y$ 称为 Y 沿 X 方向的**协变导数(绝对微商)**. ∇_X 称为 X 的**协变微分(绝对微分)**,∇ 称为 S 的 Levi-Civita **联络**.

定理 5.4.1　$f, g \in \mathscr{F}(S)$, $X_1, X_2, Y_1, Y_2, X, Y \in D^1(S)$. 则有

$$\nabla_{fX_1 + gX_2} Y = f\nabla_{X_1} Y + g\nabla_{X_2} Y,$$

$$\nabla_X(fY_1 + gY_2) = f\nabla_X Y_1 + g\nabla_X Y_2 + (Xf)Y_1 + (Xg)Y_2.$$

证

$$D_{fX_1 + gX_2} Y = fD_{X_1} Y + gD_{X_2} Y,$$

$$\begin{aligned} D_X(fY_1 + gY_2) &= D_X(fY_1) + D_X(gY_2) \\ &= (Xf)Y_1 + fD_X Y_1 \\ &\quad + (Xg)Y_2 + gD_X Y_2. \end{aligned}$$

则以 π_p 作用,即得定理.

从这个定理容易看出计算$\nabla_X Y$ 实际只要计算$\nabla_{P_i} P_j$ 就可以了. 而

$$\nabla_{P_i} P_j = \Gamma_{ij}^k P_k.$$

定理 5.4.2　设 $X, Y \in D^1(S)$,且

$$X = f^i P_i, \ Y = g^j P_j,$$

则

$$\nabla_X Y = \left(f^i \frac{\partial g^j}{\partial u^i} + f^i g^s \Gamma_{is}^j\right) P_j.$$

证

$$\begin{aligned}\nabla_X Y &= \nabla_{f^i P_i}(g^j P_j)\\ &= f^i \nabla_{P_i}(g^j P_j)\\ &= f^i (P_i g^j) P_j + f^i g^j \nabla_{P_i} P_j\\ &= \left(f^i \frac{\partial g^j}{\partial u^i} + f^i g^s \Gamma_{is}^j\right) P_j.\end{aligned}$$

以前我们知道

$$\Gamma_{ij}^k = \frac{1}{2} g^{lk} \left(\frac{\partial g_{jl}}{\partial u^i} + \frac{\partial g_{il}}{\partial u^j} - \frac{\partial g_{ij}}{\partial u^l}\right),$$

也可以表示为

$$\Gamma_{ij}^k = \sum_{l=1}^{2} \langle \nabla_{P_i} P_j, P_l \rangle g^{lk}.$$

事实上,

$$\begin{aligned}\langle \nabla_{P_i} P_j,\ P_l \rangle &= \langle \Gamma_{ij}^{k_1} P_{k_1}, P_l \rangle\\ &= \Gamma_{ij}^{k_1} g_{k_1 l},\end{aligned}$$

$$\begin{aligned}\sum_l \langle \nabla_{P_i} P_j, P_l \rangle g^{lk} &= \sum_{k_1, l} \Gamma_{ij}^{k_1} g_{k_1 l} g^{lk} = \sum_{k_1} \Gamma_{ij}^{k_1} \delta_{k_1 k}\\ &= \Gamma_{ij}^k.\end{aligned}$$

定义 5.4.2　$X, Y \in D^1(S)$,

$$[X, Y] = XY - YX \in D^1(S)$$

称为 X, Y 的 Lie **括号运算**.

若 $X = f^i P_i$, $Y = g^j P_j$, 则

$$[X, Y] = \left(f^i \frac{\partial g^j}{\partial u^i} - g^i \frac{\partial f^j}{\partial u^i}\right) P_j.$$

定理 5.4.3　$X, Y, Z \in D^1(S)$,

$$Z\langle X, Y \rangle = \langle \nabla_Z X, Y \rangle + \langle X, \nabla_Z Y \rangle,$$

$$\nabla_X Y - \nabla_Y X = [X, Y].$$

证　令

$$\phi(X, Y, Z) = Z\langle X, Y \rangle - \langle \nabla_Z X, Y \rangle - \langle X, \nabla_Z Y \rangle,$$

于是

$$\phi(X, Y, Z) = \phi(Y, X, Z).$$

显然

$$\phi(X_1+X_2,Y,Z)=\phi(X_1,Y,Z)+\phi(X_2,Y,Z)$$

$$\phi(X,Y,Z_1+Z_2)=\phi(X,Y,Z_1)+\phi(X,Y,Z_2),$$

$$\phi(X,Y,fZ)=f\phi(X,Y,Z)$$

$$\begin{aligned}\phi(fX,Y,Z)&=Z(f\langle X,Y\rangle)-\langle\nabla_Z fX,Y\rangle\\&\quad-\langle fX,\nabla_Z Y\rangle\\&=(Zf)\langle X,Y\rangle+f(Z\langle X,Y\rangle)\\&\quad-f\langle\nabla_Z X,Y\rangle-f\langle X,\nabla_Z Y\rangle\\&\quad-(Zf)\langle X,Y\rangle\\&=f\phi(X,Y,Z).\end{aligned}$$

故 $\phi(X,Y,Z)$ 对 X,Y,Z 都是 $\mathscr{F}(S)$ 线性的. 又

$$\phi(P_i,P_j,P_k)=\frac{\partial g_{ij}}{\partial u^k}-\Gamma_{ki}^l g_{lj}-\Gamma_{kj}^l g_{il}=0,$$

于是第一个等式成立.

令

$$\psi(X,Y)=\nabla_X Y-\nabla_Y X-[X,Y],$$

则有

$$\psi(Y,X)=-\psi(X,Y).$$

又

$$\begin{aligned}\psi(X_1+X_2,Y)&=\nabla_{X_1}Y+\nabla_{X_2}Y-\nabla_Y X_1\\&\quad-\nabla_Y X_2-[X_1,Y]-[X_2,Y]\\&=\psi(X_1,Y)+\psi(X_2,Y)\\\psi(fX,Y)&=f\nabla_X Y-(Yf)X-f\nabla_Y X\\&\quad-f[X,Y]+(Yf)X\\&=f\psi(X,Y),\end{aligned}$$

故 ψ 是 $\mathscr{F}(S)$ 双线性的. 又

$$\psi(P_i,P_j)=(\Gamma_{ij}^k-\Gamma_{ji}^k)P_k-[P_i,P_j]=0,$$

故第二个等式也成立.

我们知道曲率是重要的几何量. 我们用刚刚定义的 Levi-Civita 联络来讨论曲率. 为此我们引进曲率张量的概念.

定义 5.4.3 设 $X,Y\in\mathscr{D}^1(S)$，映射

$$R(X,Y):\mathscr{D}^1(S)\to\mathscr{D}^1(S),$$

$$R(X,Y)=\nabla_X\nabla_Y-\nabla_Y\nabla_X-\nabla_{[X,Y]}$$

称为关于 X,Y 的**曲率张量**.

曲率张量有下面的性质：

引理 5.4.1　(1)　$R(X,Y)=-R(Y,X)$；

(2) $R(X,Y)$对 X,Y 是 $\mathscr{F}(S)$一线性的；

(3) $R(X,Y)$是 $\mathscr{D}^1(S)$上的 $\mathscr{F}(S)$一线性变换；

(4) $\langle R(X,Y)Z,W\rangle+\langle Z,R(X,Y)W\rangle=0$.

证　(1) 由定义知(1)成立.

(2) 由(1)只要证对 X 是 $\mathscr{F}(S)$线性的.

$$\begin{aligned}R(X_1+X_2,Y)&=(\nabla_{X_1}+\nabla_{X_2})\nabla_Y-\nabla_Y(\nabla_{X_1}+\nabla_{X_2})\\&\quad-\nabla_{[X_1,Y]+[X_2,Y]}\\&=R(X_1,Y)+R(X_2,Y),\\R(fX,Y)&=\nabla_{fX}\nabla_Y-\nabla_Y\nabla_{fX}-\nabla_{[fX,Y]}\\&=f\nabla_X\nabla_Y-f\nabla_Y\nabla_X-(Yf)\nabla_X\\&\quad-f\nabla_{[X,Y]}+(Yf)\nabla_X\\&=fR(X,Y).\end{aligned}$$

(3) 显然，

$$R(X,Y)(Z_1+Z_2)=R(X,Y)Z_1+R(X,Y)Z_2.$$

又

$$\begin{aligned}&R(X,Y)(fZ)\\&=(XYf)Z+(Yf)\nabla_XZ+(Xf)\nabla_YZ\\&\quad+f\nabla_X\nabla_YZ-(YXf)Z-(Xf)\nabla_YZ\\&\quad-(Yf)\nabla_XZ-f\nabla_Y\nabla_XZ\\&\quad-f\nabla_{[X,Y]}Z-([X,Y]f)Z\\&=fR(X,Y)Z.\end{aligned}$$

(4) 由定理 5.4.3,我们有

$$\begin{aligned}&\langle\nabla_X\nabla_YZ,W\rangle\\&=X(\langle\nabla_YZ,W\rangle)-\langle\nabla_YZ,\nabla_XW\rangle\\&=XY\langle Z,W\rangle-X\langle Z,\nabla_YW\rangle-Y\langle Z,\nabla_XW\rangle\\&\quad+\langle Z,\nabla_Y\nabla_XW\rangle.\end{aligned}$$

类似有

$$\langle\nabla_Y\nabla_XZ,W\rangle=YX\langle Z,W\rangle-Y\langle Z,\nabla_XW\rangle-X\langle Z,\nabla_YW\rangle+\langle Z,\nabla_X\nabla_YW\rangle$$

$$\langle \nabla_{[X,Y]} Z, W\rangle = [X,Y]\langle Z,W\rangle + \langle Z, \nabla_{[Y,X]} W\rangle.$$

因而

$$\langle R(X,Y)Z,W\rangle + \langle Z, R(X,Y)W\rangle = 0.$$

推论 5.4.1 令

$$R(X,Y,Z,W) = \langle R(X,Y)Z,W\rangle,$$

则 $R(X,Y,Z,W)$ 对 X,Y,Z,W 均是 $\mathscr{F}(S)$ 线性的. 而且

$$R(Y,X,Z,W) = -R(X,Y,Z,W),$$

$$R(X,Y,W,Z) = -R(X,Y,Z,W).$$

我们在证明 Egregium 定理(绝好定理)时，曾引进如下两个记号：

$$R_{ijk}^{l} = -\left(\frac{\partial \Gamma_{jk}^{l}}{\partial u^{i}} - \frac{\partial \Gamma_{ik}^{l}}{\partial u^{j}} + \Gamma_{is}^{l}\Gamma_{jk}^{s} - \Gamma_{js}^{l}\Gamma_{ik}^{s}\right),$$

$$\begin{aligned} R_{ijkl} &= R_{ijk}^{s} g_{sl} \\ &= -\left(\frac{\partial \Gamma_{jk}^{s}}{\partial u^{i}} - \frac{\partial \Gamma_{ik}^{s}}{\partial u^{j}} + \Gamma_{im}^{s}\Gamma_{jk}^{m} - \Gamma_{jm}^{s}\Gamma_{ik}^{m}\right) g_{sl}. \end{aligned}$$

并算出总曲率 K 的公式：

$$K = \frac{R_{1212}}{g_{11}g_{22} - g_{12}^{2}}.$$

为确定 $R(X,Y,Z,W)$，由推论 5.4.1，我们只要确定 $R(P_i,P_j,P_k,P_l)$ 即可.

定理 5.4.4

$$R(P_i,P_j)P_k = -R_{ijk}^{l} P_l,$$

$$R(P_i,P_j,P_k,P_l) = -R_{ijkl}.$$

证 显然，我们只需要证明第一个等式. 由定义，有

$$\begin{aligned} R(P_i,P_j)P_k &= \nabla_{P_i}\nabla_{P_j}P_k - \nabla_{P_j}\nabla_{P_i}P_k - \nabla_{[P_i,P_j]}P_k \\ &= \nabla_{P_i}(\Gamma_{jk}^{s}P_s) - \nabla_{P_j}(\Gamma_{ik}^{s}P_s) \\ &= \frac{\partial \Gamma_{jk}^{s}}{\partial u^{i}}P_s + \Gamma_{jk}^{s}\Gamma_{is}^{l}P_l - \frac{\partial \Gamma_{ik}^{s}}{\partial u^{j}}P_s - \Gamma_{ik}^{s}\Gamma_{js}^{l}P_l \\ &= -R_{ijk}^{l}P_l. \end{aligned}$$

定理 5.4.5 设 $X,Y \in \mathscr{D}^1(S)$，且处处线性无关，则有

$$K = -R(X,Y,X,Y)/\det\begin{pmatrix} \langle X,X\rangle & \langle X,Y\rangle \\ \langle X,Y\rangle & \langle Y,Y\rangle \end{pmatrix},$$

或

$$K=-R(X,Y,X,Y)/|X_vY|^2.$$

这儿,$|X_vY|$表示由 X,Y 张成的平行四边形的面积.

证　设

$$\begin{pmatrix} X \\ Y \end{pmatrix}=\begin{pmatrix} f^1 & f^2 \\ g^1 & g^2 \end{pmatrix}\begin{pmatrix} P_1 \\ P_2 \end{pmatrix},$$

因而由线性空间理论知

$$\det\begin{pmatrix} \langle X,X\rangle & \langle X,Y\rangle \\ \langle X,Y\rangle & \langle Y,Y\rangle \end{pmatrix}=(f^1g^2-f^2g^1)^2(g_{11}g_{22}-g_{12}^2).$$

其中

$$g_{ij}=\langle P_i,P_j\rangle.$$

又设 X,Y 之间夹角为 θ,于是

$$\begin{aligned}\det\begin{pmatrix} \langle X,X\rangle & \langle X,Y\rangle \\ \langle X,Y\rangle & \langle Y,Y\rangle \end{pmatrix}&=|X|^2|Y|^2-(|X||Y|\cos\theta)^2\\ &=|X|^2|Y|^2(1-\cos^2\theta)\\ &=|X|^2|Y|^2\sin^2\theta\\ &=|X_vY|^2.\end{aligned}$$

再由引理 5.4.1 的推论及定理 5.4.4,有

$$\begin{aligned}&R(X,Y,X,Y)\\ =&f^ig^jf^kg^lR(P_i,P_j,P_k,P_l)\\ =&(f^1g^2f^1g^2+f^2g^1f^2g^1-f^2g^1f^1g^2-f^1g^2f^2g^1)\\ &\cdot R(P_1,P_2,P_1,P_2)\\ =&-(f^1g^2-f^2g^1)^2R_{1212},\end{aligned}$$

因而

$$\begin{aligned}K&=-R(X,Y,X,Y)/\det\begin{pmatrix} \langle X,X\rangle & \langle X,Y\rangle \\ \langle X,Y\rangle & \langle Y,Y\rangle \end{pmatrix}\\ &=-R(X,Y,X,Y)/|X_vY|^2.\end{aligned}$$

Levi-Civita 联络的第二个应用是刻画测地曲率与测地线.

设 $P(s)$是 S 上的一条曲线,$T(s)=\dfrac{\mathrm{d}P(s)}{\mathrm{d}s}$是其单位切向量场(即 s 是 $P(s)$的弧长参数).n 是 S 的单位法向量场.

定理 5.4.6　设 κ_g 为 $P(s)$的测地曲率,则

$$\kappa_g = \langle \nabla_T T, n \times T \rangle.$$

$P(s)$为测地线当且仅当

$$\nabla_T T = 0.$$

证　因为

$$\frac{\mathrm{d}}{\mathrm{d}s}\begin{pmatrix} T \\ n \times T \\ n \end{pmatrix} = \begin{pmatrix} 0 & \kappa_g & \kappa_n \\ -\kappa_g & 0 & \tau_g \\ -\kappa_n & -\tau_g & 0 \end{pmatrix}\begin{pmatrix} T \\ n \times T \\ n \end{pmatrix},$$

因而

$$\frac{\mathrm{d}T}{\mathrm{d}s} = D_T T = \kappa_g (n \times T) + \kappa_n \cdot n,$$

$$\nabla_T \; T = \pi(D_T T) = \kappa_g (n \times T).$$

于是

$$\kappa_g = \langle \nabla_T T, n \times T \rangle.$$

而 $P(s)$为测地线当且仅当

$$\kappa_g = 0,$$

当且仅当

$$\langle \nabla_T T, n \times T \rangle = 0,$$

当且仅当

$$\nabla_T T = 0.$$

在现代微分几何中,经常用上式作为测地线的定义.从上式我们可以求出测地线的微分方程如下:设 $P(u^1(s), u^2(s))$,于是

$$\frac{\mathrm{d}P}{\mathrm{d}s} = \frac{\mathrm{d}u^1(s)}{\mathrm{d}s}P_1 + \frac{\mathrm{d}u^2(s)}{\mathrm{d}s}P_2 = f^1 P_1 + f^2 P_2,$$

$$\nabla_{f^i P_i} f^j P_j = f^i \frac{\partial f^j}{\partial u^i} P_J + f^i f^j \Gamma_{ij}^k P_k.$$

即有

$$\begin{cases} f^i \dfrac{\partial f^1}{\partial u^i} + f^i f^j \Gamma_{ij}^1 = 0, \\ f^i \dfrac{\partial f^2}{\partial u^i} + f^i f^j \Gamma_{ij}^2 = 0. \end{cases}$$

这是二阶微分方程组,给定初值后解存在唯一.

5.5 测　地　线

在平面几何中,直线起了非常重要的作用.我们希望找出任意曲面上与直线作用类似的曲线.我们首先分析直线的一些重要性质:

1. 直线的曲率为零,测地曲率为零;
2. 直线给出了两点间的最短距离;
3. 给定两点有唯一的直线连接它们;
4. 切于一条直线的向量是平行的.

我们回忆测地线的定义为 $\kappa_g=0$. 上节我们证明了 $P(s)$ 是 S 上以 s 为弧长参数的曲线,则 $P(s)$ 为测地线当且仅当

$$\nabla_T T = 0.$$

或者

$$\pi\left(\frac{\mathrm{d}}{\mathrm{d}s}T\right) = 0.$$

定理 5.5.1　设 $P(s)$ 是 S 上以 s 为弧长参数的曲线,则 $P(s)=P(\gamma^1(s),\gamma^2(s))$ 为测地线当且仅当

$$\gamma^k(s)'' + \sum_{i,j}\Gamma_{ij}^k\gamma^i(s)'\gamma^j(s)' = 0,\ k = 1,2.$$

证

$$\begin{aligned}
\nabla_T T &= \pi\frac{\mathrm{d}^2P(s)}{\mathrm{d}s^2}\\
&= \pi\frac{\mathrm{d}}{\mathrm{d}s}\left\{\frac{\mathrm{d}\gamma^i(s)}{\mathrm{d}s}P_i\right\}\\
&= \pi\left(\frac{\mathrm{d}^2\gamma^i(s)}{\mathrm{d}s^2}P_i + \frac{\mathrm{d}\gamma^j(s)}{\mathrm{d}s}\frac{\mathrm{d}P_j}{\mathrm{d}s}\right)\\
&= \pi\left(\frac{\mathrm{d}^2\gamma^i(s)}{\mathrm{d}s^2}P_i + \frac{\mathrm{d}\gamma^j(s)}{\mathrm{d}s}\frac{\mathrm{d}\gamma^k(s)}{\mathrm{d}s}\frac{\partial P_j}{\partial u^k}\right)\\
&= \frac{\mathrm{d}^2\gamma^i(s)}{\mathrm{d}s^2}P_i + \frac{\mathrm{d}\gamma^j(s)}{\mathrm{d}s}\frac{\mathrm{d}\gamma^k(s)}{\mathrm{d}s}\Gamma_{jk}^iP_i.
\end{aligned}$$

于是 $P(s)$ 为测地线当且仅当上述微分方程成立.

推论 5.5.1　$P(s)$ 为测地线当且仅当 $P(s)''$ 与 S 正交,即 $P(s)''$ 与 n 差一倍数.

证　$P(s)'=\kappa_g(n\times T)+\kappa_n n$. $P(s)'$ 与 S 正交当且仅当 $\kappa_g=0$.

定理 5.5.2　设 $p\in S, X\in T_pS, |X|=1,\ s_0\in\mathbf{R}$,则存在唯一的测地线 γ

使 $\gamma(s_0)=p$, $\gamma'(s_0)=X$.

证 设 S 有参数表示 $P(u^1,u^2)$,且 $p=P(0,0)$,$X=\sum a_iP_i$,于是常微分方程组的初值问题

$$\begin{cases}\dfrac{\mathrm{d}^2\gamma^i(s)}{\mathrm{d}s^2}+\Gamma^i_{jk}(\gamma^1(s),\gamma^2(s))\dfrac{\mathrm{d}\gamma^j}{\mathrm{d}s}\dfrac{\mathrm{d}\gamma^k}{\mathrm{d}s}=0,\\ \gamma^i(s_0)=0,\\ \dfrac{\mathrm{d}\gamma^i}{\mathrm{d}s}(s_0)=a_i\end{cases}$$

的解 $\gamma(s)=P(\gamma^1(s),\gamma^2(s))$ 在 p 的一个邻域内存在唯一. 下面证 s 是弧长参数.

设 $f(s)=|\gamma'|^2=\sum g_{ij}\dfrac{\mathrm{d}\gamma^i}{\mathrm{d}s}\dfrac{\mathrm{d}\gamma^j}{\mathrm{d}s}$,于是

$$\begin{aligned}f'(s)=&\sum\frac{\partial g_{ij}}{\partial u^k}\frac{\mathrm{d}\gamma^k}{\mathrm{d}s}\frac{\mathrm{d}\gamma^i}{\mathrm{d}s}\frac{\mathrm{d}\gamma^j}{\mathrm{d}s}+\sum g_{ij}\frac{\mathrm{d}^2\gamma^i}{\mathrm{d}s^2}\frac{\mathrm{d}\gamma^j}{\mathrm{d}s}\\&+\sum g_{ij}\frac{\mathrm{d}\gamma^i}{\mathrm{d}s}\frac{\mathrm{d}^2\gamma^j}{\mathrm{d}s^2}.\end{aligned}$$

注意到

$$\frac{\partial g_{ij}}{\partial u^k}=\Gamma^l_{jk}g_{li}+\Gamma^l_{ik}g_{lj},$$

故

$$\begin{aligned}f'(s)=&\sum g_{il}\Gamma^l_{jk}\frac{\mathrm{d}\gamma^k}{\mathrm{d}s}\frac{\mathrm{d}\gamma^i}{\mathrm{d}s}\frac{\mathrm{d}\gamma^j}{\mathrm{d}s}+\sum g_{jl}\Gamma^l_{ik}\frac{\mathrm{d}\gamma^k}{\mathrm{d}s}\frac{\mathrm{d}\gamma^i}{\mathrm{d}s}\frac{\mathrm{d}\gamma^j}{\mathrm{d}s}\\&+\sum g_{il}\frac{\mathrm{d}\gamma^i}{\mathrm{d}s}\frac{\mathrm{d}^2\gamma^l}{\mathrm{d}s^2}+\sum g_{jl}\frac{\mathrm{d}^2\gamma^l}{\mathrm{d}s^2}\frac{\mathrm{d}\gamma^j}{\mathrm{d}s}\\=&\sum g_{il}\left(\frac{\mathrm{d}^2\gamma^l}{\mathrm{d}s^2}+\Gamma^l_{jk}\frac{\mathrm{d}\gamma^j}{\mathrm{d}s}\frac{\mathrm{d}\gamma^k}{\mathrm{d}s}\right)\frac{\mathrm{d}\gamma^i}{\mathrm{d}s}\\&+g_{jl}\left(\frac{\mathrm{d}^2\gamma^l}{\mathrm{d}s^2}+\Gamma^l_{jk}\frac{\mathrm{d}\gamma^i}{\mathrm{d}s}\frac{\mathrm{d}\gamma^k}{\mathrm{d}s}\right)\frac{\mathrm{d}\gamma^j}{\mathrm{d}s}=0,\end{aligned}$$

故 $f(s)=\mathrm{const}$. 但 $f(s_0)=|X|^2=1$,故 $f(s)=1$. 由此知 $\gamma(s)$ 是测地线.

定理 5.5.3 设 $\gamma(s)\subset S$,s 为弧长参数. 又设 $p=\gamma(a)$,$q=\gamma(b)$. 若 γ 是 p 与 q 间最短曲线,则 γ 为测地线.

证 设 κ_g 为 $\gamma(s)$ 的测地曲率. 若有 $s_0\in[a,b]$ 使得 $\kappa_g(s_0)\neq0$,则有 $[c,d]\subseteq[a,b]$,使得 $s_0\in[c,d]$,$\kappa_g(s)\neq0$, $\forall s\in[c,d]$. $\{\gamma(s)\mid c\leqslant s\leqslant d\}$ 在 S 的某坐标邻域 $\mathscr{U}$ 中($\gamma([c,d])\subseteq P(\mathscr{U})$). 显然连接 $\gamma(c)$,$\gamma(d)$ 的曲线段 $\gamma(s)$ 是最短的.

设 $\lambda(s)$ 是定义在 $[c,d]$ 上的一阶连续可微函数,满足:

$$\lambda(c)=\lambda(d)=0,\ \lambda(s_0)\neq 0,\ \lambda(s)\kappa_g(s)\geqslant 0,\ c\leqslant s\leqslant d$$

(可取 $\lambda(s)=(s-c)(d-s)\kappa_g(s)$).

记 $T=\gamma'$, n 为 S 的单位法向量场. 于是

$$\lambda(s)(n\times T)=\sum v^i(s)P_i,\ v^i:[c,d]\to\mathbf{R}.$$

又记 $\gamma(s)=P(\gamma^1(s),\gamma^2(s))$. 定义曲线族:

$$\alpha_t(s)=P(\gamma^1(s)+tv^1(s),\gamma^2(s)+tv^2(s))=\alpha(s;t),$$

$|t|$ 充分小. 由

$$\lambda(c)=\lambda(d)=0,$$

故

$$v^i(c)=v^i(d)=0.$$

因而 $\alpha(s;t)$ 是连接 $\gamma(c)$, $\gamma(d)$ 的曲线段. $\alpha_0(s)=\gamma(s)$.

$\alpha(s;t)$ 的弧长为

$$L(t)=\int_c^d\left\langle\frac{\partial\alpha}{\partial s},\frac{\partial\alpha}{\partial s}\right\rangle^{\frac{1}{2}}\mathrm{d}s,$$

且在 $t=0$ 处有极小值($\gamma(s)$ 为最短路程).

$$\begin{aligned}L'(t)&=\frac{\mathrm{d}}{\mathrm{d}t}\int_c^d\left\langle\frac{\partial\alpha}{\partial s},\frac{\partial\alpha}{\partial s}\right\rangle^{\frac{1}{2}}\mathrm{d}s\\&=\int_c^d\frac{\left\langle\dfrac{\partial^2\alpha}{\partial s\partial t},\dfrac{\partial\alpha}{\partial s}\right\rangle}{\left\langle\dfrac{\partial\alpha}{\partial s},\dfrac{\partial\alpha}{\partial s}\right\rangle^{\frac{1}{2}}}\mathrm{d}s,\end{aligned}$$

在 $t=0$ 时,

$$\left\langle\frac{\partial\alpha}{\partial s},\frac{\partial\alpha}{\partial s}\right\rangle=\left\langle\frac{\mathrm{d}\gamma}{\mathrm{d}s},\frac{\mathrm{d}\gamma}{\mathrm{d}s}\right\rangle=1.$$

因而 $L'(0)=0$,

$$\begin{aligned}L'(0)&=\int_c^d\left\langle\frac{\partial^2\alpha}{\partial s\partial t},\frac{\partial\alpha}{\partial s}\right\rangle\Big|_{t=0}\mathrm{d}s\\&=\int_c^d\left[\frac{\mathrm{d}}{\mathrm{d}s}\left\langle\frac{\partial\alpha}{\partial t},\frac{\partial\alpha}{\partial s}\right\rangle\Big|_{t=0}-\left\langle\frac{\partial\alpha}{\partial t},\frac{\partial^2\alpha}{\partial s^2}\right\rangle\Big|_{t=0}\right]\mathrm{d}s\\&=\left\langle\frac{\partial\alpha}{\partial t},\frac{\partial\alpha}{\partial s}\right\rangle\Big|_{t=0}\Big|_c^d-\int_c^d\left\langle\frac{\partial\alpha}{\partial t},\frac{\partial^2\alpha}{\partial s^2}\right\rangle\Big|_{t=0}\mathrm{d}s\end{aligned}$$

$$\frac{\partial\alpha}{\partial t}(s;0)=\sum v^i(s)P_i=\lambda(s)(n\times T).$$

注意到 $\lambda(c)=\lambda(d)=0$,故

$$L'(0)=-\int_c^d\langle\lambda(s)(n\times T),\kappa_g(s)(n\times T)+\kappa_n(s)n\rangle\mathrm{d}s$$
$$=-\int_c^d\lambda(s)\kappa_g(s)\mathrm{d}s<0.$$

这与 $L'(0)=0$ 矛盾. 故 $\kappa_g(s_0)=0$, $\forall s_0\in[a,b]$. γ 为测地线.

例 5.5.1 旋转面上的经线为测地线. 特别,球面的大圆是测地线.

事实上,经线是平面曲线,其主法线为此平面内与经线的切线垂直的直线,而纬线的切线与经线所在平面垂直,故旋转面的法线恰为经线的主法线,故经线为测地线.

特别,球的大圆是经线故为测地线.

定理 5.5.3 的逆定理一般是不成立的,即连接两点之间的测地线段未必是最短线. 例如在球的大圆上,连接 p,q 的测地线段有两条: $\overset{\frown}{pcq}$ 与 $\overset{\frown}{pc'q}$. $\overset{\frown}{pcq}$ 是最短的, $\overset{\frown}{pc'q}$ 就不是了(如图 5.5.1).

与直线性质 3 相对应的有下面定理:

定理 5.5.4 $p\in S$,则存在 p 的邻域 U,使得任取 $p_1,p_2\in U$,有唯一的最短弧长的测地线连接 p_1,p_2.

此定理由 J. H. C. Whitehead 在 1932 年给出.

与直线性质 4 相类似的性质,首先需要研究一下"平行"与"平行移动"这个基本概念.

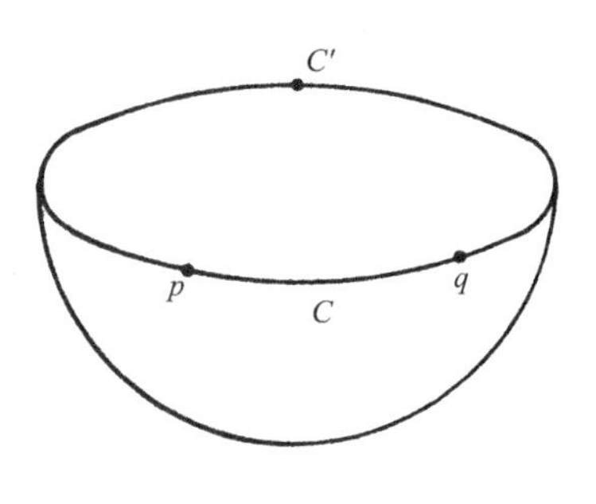

图 5.5.1

5.6 平行与平行移动

本节我们将讨论平面几何中"平行"的概念在一般曲面中的相应概念.

我们知道平面上的直线是其切方向不变的曲线. 如果将测地线视为直线的推广,测地线的切方向也应该是沿测地线平行的. 但是测地线的切向量满足 $\nabla_T T=0$,因而我们将曲面的曲线上向量场平行的概念作如下定义:

定义 5.6.1 设 $P(s)$ 是 S 上的一条曲线, $Y(s)\in\mathscr{D}^1(s)$ 是沿 $P(s)$ 的 S 的切向量场. 设 $X(s)=\dfrac{\mathrm{d}P(s)}{\mathrm{d}s}$. 如果

$$\nabla_{X(s)}Y(s)=0,\ \forall s,\tag{5.6.1}$$

则称 $Y(s)$ 是沿 $P(s)$ **平行**的向量场.

由于

$$\nabla_{X(s)}Y(s)=\pi\Big(\frac{\mathrm{d}}{\mathrm{d}s}Y(s)\Big),$$

因而$\nabla_{X(s)}Y(s)=0$当且仅当$\frac{\mathrm{d}}{\mathrm{d}s}Y(s)=\lambda(s)n(P(s))$，即$\frac{\mathrm{d}}{\mathrm{d}s}Y(s)$与曲面$S$正交.

例 5.6.1　设$\gamma(t)=(a(t),b(t),0)$是一平面曲线，

$$X(t)=(A(t),B(t),0)$$

是沿γ的向量场，$\mathrm{d}X/\mathrm{d}t=(\mathrm{d}A/\mathrm{d}t,\ \mathrm{d}B/\mathrm{d}t,0)$，平面的法向量是$(0,0,1)$，故$\mathrm{d}X/\mathrm{d}t$与平面正交当且仅当$\mathrm{d}A/\mathrm{d}t=\mathrm{d}B/\mathrm{d}t=0$，故$X(t)$沿$\gamma$平行当且仅当$A$与$B$是常数. 在这种情况下，$X$沿任意曲线平行.

例 5.6.2　设$S=S^2$为单位球面，$\gamma(t)$为赤道(equator)，$X(t)$是γ上每点均指向北极的单位向量，即$X(t)=(0,0,1)$. 由$\mathrm{d}X/\mathrm{d}t=(0,0,0)$，故$X(t)$沿$\gamma$是平行的.

例 5.6.3　设$S=S^2$为单位球面，$\gamma(t)$是纬线：

$$\gamma(t)=\Big(\frac{\sqrt{2}}{2}\cos t,\ \frac{\sqrt{2}}{2}\sin t,\ \frac{\sqrt{2}}{2}\Big).$$

$X(t)$是沿γ的单位向量场，在γ的每点均指向北极，即

$$X(t)=\Big(-\frac{\sqrt{2}}{2}\cos t,\ -\frac{\sqrt{2}}{2}\sin t,\frac{\sqrt{2}}{2}\Big).$$

故

$$\frac{\mathrm{d}X}{\mathrm{d}t}=\Big(\frac{\sqrt{2}}{2}\sin t,\ -\frac{\sqrt{2}}{2}\cos t,0\Big).$$

与S^2不垂直. 故$X(t)$沿γ不平行.

定理 5.6.1　设$\gamma(t)=P(\gamma^1(t),\gamma^2(t))$是正则曲线，$X(t)$是沿$\gamma(t)$的可微向量场，且$X(t)=\sum X^iP_i$，则$X(t)$沿$\gamma$平行当且仅当

$$\frac{\mathrm{d}X^k}{\mathrm{d}t}+\sum_{i,j}\Gamma_{ij}^kX^i\frac{\mathrm{d}\gamma^j}{\mathrm{d}t}=0,\ k=1,2. \tag{5.6.2}$$

证

$$\begin{aligned}\nabla_{\frac{\mathrm{d}\gamma(t)}{\mathrm{d}t}}X(t)=\nabla_{\frac{\mathrm{d}\gamma^j}{\mathrm{d}t}P_j}X^iP_i&=\frac{\mathrm{d}\gamma^j}{\mathrm{d}t}\frac{\partial X^i}{\partial u^j}P_i+\frac{\mathrm{d}\gamma^j}{\mathrm{d}t}X^i\Gamma_{ij}^kP_k\\&=\Big(\frac{\mathrm{d}X^k}{\mathrm{d}t}+\sum\Gamma_{ij}^kX^i\frac{\mathrm{d}\gamma^j}{\mathrm{d}t}\Big)P_k,\end{aligned}$$

故$X(t)$沿γ平行当且仅当

$$\frac{\mathrm{d}X^k}{\mathrm{d}t}+\sum_{i,j}\Gamma_{ij}^k X^i\frac{\mathrm{d}\gamma^j}{\mathrm{d}t}=0,\ k=1,2.$$

定理 5.6.2 设 $\gamma(t)$是 S 上的正则曲线,又设 $\widetilde{X}\in T_{\gamma(t_0)}S$,则存在唯一的向量场 $X(t)$沿 $\gamma(t)$平行,而且 $X(t_0)=\widetilde{X}$.

证 设 $\gamma(t)=P(\gamma^1(t),\gamma^2(t))$. 考虑初值问题

$$\begin{cases}\dfrac{\mathrm{d}X^k}{\mathrm{d}t}+\sum\Gamma_{ij}^k(\gamma^1(t),\gamma^2(t))X^i(t)\dfrac{\mathrm{d}\gamma^j}{\mathrm{d}t}=0,\\ \qquad k=1,2,\\ X^k(t_0)=\widetilde{X}^k.\end{cases}\tag{5.6.3}$$

此初值问题的解在 t_0 附近存在唯一,故 $X(t)$存在唯一. 重复应用此步骤给出了沿整个 γ 的唯一确定的 $X(t)$.

由于(5.6.3)是线性齐次方程组,其解的全体构成一个向量空间,且同构于 T_pS,其中 $p\in\gamma(t)$.

定义 5.6.2 $X(t)$为沿 $\gamma(t)$平行的向量场,$X(t_0)=\widetilde{X}$,称 $X(t)$是 $\widetilde{X}$ 沿 $\gamma(t)$的**平行移动**.

定理 5.6.3 设 $\gamma(t)$是 S 上连结 $p=\gamma(a),q=\gamma(b)$的可微曲线,以 $\parallel\gamma(a,b)$表示沿 γ 的平行移动,则

$$\parallel\gamma(a,b):T_pS\to T_qS$$

是等距同构.

证 设 $X(t),Y(t)$均沿 $\gamma(t)$平行,则有

$$\frac{\mathrm{d}}{\mathrm{d}t}\langle X(t),Y(t)\rangle=\left\langle\frac{\mathrm{d}X}{\mathrm{d}t},Y\right\rangle+\left\langle X,\frac{\mathrm{d}Y}{\mathrm{d}t}\right\rangle.$$

注意到 $X,Y\in T_{\gamma(t)}S$,故有

$$\frac{\mathrm{d}}{\mathrm{d}t}\langle X(t),Y(t)\rangle=\langle\nabla_{\dot\gamma(t)}X,Y\rangle+\langle X,\nabla_{\dot\gamma(t)}Y\rangle=0.$$

因而$\langle X(t),Y(t)\rangle=\mathrm{const}$,特别

$$\langle X(a),Y(a)\rangle=\langle X(b),Y(b)\rangle.$$

故 $\parallel\gamma(a,b)$是等距同构.

一个自然的问题是:$\widetilde{X}\in T_pS,\gamma_1,\gamma_2$ 均连结 p,q,那么 $\parallel\gamma_1(p,q)\widetilde{X}=\parallel\gamma_2(p,q)\widetilde{X}$ 是否成立?

例 5.6.4 设 N 为 S^2 的北极,A,B 是赤道上两点,$\widehat{NA}$,$\widehat{NB}$ 均为经线. 记 $\gamma_1=\widehat{NA}$,$\gamma_2=\widehat{AB}$,$\gamma_3=\widehat{BN}$. 设 $\widetilde{X}\in T_NS^2$,$\widetilde{X}$ 沿 γ_1 指向南. 将 $\widetilde{X}$ 沿 γ_1 平移至 A,在 A 处指向南. 再沿 γ_2 平移至 B,在 B 处仍指向南. 最后沿 γ_3 移回 N 为 X_1,所得向量沿 $\widehat{NB}$指向南,即 $X_1=\dot\gamma_3$,$\widetilde{X}\neq X_1$(如图 5.6.1).

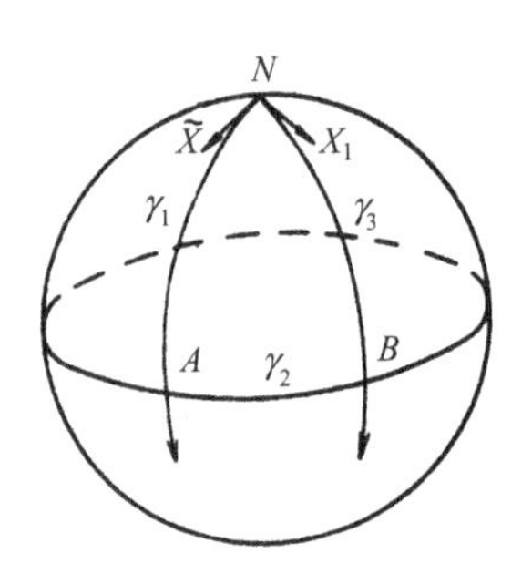

图 5.6.1

用平行的概念来看，测地线就是其单位切向量沿自身平行的曲线，在曲面上平行已经与平面中的平行有很大差距了.

5.7　法坐标系与测地极坐标系

选取较好的参数或标架场既可以使计算简单也可以较好地反映几何性质，因而选取较好的参数是研究微分几何的重要问题. 本节要介绍的法坐标系与测地极坐标系就是较好的参数系.

设 S 是 $\mathbf{R}^3$ 中曲面，$p\in S, Y\in T_pS$，Ⅰ为第一基本形式. 于是 Y 的长度为

$$|Y| = \sqrt{\mathrm{I}(Y,Y)} = \sqrt{\langle Y,Y\rangle}.$$

我们知道存在 $\varepsilon>0$，当 $|Y|\leqslant\varepsilon$ 时，S 上有一条以 p 为起点，Y 为切方向的测地线 γ，而且有一点 $q\in\gamma$ 使得 γ 从 p 到 q 的弧长

$$l(p,q) = |Y|.$$

记

$$q = \mathrm{Exp}_p Y.$$

于是有映射 $\mathrm{Exp}_p: B_\delta\to U\subseteq S$，其中 $B_\delta=\{x\in T_pS \mid |x|<\delta\}$，这里 U 是 p 的邻域. 这个映射称为**指数映射**.

设 $e_1(p), e_2(p)$ 是 T_pS 的幺正标架，于是

$$Y = y^1e_1(p) + y^2e_2(p).$$

若 Exp_p 是一一的，则可在邻域 U 中用 y^1, y^2 来表示点 $q=\mathrm{Exp}_pY$. 这是下面定理要解决的问题.

定理 5.7.1　上述定义的 (y^1, y^2) 是 S 中 p 点的某邻域内的正则参数.

证　在 S 中选取参数 (u^1, u^2) 使得 S 的参数方程为

$$P(u^1, u^2).$$

又

$$p = P(0,0),$$

$$P_i(0,0) = e_i(p),\ i = 1,2.$$

又设

$$\mathrm{Exp}_p(y^1 e_1(p) + y^2 e_2(p)) = (u^1, u^2),\ i = 1,2.$$

故 u^i 为 y^1, y^2 的函数. 为证明定理只要证明以下两点:

(1) 在 p 的一个邻域内 $u^i(y^1, y^2)$ 可微,

(2) 在 p 处的 Jacobi 行列式

$$\left|\frac{\partial(u^1, u^2)}{\partial(y^1, y^2)}\right|_p \neq 0.$$

固定 $Y = y^1 e_1(p) + y^2 e_2(p)$,考虑 S 上的曲线

$$\gamma(t) = \mathrm{Exp}_p(tY),$$

设 $\gamma(t)$ 的 (u^1, u^2) 参数值为 $(\gamma^1(t), \gamma^2(t))$,则

$$\gamma^i(t) = u^i(ty^1, ty^2).$$

又沿 $\gamma(t)$ 有

$$l(p, \gamma(t)) = t\,|\,Y\,|,$$

即 $s = t|Y|$ 为 $\gamma(t)$ 的弧长参数. 于是 $\gamma(t)$ 的单位切向量为

$$T = \frac{\mathrm{d}\gamma}{\mathrm{d}s} = \frac{1}{|\,Y\,|}\frac{\mathrm{d}\gamma}{\mathrm{d}t} = \frac{1}{|\,Y\,|}\frac{\mathrm{d}\gamma^i(t)}{\mathrm{d}t}P_i,$$

于是

$$\begin{aligned}
\nabla_T T &= \pi \frac{\mathrm{d}}{\mathrm{d}s}T = \pi \frac{\mathrm{d}t}{\mathrm{d}s} \cdot \frac{\mathrm{d}T}{\mathrm{d}t} \\
&= \frac{1}{|\,Y\,|}\pi\left(\frac{\mathrm{d}T}{\mathrm{d}t}\right) \\
&= \frac{1}{|\,Y\,|^2}\pi\left\{\frac{\mathrm{d}^2\gamma^i(t)}{\mathrm{d}t^2}P_i + \frac{\mathrm{d}\gamma^j(t)}{\mathrm{d}t}\frac{\mathrm{d}P_j}{\mathrm{d}t}\right\} \\
&= \frac{1}{|\,Y\,|^2}\pi\left\{\frac{\mathrm{d}^2\gamma^i(t)}{\mathrm{d}t^2}P_i + \frac{\mathrm{d}\gamma^j(t)}{\mathrm{d}t}\frac{\partial P_j}{\partial u^k}\frac{\mathrm{d}\gamma^k(t)}{\mathrm{d}t}\right\} \\
&= \frac{1}{|\,Y\,|^2}\left\{\frac{\mathrm{d}^2\gamma^i(t)}{\mathrm{d}t^2} + \Gamma^i_{jk}(\gamma^1(t), \gamma^2(t))\frac{\mathrm{d}\gamma^j(t)}{\mathrm{d}t}\frac{\mathrm{d}\gamma^k(t)}{\mathrm{d}t}\right\}P_i.
\end{aligned}$$

由 $\gamma(t)$ 为测地线,故 $\nabla_T T = 0$. 于是有方程组

$$\begin{cases} \dfrac{d^2\gamma^i(t)}{dt^2}+\Gamma^i_{jk}(\gamma^1(t),\gamma^2(t))\dfrac{d\gamma^j}{dt}\dfrac{d\gamma^k}{dt}=0, \\ \gamma^i(0)=0,\ \dfrac{d\gamma^i}{dt}(0)=y^i. \end{cases}$$

由常微分方程组理论可知 $\gamma^i(1)$ 连续可微地依赖于 y^1,y^2，即 $u^i(y^1,y^2)=\gamma^i(1)$ 是 y^1,y^2 的连续可微函数，即(1)成立.

考虑带余项的 Tayler 展开式：

$$\begin{aligned} \gamma^i(1) &= \gamma^i(0)+\frac{d\gamma^i(0)}{dt}+\frac{1}{2}\frac{d^2\gamma^i}{dt^2}(\xi) \\ &= y^i+\frac{1}{2}\frac{d^2\gamma^i}{dt^2}(\xi),\ \xi\in[0,1]. \end{aligned}$$

又

$$\begin{aligned} &\frac{d^2\gamma^i}{dt^2}(\xi) \\ =&-\Gamma^i_{jk}(\gamma^1(\xi),\gamma^2(\xi))\frac{d\gamma^j}{dt}(\xi)\frac{d\gamma^k}{dt}(\xi) \\ =&-y^\alpha y^\beta\Gamma^i_{jk}(\gamma^1(\xi),\gamma^2(\xi))\frac{\partial u^j}{\partial y^\alpha}(\xi y^1,\ \xi y^2)\frac{\partial u^k}{\partial y^\beta}(\xi y^1,\ \xi y^2), \end{aligned}$$

故有

$$u^i(y^1,y^2)=\gamma^i(1)=y^i+o(|y^1|+|y^2|).$$

故

$$\left.\frac{\partial u^i}{\partial y^j}\right|_p=\delta_{ij}.$$

即(2)也成立.

定义 5.7.1　定理 5.7.1 中的正则参数 (y^1,y^2) 称为 S 在 p 点附近的**法坐标系**.

而由方程

$$\begin{cases} y^1=\rho\cos\theta, \\ y^2=\rho\sin\theta, \\ \rho>0 \end{cases}$$

解出的 (ρ,θ) 是 S 在 p 点附近的正则参数，称为 S 在 p 点附近的**测地极坐标系**.

定理 5.7.2　设 (y^1,y^2) 是 S 在 p 点附近的法坐标系，第一基本形式为：

$$\mathrm{I}=\sum_{i,j}g_{ij}(y^1,y^2)dy^idy^j,$$

则有

$$\sum_i y^i g_{ij}(y^1, y^2) = y^j.$$

证 固定$(a^1, a^2) \in \mathbf{R}^2$，使$(a^1)^2 + (a^2)^2 = 1$. 考虑$S$上的测地线

$$\gamma(t) = \mathrm{Exp}_p t(a^1 e_1(p) + a^2 e_2(p)).$$

$\gamma(t)$的参数值为$(y^1(t), y^2(t))$，则

$$y^i(t) = a^i t$$

曲线γ上从p到$\gamma(t)$的弧长为

$$|t(a^1 e_1(p) + a^2 e_2(p))| = |t|.$$

故t为$\gamma(t)$的弧长参数，$T = \dfrac{\mathrm{d}\gamma}{\mathrm{d}t}$为单位切向量，即有

$$\begin{aligned} 1 = |T|^2 &= \left|\frac{\partial P}{\partial y^i}\frac{\mathrm{d}y^i(t)}{\mathrm{d}t}\right|^2 = a^i a^j \left\langle \frac{\partial P}{\partial y^i}, \frac{\partial P}{\partial y^j} \right\rangle \\ &= \sum a^i a^j g_{ij}(a^1 t, a^2 t) \\ &= \sum a^i a^j g_{ij}(y^1, y^2). \end{aligned}$$

又由于$\gamma(t)$是测地线，故有

$$\begin{aligned} 0 = \nabla_T T &= \left(\frac{\mathrm{d}^2 y^i(t)}{\mathrm{d}t^2} + \Gamma^i_{jk}\frac{\mathrm{d}y^j}{\mathrm{d}t}\frac{\mathrm{d}y^k}{\mathrm{d}t}\right)\frac{\partial P}{\partial y^i} \\ &= \Gamma^i_{jk}(a^1 t, a^2 t) a^j a^k \frac{\partial P}{\partial y^i}. \end{aligned}$$

又

$$\Gamma^i_{jk} = \frac{1}{2} g^{is}\left(\frac{\partial g_{js}}{\partial y^k} + \frac{\partial g_{ks}}{\partial y^j} - \frac{\partial g_{jk}}{\partial y^s}\right),$$

因而由(g^{is})可逆，有

$$\frac{1}{2} a^j a^k \left(\frac{\partial g_{js}}{\partial y^k} + \frac{\partial g_{ks}}{\partial y^j} - \frac{\partial g_{jk}}{\partial y^s}\right) = 0,$$

即

$$a^j a^k \frac{\partial g_{js}}{\partial y^k}(a^1 t, a^2 t) - \frac{1}{2} a^j a^k \frac{\partial g_{jk}}{\partial y^s}(a^1 t, a^2 t) = 0.$$

令

$$f(t) = \sum_i a^i g_{ij}(a^1 t, a^2 t) - a^j,$$

则有

$$f'(t) = a^i a^k \frac{\partial g_{ij}}{\partial y^k}(a^1 t, a^2 t)$$

$$= \frac{1}{2} a^i a^k \frac{\partial g_{ik}}{\partial y^j}(a^1 t, a^2 t).$$

注意到

$$\sum a^i a^j g_{ij}(y^1, y^2) = 1,$$

所以有

$$\sum a^i a^j \frac{\partial g_{ij}}{\partial y^k} = 0,$$

即

$$a^i a^j \frac{\partial g_{ik}}{\partial y^j} = 0,$$

所以

$$f' = 0.$$

又

$$g_{ij}(0,0) = \delta_{ij},$$

所以

$$f(0) = a^i \delta_{ij} - a^j = 0,$$

于是

$$f(t) = 0.$$

因而

$$(ta^i) g_{ij}(a^1 t, a^2 t) - ta^j = 0.$$

故有

$$y^i g_{ij}(y^1, y^2) = y^j.$$

定理 5.7.3　设(ρ,θ)是 S 在 p 点附近的测地极坐标系，则有 $G(\rho,\theta)$，使得：

(1) $\mathrm{I} = \mathrm{d}\rho^2 + G(\rho,\theta)\mathrm{d}\theta^2$；

(2) $\lim_{\rho\to 0}\sqrt{G}=0$，$\lim_{\rho\to 0}\left(\frac{\partial\sqrt{G}}{\partial\rho}\right)=1$；

(3) $\frac{\partial^2\sqrt{G}}{\partial\rho^2}+K\sqrt{G}=0$.

证　由于

$$y^1 = \rho\cos\theta,$$
$$y^2 = \rho\sin\theta,$$

于是

$$\frac{\partial P}{\partial \rho} = \frac{\partial y^i}{\partial \rho}\frac{\partial P}{\partial y^i} = \cos\theta\frac{\partial P}{\partial y^1} + \sin\theta\frac{\partial P}{\partial y^2}$$

$$= \frac{1}{\rho}y^i\frac{\partial P}{\partial y^i},$$

$$\frac{\partial P}{\partial \theta} = \frac{\partial y^i}{\partial \theta}\frac{\partial P}{\partial y^i} = -\rho\sin\theta\frac{\partial P}{\partial y^1} + \rho\cos\theta\frac{\partial P}{\partial y^2}$$

$$= -y^2\frac{\partial P}{\partial y^1} + y^1\frac{\partial P}{\partial y^2}.$$

于是

$$\left\langle \frac{\partial P}{\partial \rho}, \frac{\partial P}{\partial \rho} \right\rangle = \frac{1}{\rho^2}y^iy^j\left\langle \frac{\partial P}{\partial y^i}, \frac{\partial P}{\partial y^j} \right\rangle = \frac{1}{\rho^2}y^iy^jg_{ij}$$

$$= \frac{1}{\rho^2}\sum_{i=1}^{2}(y^i)^2 = \frac{1}{\rho^2}\rho^2 = 1,$$

$$\left\langle \frac{\partial P}{\partial \rho}, \frac{\partial P}{\partial \theta} \right\rangle = \frac{1}{\rho}\left\langle y^1\frac{\partial P}{\partial y^1} + y^2\frac{\partial P}{\partial y^2}, -y^2\frac{\partial P}{\partial y^1} + y^1\frac{\partial P}{\partial y^2} \right\rangle$$

$$= \frac{1}{\rho}(-y^2y^ig_{i1} + y^1y^ig_{i2})$$

$$= \frac{1}{\rho}(-y^2y^1 + y^1y^2) = 0,$$

$$\left\langle \frac{\partial P}{\partial \theta}, \frac{\partial P}{\partial \theta} \right\rangle = (y^2)^2g_{11} - 2y^1y^2g_{12} + (y^1)^2g_{22}$$

$$= \rho^2(\sin^2\theta g_{11} - \sin 2\theta g_{12} + \cos^2\theta g_{22})$$

$$= G(\rho,\theta).$$

因而

$$\mathrm{I} = \mathrm{d}\rho^2 + G(\rho,\theta)\mathrm{d}\theta^2,$$

$$\lim_{\rho\to 0}G(\rho,\theta) = 0,$$

$$\frac{\partial\sqrt{G}}{\partial\rho} = \frac{1}{2\sqrt{G}}\frac{\partial G}{\partial \rho},$$

$$\frac{\partial g_{ij}}{\partial \rho} = \cos\theta\frac{\partial g_{ij}}{\partial y^1} + \sin\theta\frac{\partial g_{ij}}{\partial y^2}.$$

由此可得

$$\lim_{\rho\to 0}\frac{\partial\sqrt{G}}{\partial\rho} = 1.$$

由(ρ,θ)是正交参数，$\left\langle \frac{\partial P}{\partial \rho}, \frac{\partial P}{\partial \rho} \right\rangle = 1$，故

$$K=-\frac{1}{\sqrt{EG}}\left\{\left[\frac{(\sqrt{G})_\rho}{\sqrt{E}}\right]_\rho+\left[\frac{(\sqrt{E})_\theta}{\sqrt{G}}\right]_\theta\right\}$$
$$=-\frac{1}{\sqrt{G}}\frac{\partial^2\sqrt{G}}{\partial\rho^2}.$$

即

$$\frac{\partial^2\sqrt{G}}{\partial\rho^2}+K\sqrt{G}=0.$$

例 5.7.1　S 的 Gauss 曲率 K 为常数,则由

$$\begin{cases}\dfrac{\partial^2\sqrt{G}}{\partial\rho^2}+K\sqrt{G}=0,\\ \lim_{\rho\to0}\sqrt{G}=0,\\ \lim_{\rho\to0}\dfrac{\partial\sqrt{G}}{\partial\rho}=1\end{cases}$$

可解出:

(1) $K=0,\sqrt{G}=\rho$;

(2) $K=\frac{1}{a^2}>0$, $\sqrt{G}=a\sin\frac{\rho}{a}$;

(3) $K=-\frac{1}{a^2}<0$, $\sqrt{G}=a\sinh\frac{\rho}{a}$.

5.8　可展曲面

我们知道,曲面 S 若有参数表示

$$P(u,v)=\sigma(u)+v\cdot l(u),$$

其中 $l(u)$ 是单位向量,则称 S 为**直纹面**(ruled surface).

当 $l(u)=l_0$ 为常向量时,称 S 为**柱面**.

当 $\sigma(u)=\sigma_0$ 为常点时,称 S 为**锥面**.

当 $l(u)=\sigma'(u)$时,称 S 为**切线面**.

定义 5.8.1　若直纹面满足

$$(\sigma',l,l')=0, \tag{5.8.1}$$

则称 S 为**可展曲面**(developable surface).

定理 5.8.1　直纹面 S:$P(u,v)=\sigma(u)+vl(u)$,其中 $l(u)$ 为单位向量. 下面各条件等价:

(1) S 为可展曲面;

(2) 在 v 曲线(即 S 的直母线)上,切平面不变;

(3) Gauss 曲率 $K=0$;

(4) 局部上 S 与平面之间有保长对应;

(5) S 为平面、柱面、锥面或切线面.

证 (1)⇔(2)由方程得

$$\frac{\partial P}{\partial u}=\sigma'(u)+v\cdot l'(u),$$

$$\frac{\partial P}{\partial v}=l(u),$$

故

$$\frac{\partial P}{\partial u}\times\frac{\partial P}{\partial v}=(\sigma'(u)+vl'(u))\times l(u).$$

设 $v_1\neq v_2$,于是

$$\begin{aligned}&[(\sigma'(u)+v_1l'(u))\times l(u)]\times[(\sigma'(u)+v_2l'(u))\times l(u)]\\&\quad=(\sigma'(u)+v_1l'(u),\sigma'(u)+v_2l'(u),l(u))l(u)\\&\quad=(v_1-v_2)(\sigma'(u),l(u),l'(u))l(u),\end{aligned}$$

故 $n(u,v_1)$平行于 $n(u,v_2)$当且仅当$(\sigma'(u),l(u),l'(u))=0$.

(1)⇔(3)由

$$n=f\cdot(\sigma'(u)\times l(u)+vl'(u)\times l(u)),$$

$$f=1\Big/\left|\frac{\partial P}{\partial u}\times\frac{\partial P}{\partial v}\right|,$$

$$\begin{aligned}M&=\left\langle\frac{\partial^2P}{\partial u\partial v},n\right\rangle=\langle l'(u),n\rangle\\&=f\cdot\langle l'(u),\sigma'(u)\times l(u)\rangle+f\cdot v\langle l'(u),l'(u)\times l(u)\rangle\\&=0,\end{aligned}$$

$$N=\left\langle\frac{\partial^2P}{\partial v^2},n\right\rangle=\langle 0,n\rangle=0,$$

于是

$$K=\frac{LN-M^2}{EG-F^2}=0.$$

反之,设 $K\equiv0$. 若 S 上处处是脐点,则 S 为平面,设 S 上无脐点,则可取正交曲率线网为参数曲线图,于是 $F=M=0$,

$$K=\frac{LN}{EG}=0.$$

不妨设 v 曲线对应的主曲率为零，则 $N\equiv 0$. 由(1)⇔(2)只要证曲面的单位法方向量 n 沿 v 曲线是不变的. 实际上，我们有

$$n_v \cdot P_u = -M = 0,$$

$$n_v \cdot P_v = -N = 0,$$

$$n_v \cdot n = 0,$$

因此

$$n_v \equiv 0,$$

所以 S 是可展曲面.

(5)⇔(1)　由定义，柱面、锥面和切线面满足(5.8.1)，是可展曲面.

设 S 是可展曲面，则 $\sigma(u)$，$l(u)$满足(5.8.1).

如果 $l'(u)\times l(u)\equiv 0$，则 $l(u)$有固定的方向，故直母线平行，S 为柱面.

假定 $l'(u)\times l(u)$非零，则(5.8.1)意味着向量 $\sigma'(u)$落在 $l(u)$和 $l'(u)$所张成的子空间里，不妨设

$$\sigma'(u) = \alpha(u)l(u) + \beta(u)l'(u).$$

现在让准线作一个变换：

$$\tilde{\sigma}(u) = \sigma(u) + \lambda(u)l(u),$$

要求 $\tilde{\sigma}$ 平行于 $l(u)$. 因此

$$\begin{aligned}\tilde{\sigma}'(u) &= \sigma'(u) + \lambda'(u)l(u) + \lambda(u)l'(u)\\ &= (\alpha(u) + \lambda'(u))l(u) + (\beta(u) + \lambda(u))l'(u),\end{aligned}$$

只要取 $\lambda(u) = -\beta(u)$即可，也就是

$$\tilde{\sigma}(u) = \sigma(u) - \beta(u)l(u).$$

现在

$$\tilde{\sigma}'(u) = (\alpha(u) - \beta'(u))l(u),$$

如果 $\alpha(u)-\beta'(u)\equiv 0$，则 $\tilde{\sigma}'\equiv 0$，于是 $\tilde{\sigma}(u)=\tilde{\sigma}_0$ 是常向量，这时曲面上的直母线都通过 $\tilde{\sigma}_0$，故该曲面是锥面. 如果 $\alpha(u)-\beta'(u)$非零，则 $p=\tilde{\sigma}(u)$是一条正则曲线，而且

$$p(u,v) = \tilde{\sigma}(u) + \frac{v+\beta(u)}{\alpha(u)-\beta'(u)}\tilde{\sigma}'(u),$$

这说明 S 是 $\tilde{\sigma}(u)$的切线面.

(4)⇔(1)　若 S 与平面有保长对应，S 与平面有相同的第一基本形式，因而有相同的零 Gauss 曲率，即为可展曲面.

另一个方向的证明归结为对柱面、锥面和切线面分别证明与平面间存在保长对应.

(1) 柱面. 其参数方程为

$$p(u,v)=\sigma(u)+v\cdot l_0,$$

其中$|l_0|=1$. 作准线变换

$$\tilde{\sigma}(u)=\sigma(u)+\lambda(u)l_0,$$

使得$\tilde{\sigma}(u)$与l_0正交. 为此只要取$\lambda(u)=-\langle\sigma(u),l_0\rangle$即可. 这样,曲线的方程成为

$$p(u,v)=\tilde{\sigma}(u)+(v-\lambda(u))l_0.$$

作参数变换

$$\begin{cases}\tilde{u}=\int|\tilde{\sigma}'(u)|\,\mathrm{d}u,\\ \tilde{v}=v-\lambda(u),\end{cases}$$

于是方程成为

$$p(\tilde{u},\tilde{v})=\tilde{\sigma}(\tilde{u})+\tilde{v}l_0,$$

其中$|l_0|=1$,$|\tilde{\sigma}(\tilde{u})|=1$且$\langle\tilde{\sigma}(\tilde{u}),l_0\rangle=0$. 因此曲面的第一基本形式为

$$\mathrm{I}=(\mathrm{d}\tilde{u})^2+(\mathrm{d}\tilde{v})^2,$$

和平面在 Descartes 坐标系下的第一基本形式相同,故上述参数变换是曲面与平面间的保长对应.

(2) 锥面. 设曲面的方程为

$$p(u,v)=\sigma_0+v\cdot l(u).$$

其中$|l(u)|=1$. 我们可以假设u是单位球面上的曲线$r=l(u)$的弧长参数,故$|l'(u)|=1$. 这样,曲面的第一基本形式为

$$\mathrm{I}=v^2\mathrm{d}u^2+\mathrm{d}v^2.$$

令

$$\begin{cases}x=v\cos u,\\ y=v\sin u,\end{cases}$$

则

$$\mathrm{I}=\mathrm{d}x^2+\mathrm{d}y^2,$$

即存在与平面间的保长对应.

(3) 切线面. 设$p=p(s)$是$\mathbf{R}^3$中一条正则曲线,s是弧长参数,故它的切线面方程是

$$p=p(s)+t\dot{p}(s)=p(s)+t\cdot T(s),$$

因此

$$p_s = T(s) + t\kappa N(s),$$
$$p_t = T(s),$$

所以

$$E = 1 + t^2\kappa^2, F = 1, G = 1,$$

曲面的第一基本形式为

$$\mathrm{I} = (1 + t^2\kappa^2)\mathrm{d}s^2 + 2\mathrm{d}s\mathrm{d}t + \mathrm{d}t^2.$$

注意到在Ⅰ中不含有曲线 $p = p(s)$ 的挠率，这就是说，空间 $\mathbf{R}^3$ 中任意两条有相同的弧长参数和曲率函数的曲线必有彼此成保长对应的切线面. 特别是，根据曲线论基本定理我们可以作一条以 s 为弧长，以 $\kappa(s)$ 为曲率的平面曲线，它的切线面是平面的一部分，因此曲线 $p = p(s)$ 的切线面必可与平面在局部上建立保长对应.

习　题

1. 证明：旋转曲面上纬线的测地曲率是常数.

2. 证明：在球面

$$P = (a\cos u\cos v, a\cos u\sin v, a\sin u)$$

$\left(-\dfrac{\pi}{2} \leqslant u \leqslant \dfrac{\pi}{2},\ 0 \leqslant v \leqslant 2\pi\right)$ 上，曲线的测地曲率可以表示为

$$\kappa_g = \frac{\mathrm{d}\theta}{\mathrm{d}s} - \sin u\frac{\mathrm{d}v}{\mathrm{d}s},$$

其中 θ 是曲线与 u 曲线（即经线）之间的夹角.

3. 假定 Φ 是曲面 S 上保长变换构成的群，并且保持 S 上一条曲线 C 不变. 证明：如果 Φ 限制在 C 上的作用是传递的，则曲线 C 的测地曲率必为常数.

4. 证明：下列命题等价：

(1) p 是曲面 S 的脐点；

(2) p 点处总曲率，平均曲率满足 $H^2 = K$；

(3) p 点处各个方向上 $\tau_g = 0$；

(4) p 点处各个方向上 κ_n 相等.

5. 证明曲面 S 的一点处，关于任意切向量 X，有

$$(\kappa_n(X))^2 + (\tau_g(X))^2 - 2H\kappa_n(X) + K = 0.$$

6. 证明曲面上任意点处的任意两个正交方向上法曲率之和为常数，测地挠率之和为零.

7. 证明 Joachimstahl 定理：若 S_1, S_2 相交于曲线 C，C 是 S_1 的曲率线，则 C 是 S_2 的曲率线的充要条件是 S_1 和 S_2 沿 C 有固定夹角.

8. 如果曲面 S 的一条曲率线（非渐近曲线）的密切平面与曲面的切平面相交为定角，则该曲率线是平面曲线.

9. 若曲面的所有曲线均是曲率线，则该曲面必为全脐点曲面.

10. 设 e_1, e_2 是两个在曲面 S 上一点彼此正交的主方向，对应的主曲率分别为 κ_1 和

κ_2. 证明:曲面 S 在该点与 e_1 成 θ 角的切方向的测地挠率是

$$\tau_g = \frac{1}{2}(\kappa_2 - \kappa_1)\sin 2\theta = \frac{1}{2}\frac{\mathrm{d}\kappa_n(\theta)}{\mathrm{d}\theta}.$$

11. 试证明 Dupin 定理:设 $P(x,y,z)$ 是 $\mathbf{R}^3$ 到 $\mathbf{R}^3$ 的光滑映射,当固定 $x=x_0$ 时 $P(x_0,y,z)$ 给出一个曲面. 当 x 变动时,则得到一族曲面. 同样 y,z 变动,也可以得到两族曲面. 如果这三族曲面彼此正交,则交线必为所有曲面的曲率线.

12. 试证明:曲面上的直线一定是测地线和渐近线.

13. 若曲面上每一点均有三条曲面上的直线通过,则曲面各点的法曲率函数均为零.

14. 试证明在一条曲线的主法线形成的曲面上,原来的曲线是渐近线.

15. 如果曲面的所有测地线均为平面曲线,则该曲面必为全脐点曲面.

16. 曲面 S_1 和 S_2 沿曲线 C 相切,如果 C 是 S_1 的测地线,则 C 也是 S_2 的测地线.

17. 试证明:

(1) 若曲线即是测地线又是渐近线,则它是直线;

(2) 若曲线即是测地线又是曲率线,则它是平面曲线.

18. 在球上,求与经线相交成角 φ 的曲线的方程.

19. 证明:若曲面上有两族测地线彼此交成定角,则曲面是可展曲面.

20. 曲面 S 上的曲线 C 是曲率线的充要条件是:由 C 上每点的曲面法线所生成的直纹面为可展曲面.

21. 柱面上的测地线必定是定倾曲线.

22. 设曲线 C 是旋转面

$$P(u,v) = (f(u)\cos v,\ f(u)\sin v, g(u))$$

上的一条测地线,用 θ 表示 C 与经线的交角,证明:沿测地线 C 有恒等式

$$f(u)\cdot\sin\theta = \text{常数}.$$

23. 设在旋转面上存在一条测地线 C 与经线交成定角 θ_0,并且 θ_0 非 0 或 90°,证明:此旋转面必为柱面.

24. 已知曲面的第一基本形式如下,求曲面上的测地线:

(1) $\mathrm{I} = v(\mathrm{d}u^2 + \mathrm{d}v^2)$;

(2) $\mathrm{I} = \dfrac{a^2}{v^2}(\mathrm{d}u^2 + \mathrm{d}v^2)$.

25. 设曲面的第一基本形式为 $\mathrm{I} = \mathrm{d}u^2 + G(u,v)\mathrm{d}v^2$,并且 $G(u,v)$ 满足条件 $G(0,v) = 1, G_u(0,v) = 0$,证明:

$$G(u,v) = 1 - u^2K(0,v) + o(u^2).$$

26. 设 D 是 $\mathbf{R}^3$ 中一弯曲的二维球面,K 是 D 的总曲率,证明:

$$\iint_D K\,\mathrm{d}S = 4\pi.$$

27. 设 S 是 $\mathbf{R}^3$ 中环面,K 是 S 的总曲率,证明:

$$\iint_S K\,\mathrm{d}S = 0.$$

28. 设 C 是曲面 S 上的闭曲线,围成单连通区域 D,D 被正交参数 (u,v) 所覆盖. 设 C

的方程是 $u=u(s), v=v(s)$, s 是 C 的弧长参数, $X(s)$ 是沿 C 平行移动的单位切向量场. 设 θ 为曲线 C 与 u 曲线的夹角, φ 是 $X(s)$ 与 u 曲线的夹角, κ_g 是 C 的测地曲率, 试证明:

$$\frac{d\theta}{ds}-\kappa_g=\frac{d\varphi}{ds}.$$

29. 条件同上, 设 C 的弧长为 l, 证明:

$$\varphi(l)-\varphi(0)=\iint_D K\,dS,$$

其中 K 是 S 的总曲率.

30. 若 D 不是单连通区域, 上题的结论是否成立(考虑圆锥面沿纬线的向量平移).

31. 试证明: 球面上的闭曲线 C 平分球面面积, 当且仅当任意切向量沿 C 平行移动一周后重合.

32. 在曲面片 S 上存在一个非零的, 与路径无关的平行切向量场, 当且仅当该曲面的总曲率为零.

33. 试证明: 曲面 S 上的 u^α 曲线的单位切向量沿曲线 $C: u^\beta=u^\beta(t)$ 是平行的充分必要条件是沿曲线 C 有

$$\Gamma_{\alpha\gamma}^{\beta}\frac{du^\gamma}{dt}=0,$$

其中 $\beta\neq\alpha$.

34. 试证明: 在曲面上每一点的一个充分小的邻域内必存在参数系 (u,v), 使得曲面的第一基本形式为

$$\mathrm{I}=du^2+G(u,v)dv^2,$$

其中 $G(u,v)$ 满足

$$G(0,v)=1,\ \frac{\partial G}{\partial u}(0,v)=0$$

(这样的参数系称作测地平行坐标系).

35. 求常曲率曲面在测地平行坐标系下的第一基本形式.

36. 试证明: 在常曲率曲面上, 以 p 点为中心的测地圆(即在测地极坐标中的 θ 曲线)具有常测地曲率.

37. 已知常曲率曲面的第一基本形式是

$$\mathrm{I}=\begin{cases} du^2+\dfrac{1}{\kappa}\sin^2(\sqrt{\kappa}u)dv^2 & \kappa>0, \\ du^2-\dfrac{1}{\kappa}\sinh^2(\sqrt{-\kappa}u)dv^2 & \kappa<0 \end{cases}$$

证明: 该曲面上的测地线可以分别表示为:

$$A\sin(\sqrt{\kappa}u)\cos v+B\sin(\sqrt{\kappa}u)\sin v+C\cos(\sqrt{\kappa}u)=0,$$

或

$$A\sinh(\sqrt{-\kappa}u)\cos v+B\sinh(\sqrt{-\kappa}u)\sin v+C\cos(\sqrt{-\kappa}u)=0.$$

其中 A,B,C 是不全为零的常数.

38. 设曲面的第一基本形式为

$$\mathrm{I} = \mathrm{d}u^2 + 2\cos\psi \mathrm{d}u\mathrm{d}v + \mathrm{d}v^2,$$

其中 ψ 是 u 曲线和 v 曲线的夹角，试求：

(1) 曲面的总曲率 K；

(2) u 曲线与 v 曲线的测地曲率；

(3) u 曲线与 v 曲线的二等分角轨线的测地曲率.

39. 设曲面的第一基本形式是 $\mathrm{I} = \dfrac{a^2}{v^2}(\mathrm{d}u^2 + \mathrm{d}v^2)$，$v>0$，求曲线 $u=av+b$(a,b 是常数)的测地曲率.

40. 设(ρ,θ)是 S 上 p 点附近的测地极坐标，试证明：

(1) $\dfrac{\partial P}{\partial \theta}$可以连续可微扩张到包含 p 点的邻域；

(2) $\dfrac{\partial P}{\partial \theta}$满足下列 Jacobi 场方程

$$\nabla_{\frac{\partial P}{\partial \rho}} \nabla_{\frac{\partial P}{\partial \rho}} \frac{\partial P}{\partial \theta} + K \frac{\partial P}{\partial \theta} = 0.$$

41. 设 p 是曲面 S 上一点，试证明存在 p 的邻域 U，使得对 U 中任意一条测地线

$$\alpha(t) = (\rho(t), \theta(t)),\ a \leqslant t \leqslant b,$$

必有

$$\max_{a\leqslant t\leqslant b} \rho(t) \leqslant \max\{\rho(a), \rho(b)\},$$

其中(ρ,θ)是 p 点附近的测地极坐标.

42. (1) 证明：曲面 $P=\left(u^2 + \dfrac{v}{3},\ 2u^3 + uv, u^4 + \dfrac{2u^2 v}{3}\right)$是可展曲面.

(2) 证明：$P=(\cos v-(u+v)\sin v, \sin v+(u+v)\cos v, u+2v)$是可展曲面. 它是哪一类可展曲面？

(3) 证明：$P=(a(u+v), b(u-v), 2uv)$不是可展曲面.

43. 证明：挠率不为零的曲线的主法向量和次法向量分别生成的直纹面都不是可展曲面.

44. 对于挠率不为零的曲线，是否有单参数法线族构成可展曲面？若有，求出所有可能的这种可展曲面.

45. 已知空间挠曲线 $P=P(s)$，s 为弧长参数，求定义在曲线上的向量场 $l(s)=\lambda(s)\alpha(s)+\mu(s)\gamma(s)$　($\alpha(s)$，$\gamma(s)$分别为切向量、次法向量)，使得由 $l(s)$生成的、以已知曲线为准线的直纹面是可展曲面.

46. 曲面 S' 称为 S 的**平行曲面**，如果 S' 是由 S 上所有定长法向量的终点组成的曲面. 法向量的终、始两端点称为对应点. 证明：

(1) 平行曲面 S' 与 S 在对应点的切平面平行；

(2) 可展曲面的平行曲面亦为可展曲面.

47. 曲面 S 称为曲面族 $\sum$ 的**包络**，是指对 S 上每一点 P，有 $\sum$ 中的一个且仅有一个曲面与 S 在 P 点相切，即有公共切平面. 试证明可展曲面是单参数平面族的包络.

48. 证明：若曲面上有两族测地线彼此交成定角，则曲面是可展的.

第六章　高维 Euclid 空间的曲面

在前面几章中，我们讨论了三维 Euclid 空间 $\mathbf{R}^3$ 中的曲线与曲面. 其中多数结论可以推广到一般的 Euclid 空间中(我们甚至可以脱离 Euclid 空间讨论抽象的“曲面”——微分流形). 这是一个很大的课题，至今仍有很多重要的问题没有解决. 本章的主要目的是向读者介绍其中的一些基本概念，演示从三维到高维的推广过程. 其目的是为进一步学习现代微分几何课程提供一些直观的背景.

6.1　高维曲面

同三维 Euclid 空间的讨论一样，选用参数描述 $\mathbf{R}^n$ 中的曲面颇为重要. 因此，第一步也是引进曲面片的概念.

定义 6.1.1　$\mathbf{R}^n$ 中的子集 S 称为 m 维**曲面片**($m<n$)，如果存在 $\mathbf{R}^m$ 中的单连通开集 U，及 U 到 $\mathbf{R}^n$ 的映射

$$P: U \to \mathbf{R}^n,$$

$$(u^1, u^2, \cdots, u^m) \mapsto (v^1(u^1, \cdots, u^m), \cdots, v^n(u^1, \cdots, u^m)),$$

满足条件：

(1) $P(U)=S$，且

$$P: U \to S$$

是拓扑空间的同胚(S 取限制拓扑)；

(2) $v^i(u^1, \cdots, u^m)$, $i=1,2,\cdots,n$，是光滑函数；

(3) 记 Jacobi 矩阵

$$J = \left(\frac{\partial v^i}{\partial u^j}\right), \tag{6.1.1}$$

则 $\operatorname{rank} J = m$.

例 6.1.1　$\mathbf{R}^3$ 中的曲面片及曲线段分别为 $\mathbf{R}^3$ 中的二维和一维曲面片.

类似地，我们也应该讨论正则参数变换，并利用其等价类定义(非参数)曲面片，以免曲面片对参数选取的依赖. 作为习题，读者可以补上对应的内容.

定义 6.1.2　设 S 为 $\mathbf{R}^n$ 中的集合，如果任取 $p\in S$，存在 $\mathbf{R}^n$ 中 p 点的开邻域 V_p，使得 $V_p \cap S$ 是 $\mathbf{R}^n$ 中 m 维曲面片($m<n$)，则称 S 为 $\mathbf{R}^n$ 中的 m 维**曲**

面.

例 6.1.2 $\mathbf{R}^3$ 中的曲线与曲面分别为 $\mathbf{R}^3$ 中的一维与二维曲面.

因为我们仅讨论曲面的局部性质,所以在本节中仅对曲面片展开讨论.

记

$$P_\alpha=\frac{\partial P}{\partial u^\alpha}=\left(\frac{\partial v^1}{\partial u^\alpha},\cdots,\frac{\partial v^n}{\partial u^\alpha}\right).\tag{6.1.2}$$

在高维 Euclid 空间中,我们无法定义矢量积,因而也无法像三维空间那样利用代数的方法定义切空间与法空间. 但我们可以采用更为直接的办法定义它们.

定义 6.1.3 设 $S:P=P(u^1,u^2,\cdots,u^m)$ 为 $\mathbf{R}^n$ 中 m 维曲面片,任取 $p\in S$,$\mathbf{R}^n$ 中 m 维平面

$$p+(y^1,y^2,\cdots,y^m)J_p\tag{6.1.3}$$

称作 S 在 p 点的**切平面**.

而 $\mathbf{R}^n$ 中由 $P_1,P_2,\cdots,P_m$ 在 p 点的值生成的 m 维子空间 T_pS 称为 S 在 p 点的**切空间**. 其正交补空间 N_pS 称为 S 在 p 点的**法空间**. T_pS 与 N_pS 中的向量分别称作 S 在 p 点的**切向量**与**法向量**.

注 6.1.1 T_pS 也可以像 $\mathbf{R}^3$ 中曲面那样定义为 S 上过 p 点的曲线的切向量的集合.

类似 $\mathbf{R}^3$ 中曲面,我们也可以类似地定义 S 上的切向量场与法向量场.

定义 6.1.4 设 $P:U\to S\subset\mathbf{R}^n$ 为 $\mathbf{R}^n$ 的 m 维曲面片,f 是 S 上的函数. 若 $f\circ P$ 是 $U(\subset\mathbf{R}^m)$ 到 $\mathbf{R}$ 的光滑函数,则称 f 为 S 上的**光滑函数**. 记光滑函数全体为 $C^\infty(S)$.

设 X 是 S 上的切向量场,则 X 可表示为

$$X=x^i(u^1,\cdots,u^m)P_i(u^1,\cdots,u^m).$$

若 $x^i(u^1,\cdots,u^m)\in C^\infty(S)$, $i=1,2,\cdots,m$,则称 X 为**光滑向量场**.

S 上的**光滑曲线** C 是指开区间 (a,b) 到 $S\subset\mathbf{R}^n$ 的光滑映射. 因为 $P:U\to S$ 为同胚,则 C 有参数表示

$$u^\alpha=u^\alpha(t),t\in(a,b),$$

或写成

$$P=P(t)=P(u^1(t),\cdots,u^m(t)).$$

定义 6.1.5 设 X 为 S 上光滑向量场,C 是 S 上一条光滑曲线,若 C 在各点的切向量均等于 X 在该点的值,则称 C 为 X 的一条**积分曲线**.

性质 6.1.1 设 X 是 S 上的光滑向量场,任取 $p\in S$,则有过 p 点的 X 的积分曲线.

证　设 p 点的坐标为$(u_0^1,\cdots,u_0^m)$,而且

$$X = x^i(u^1,\cdots,u^m)P_i(u^1,\cdots,u^m).$$

考虑一阶常微分方程组

$$\frac{\mathrm{d}u^\alpha}{\mathrm{d}t} = x^\alpha(u^1,\cdots,u^m),\ \alpha = 1,\cdots,m$$

及初值条件 $u^\alpha(0)=u_0^\alpha$,则方程组有解

$$u^\alpha = u^\alpha(t),\ t \in (a,b),$$

即

$$P = P(u^1(t),\cdots,u^m(t))$$

为过 $p=P(u_0^1,\cdots,u_0^m)$的 X 的积分曲线.

任取 $f\in C^\infty(S)$,X 是 S 的光滑向量场,定义

$$Xf = x^i(u^1,\cdots,u^m)\frac{\partial f\circ P}{\partial u^i}\circ P^{-1}. \tag{6.1.4}$$

显然 $Xf\in C^\infty(S)$. 于是 X 可以作为$C^\infty(S)$上的线性算子.

定理 6.1.1　(1) 设 X 是 S 上的切向量场,$f,g\in C^\infty(S)$,则 $X(fg)=(Xf)g+(Xg)f$.

(2) 设 S 上切向量场

$$X = x^iP_i,$$
$$Y = y^jP_j,$$

则$[X,Y]=XY-YX$ 是 S 上的切向量场,而且

$$[X,Y] = \left(x^i\frac{\partial y^j}{\partial u^i} - y^i\frac{\partial x^j}{\partial u^i}\right)P_j.$$

证　(1) 易证,略.

(2) 任取 $f\in C^\infty(S)$,

$$\begin{aligned} XYf &= x^iP_i(y^jP_jf) \\ &= x^i(P_iy^j)(P_jf) + x^iy^jP_iP_jf, \\ YXf &= y^j(P_jx^i)(P_if) + x^iy^jP_jP_if. \end{aligned}$$

由定义

$$P_iP_jf = P_jP_if,$$

所以

$$(XY-YX)f = \left(x^i\frac{\partial y^j}{\partial u^i} - y^i\frac{\partial x^j}{\partial u^i}\right)P_jf,$$

即

$$[X,Y]=\left(x^i\frac{\partial y^j}{\partial u^i}-y^i\frac{\partial x^j}{\partial u^i}\right)P_j.$$

利用定义不难证明

性质 6.1.2 设 C 是 X 的积分曲线，$f\in C^\infty(S)$，则沿曲线 C 有

$$Xf=\frac{\mathrm{d}f\circ P}{\mathrm{d}t}\circ P^{-1}.$$

有了上述准备，我们可以建立曲面片的基本公式. 设

$$\frac{\partial P}{\partial u^\alpha}=P_\alpha, \tag{6.1.5}$$

$$\frac{\partial P_\alpha}{\partial u^\beta}=\Gamma_{\alpha\beta}^\delta P_\delta+N_{\alpha\beta}, \tag{6.1.6}$$

其中 $N_{\alpha\beta}$ 是 S 的法向量场，而 $\Gamma_{\alpha\beta}^\delta$ 称作**联络系数**. 它们是曲面理论中十分重要的量. 在计算联络系数之前，我们先引进 S 的第一基本形式与第二基本形式.

定义 6.1.6 (1) 任取 $p\in S$，记 $\langle,\rangle_p$ 为 $\mathbf{R}^n$ 的内积在 T_pS 上的限制. 设 X,Y 为 S 的两个光滑切向量场，定义 S 上的光滑函数 $\mathrm{I}(X,Y)$，

$$\mathrm{I}(X,Y)|_p=\langle X_p,Y_p\rangle_p.$$

I 称作 S 的**第一基本形式**. 而

$$g_{\alpha\beta}=\mathrm{I}(P_\alpha,P_\beta)$$

称作 S 的关于坐标 $(u^1,u^2,\cdots,u^m)$ 的**第一基本量**.

(2) 任取 S 的光滑切向量场

$$X=x^\alpha P_\alpha,$$
$$Y=y^\beta P_\beta.$$

定义

$$\mathrm{II}(X,Y)=x^\alpha y^\beta N_{\alpha\beta}. \tag{6.1.7}$$

II 称作 S 的**第二基本形式**(与 $\mathbf{R}^3$ 中曲面不同，$\mathrm{II}(X,Y)$ 是向量值).

定理 6.1.2 S 的第一基本形式和第二基本形式与参数选取无关.

证 由定义不难看出 I 显然与参数的选取无关. 关于 II 的证明可利用 (6.1.6) 式，由参数变换的 Jacobi 矩阵，直接计算可证 II 与参数选取无关，证明略.

与 $\mathbf{R}^3$ 中的二维曲面的计算完全一样，可以得到

定理 6.1.3 (1) $\dfrac{\partial g_{\alpha\beta}}{\partial u^\gamma}=\Gamma_{\gamma\beta}^\delta g_{\delta\beta}+\Gamma_{\gamma\beta}^\delta g_{\delta\alpha}$；

(2) $\Gamma_{\alpha\beta}^\gamma=\dfrac{1}{2}g^{\gamma\delta}\left(\dfrac{\partial g_{\alpha\delta}}{\partial u^\beta}+\dfrac{\partial g_{\beta\delta}}{\partial u^\alpha}-\dfrac{\partial g_{\alpha\beta}}{\partial u^\delta}\right)$，其中 $(g^{\alpha\beta})=(g_{\alpha\beta})^{-1}$；

(3) $\Gamma_{\alpha\beta}^{\delta}=\Gamma_{\beta\alpha}^{\delta}, N_{\alpha\beta}=N_{\beta\alpha}$.

推论 6.1.1 任取 S 的切向量场 X,Y,有

$$\mathrm{I}(X,Y)=\mathrm{I}(Y,X),$$

$$\mathrm{II}(X,Y)=\mathrm{II}(Y,X).$$

与 $\mathbf{R}^3$ 中的二维曲面类似,利用

$$\frac{\partial^2 P_\alpha}{\partial u^\beta \partial u^\gamma}=\frac{\partial^2 P_\alpha}{\partial u^\gamma \partial u^\beta}$$

可以得到 Gauss-Codazzi 方程的一般形式,并由此可导出 $\mathbf{R}^n$ 中一般曲面的基本定理. 在此作为例子,仅就 $\mathbf{R}^n$ 中 $n-1$ 维曲面片给出一些论述.

例 6.1.3 设 S 是 $\mathbf{R}^n$ 中 $n-1$ 维曲面片,那么 S 在每一点的法空间均是一维空间. 设 N 为 S 的单位法向量场(即任取 $p\in S, N_p$ 的长度为 1). 则 S 在 p 点的法空间 $N_pS=\mathbf{R}N_p$. S 的基本方程可写为

$$\frac{\partial P}{\partial u^\alpha}=P_\alpha,$$

$$\frac{\partial P_\alpha}{\partial u^\beta}=\Gamma_{\alpha\beta}^{\delta}P_\delta+b_{\alpha\beta}N,$$

其中 $b_{\alpha\beta}$称为 S 的第二基本量.

因为

$$\frac{\partial^2 P_\alpha}{\partial u^\beta \partial u^\gamma}=\frac{\partial^2 P_\alpha}{\partial u^\gamma \partial u^\beta},$$

则有

$$\frac{\partial}{\partial u^\gamma}(\Gamma_{\alpha\beta}^{\delta}P_\delta+b_{\alpha\beta}N)=\frac{\partial}{\partial u^\beta}(\Gamma_{\alpha\gamma}^{\delta}P_\delta+b_{\alpha\gamma}N).$$

与 $\mathbf{R}^3$ 中二维曲面完全一样,有:

Gauss 方程

$$\frac{\partial \Gamma_{\alpha\beta}^{\delta}}{\partial u^\gamma}-\frac{\partial \Gamma_{\alpha\gamma}^{\delta}}{\partial u^\beta}+\Gamma_{\alpha\beta}^{\eta}\Gamma_{\eta\gamma}^{\delta}-\Gamma_{\alpha\gamma}^{\eta}\Gamma_{\eta\beta}^{\delta}=b_{\alpha\beta}b_\gamma^\delta-b_{\alpha\gamma}b_\beta^\delta,$$

其中 $b_\alpha^\delta=g^{\delta\gamma}b_{\alpha\gamma}$;

Codazzi 方程

$$\frac{\partial b_{\alpha\beta}}{\partial u^\gamma}-\frac{\partial b_{\alpha\gamma}}{\partial u^\beta}=b_{\alpha\delta}\Gamma_{\alpha\gamma}^{\delta}-b_{\gamma\delta}\Gamma_{\alpha\beta}^{\delta}.$$

取定 S 的切向量场

$$Y=y^\alpha P_\alpha,$$

利用基本方程,

$$\begin{aligned}\mathrm{d}Y &= \mathrm{d}y^{\alpha}P_{\alpha}+y^{\alpha}\mathrm{d}P_{\alpha}=\mathrm{d}y^{\alpha}P_{\alpha}+y^{\alpha}(\Gamma_{i\alpha}^{\gamma}P_{\gamma}\mathrm{d}u^{i}+N_{i\alpha}\mathrm{d}u^{i})\\ &=(\mathrm{d}y^{\gamma}+y^{\alpha}\Gamma_{i\alpha}^{\gamma}\mathrm{d}u^{i})P_{\gamma}+y^{\alpha}N_{i\alpha}\mathrm{d}u^{i}.\end{aligned}$$

记 DY 为 $\mathrm{d}Y$ 在各点处向切空间的正交投影,则

$$DY=(\mathrm{d}y^{\gamma}+y^{\alpha}\Gamma_{i\alpha}^{\gamma}\mathrm{d}u^{i})P_{\gamma} \tag{6.1.8}$$

称作 Y 的**绝对微分**.

设 $C:P=P(t)$ 是 S 的一条光滑曲线,Y 沿 C 的绝对微分为

$$\frac{DY}{\mathrm{d}t}=\left(\frac{\mathrm{d}y^{\gamma}}{\mathrm{d}t}+y^{\alpha}\Gamma_{i\alpha}^{\gamma}\frac{\mathrm{d}u^{i}}{\mathrm{d}t}\right)P_{\gamma}.$$

性质 6.1.3 C,Y 同上,则 Y 沿 C 的绝对微分等于 Y 沿 C 的微分在 C 各点处向切空间的正交投影,即

$$\frac{DY}{\mathrm{d}t}=\left(\frac{\mathrm{d}Y}{\mathrm{d}t}\right)^{T}.$$

"T"表示向切空间的正交投影.

记 S 上全体光滑切向量场为 $\Gamma(TS)$,则 $\Gamma(TS)$ 可自然的作为 $\mathbf{R}$ 上的线性空间,也可以作为 $C^{\infty}(S)$ 模.

我们定义 $\Gamma(TS)\times\Gamma(TS)$ 到 $\Gamma(TS)$ 的映射 ∇ 如下:

任取 $X,Y\in\Gamma(TS)$,$p\in S$. 设 $P=P(t)$ 是 X 的过 p 点的积分曲线,使 $p=P(0)$,$\nabla(X,Y)$ 在 p 点的值

$$\nabla(X,Y)_{p}=\left.\frac{DY}{\mathrm{d}t}\right|_{t=0}.$$

习惯上记 $\nabla(X,Y)$ 为 $\Delta_{X}Y$.

设

$$X=x^{\alpha}P_{\alpha},$$
$$Y=y^{\beta}P_{\beta},$$

则由(6.1.8)式

$$\begin{aligned}\nabla_{X}Y&=(X(y^{\beta})+y^{i}\Gamma_{i\alpha}^{\beta}x^{\alpha})P_{\beta}\\ &=x^{\alpha}\left(\frac{\partial y^{\beta}}{\partial u^{\alpha}}+y^{i}\Gamma_{i\alpha}^{\beta}\right)P_{\beta}.\end{aligned}$$

定义 6.1.7 $\nabla:\Gamma(TS)\times\Gamma(TS)\to\Gamma(TS)$ 称为 S 上的(Riemann)联络.

联络是微分几何中一个十分重要的概念. 利用(6.1.8)式不难证明

定理 6.1.4 曲面片 S 上的 Riemann 联络有下列性质:

(1) $\nabla_{X}(Y+Z)=\nabla_{X}Y+\nabla_{X}Z$, $\forall X,Y,Z\in\Gamma(TS)$;

(2) $\nabla_{X+Y}Z=\nabla_{X}Z+\nabla_{Y}Z$, $\forall X,Y,Z\in\Gamma(TS)$;

(3) $\nabla_{fX}Y=f\nabla_{X}Y$, $\forall X,Y\in\Gamma(TS)$, $f\in C^{\infty}(S)$;

(4) $\nabla_X(fY)=(Xf)Y+f\nabla_X Y,\ \forall X,Y\in\Gamma(TS),f\in C^\infty(S)$.

像 $\mathbf{R}^3$ 中二维曲面一样,记

$$R^l_{ijk}=-\left(\frac{\partial\Gamma^l_{jk}}{\partial u^i}-\frac{\partial\Gamma^l_{ik}}{\partial u^j}+\Gamma^l_{is}\Gamma^s_{jk}-\Gamma^l_{js}\Gamma^s_{ik}\right),$$

$$R_{ijkl}=R^s_{ijk}g_{sl}.$$

由 R^l_{ijk} 定义 $\Gamma(TS)\times\Gamma(TS)\times\Gamma(TS)$ 到 $\Gamma(TS)$ 的映射 R,设

$$X=x^iP_i,$$

$$Y=y^jP_j,$$

$$Z=z^kP_k\in\Gamma(TS),$$

$$R:(X,Y,Z)\mapsto R(X,Y)Z,$$

$$R(X,Y)Z=R^s_{ijk}x^iy^jz^kP_s.$$

R 称作 S 的**曲率张量**.

固定 X,Y,

$$R(X,Y):Z\mapsto R(X,Y)Z,$$

可作为 $\Gamma(TS)$ 自身的映射,由定义易证:

性质 6.1.4　取定 $X,Y\in\Gamma(TS)$,$R(X,Y)$ 是 $\Gamma(TS)$ 的 $C^\infty(S)$ 模自同态.

关于曲率张量与联络有如下重要定理.

定理 6.1.5　任取 $X,Y,Z\in\Gamma(TS)$,则:

(1) $R(X,Y)Z=\nabla_X\nabla_Y Z-\nabla_Y\nabla_X Z-\nabla_{[X,Y]}Z$;

(2) $\nabla_X Y-\nabla_Y X=[X,Y]$.

证　(1) 由前面的命题,我们只须证明:

$$R(P_i,P_j)P_k=\nabla_{P_i}\nabla_{P_j}P_k-\nabla_{P_j}\nabla_{P_i}P_k-\nabla_{[P_i,P_j]}P_k.$$

而

$$\nabla_{P_\alpha}P_\beta=\Gamma^\gamma_{\alpha\beta}P_\gamma,$$

代入上式,利用定理 6.1.4 及 R^l_{ijk} 的定义可得(1).

(2) 利用命题 6.1.4 可设 $X=fP_i$, $Y=gP_j$,

$$\nabla_{fP_i}gP_j=f(P_ig)P_j+fg\nabla_{P_i}P_j,$$

$$\nabla_{gP_j}fP_i=g(P_jf)P_i+fg\nabla_{P_j}P_i.$$

因为 $\nabla_{P_j}P_i=\nabla_{P_i}P_j$,所以

$$\begin{aligned}\nabla_{fP_i}gP_j-\nabla_{gP_j}fP_i&=f(P_ig)P_j-g(P_jf)P_i\\&=[fP_i,gP_j].\end{aligned}$$

此外,我们还可以证明:

定理 6.1.6 设 $X,Y,Z,X',Y',Z'\in\Gamma(TS)$, $p\in S$. 若

$$X_p = X'_p,$$
$$Y_p = Y'_p,$$
$$Z_p = Z'_p,$$

则

$$(R(X,Y)Z)_p = (R(X',Y')Z')_p.$$

因此,对任意取定的 $p\in S$, R 可作为 $T_pS\times T_pS\times T_pS$ 到 T_pS 的三重线性映射.

设 $X_1,X_2,X_3,X_4\in T_pS$,记

$$R(X_1,X_2,X_3,X_4) = \langle X_1,R(X_3,X_4)X_2\rangle,$$
$$G(X_1,X_2,X_3,X_4) = \langle X_1,X_3\rangle\langle X_2,X_4\rangle - \langle X_1,X_4\rangle\langle X_2,X_3\rangle.$$

性质 6.1.5 设 $X,X',Y,Y'\in T_pS$,有

$$X' = aX + bY,$$
$$Y' = cX + dY,$$

则有

$$R(X',Y',X',Y') = (ad-bc)^2R(X,Y,X,Y),$$
$$G(X',Y',X',Y') = (ad-bc)^2G(X,Y,X,Y).$$

证 直接计算可得. 证明略.

设 E 是 T_pS 的二维子空间, X,Y 与 X',Y' 是 E 的两组基,由上式有

$$\frac{R(X,Y,X,Y)}{G(X,Y,X,Y)} = \frac{R(X',Y',X',Y')}{G(X',Y',X',Y')},$$

记其为 $K(E)$.

定义 6.1.8 设 E 是 T_pS 的二维子空间, $K(E)$ 称作曲面 S 在 (p,E) 的 Riemann **曲率**,或**截面曲率**.

例 6.1.4 当 S 是 $\mathbf{R}^3$ 中的二维曲面时, Riemann 曲率

$$K = \frac{R_{1212}}{g}$$

恰为 Gauss 曲率(总曲率).

定义 6.1.9 设 $C: P=P(t)$ 是 S 上的一条曲线, X 是曲线 C 的切向量场, $Y\in\Gamma(TS)$. 如果

$$\frac{DY}{\mathrm{d}t} = \nabla_X Y = 0,$$

则称 Y 沿 C **平行**.

定义 6.1.10　如果 S 上的曲线 C 满足其切向量场沿 C 自身平行，则 C 称作 S 上的**测地线**.

设切向量场

$$Y = y^i P_i,$$

及曲线 C 的切向量场

$$X = \frac{\mathrm{d}P}{\mathrm{d}t} = \frac{\mathrm{d}u^j}{\mathrm{d}t} P_j.$$

由于

$$\frac{DY}{\mathrm{d}t} = \left(\frac{\mathrm{d}y^\alpha}{\mathrm{d}t} + y^i \frac{\mathrm{d}u^j}{\mathrm{d}t} \Gamma_{ij}^\alpha\right) P_\alpha,$$

$$\frac{DX}{\mathrm{d}t} = \left(\frac{\mathrm{d}^2 u^\alpha}{\mathrm{d}t^2} + \Gamma_{ij}^\alpha \frac{\mathrm{d}u^i}{\mathrm{d}t} \frac{\mathrm{d}u^j}{\mathrm{d}t}\right) P_\alpha.$$

所以 Y 沿 C 平行当且仅当

$$\frac{\mathrm{d}y^\alpha}{\mathrm{d}t} + y^i \frac{\mathrm{d}u^j}{\mathrm{d}t} \Gamma_{ij}^\alpha = 0.$$

C 是 S 上的测地线当且仅当

$$\frac{\mathrm{d}^2 u^\alpha}{\mathrm{d}t^2} + \frac{\mathrm{d}u^i}{\mathrm{d}t} \frac{\mathrm{d}u^j}{\mathrm{d}t} \Gamma_{ij}^\alpha = 0.$$

利用常微分方程组解的存在性不难证明：

定理 6.1.7　任取 $p \in S, X \in T_p S$ 存在过 p 点的测地线 C，其在 p 点的切向量是 X.

注 6.1.2　类似 $\mathbf{R}^3$ 中的二维曲面，可以定义曲线的固定端点变分，同样的推导过程可导出固定端点弧长的第一变分公式(参见定理 5.5.3 的证明)，进而证明 S 上连接两点的最短曲线段一定是测地线.

定理 6.1.8　设 C 是 S 上的曲线，Y 是 S 上沿 C 平行的向量场，则 Y 沿 C 长度不变.

证　因为 Y 沿 C 平行，于是沿 C 有

$$\frac{DY}{\mathrm{d}t} = 0.$$

而

$$\frac{\mathrm{d}}{\mathrm{d}t}\langle Y, Y\rangle = \left\langle \frac{DY}{\mathrm{d}t}, Y \right\rangle + \left\langle Y, \frac{DY}{\mathrm{d}t} \right\rangle = 0,$$

所以 $\langle Y, Y\rangle$ 沿 C 为常数.

6.2 微分流形

前面我们所讨论的曲面、曲线等几何对象均是作为 n 维 Euclid 空间的子集合而加以研究的. 事实上,如果我们单纯研究这些几何对象的内在性质,完全可以脱离 Euclid 空间,而讨论抽象的"几何"——微分流形. 这是一个很大的课题,有兴趣的读者可参见《微分几何讲义》(陈省身、陈维桓,北京大学出版社,1993). 本节我们只简单地介绍一些基本概念.

拓扑空间 M,如果任取两个不同点 $x,y\in M$,均存在 M 的两个不相交的开子集 U,V,使 $x\in U,y\in V$,则称其为 Hausdorff **空间**.

定义 6.2.1 设 M 是 Hausdorff 空间,如果任意点 $x\in M$,均有 x 在 M 中一个开邻域 U 同胚于 m 维 Euclid 空间的一个开集,则称 M 是一个**(拓扑)流形**.

定义中提到的同胚映射是 $\varphi_U:U\to\varphi_U(U)$. 这里 $\varphi_U(U)$ 是 $\mathbf{R}^m$ 中的开集. 称 (U,φ_U) 为一个坐标邻域. 因为 φ_U 是同胚,对每一点 $p\in U$,可以把 $\varphi_U(p)\in\mathbf{R}^m$ 的坐标定义为 p 的坐标,即命

$$x_i=(\varphi_U(p))_i \quad (\varphi_U(p)\text{ 的第 } i \text{ 个坐标}).$$

称 $(x_1,\cdots,x_m)$ 为 p 的局部坐标.

直观上,流形可以看作"局部 Euclid 空间".

我们主要的兴趣不在于一般流形. 给流形进一步的结构,即微分结构更为重要.

流形仅是一个拓扑空间,对于我们将要介绍的"微分流形",坐标邻域及局部坐标两者更加重要.

定义 6.2.2 设 M 是一个 m 维流形,

$$\mathscr{U}=\{(U_\alpha,\varphi_\alpha)\mid a\in\mathscr{A}\}$$

是覆盖 M 的一族坐标邻域. 如果对任意的 $\alpha,\beta\in\mathscr{A}$,映射

$$\varphi_\beta\circ\varphi_\alpha^{-1}:\varphi_\alpha(U_\alpha\cap U_\beta)\to\varphi_\beta(U_\alpha\cap U_\beta)$$

都是光滑映射,则称 M 是 m 维微分流形.

上述定义值得说明之处是,任取 $\alpha,\beta\in\mathscr{A}$,如果 $(U_\alpha\cap U_\beta)\neq\varnothing$,则我们有

$$\varphi_\alpha(U_\alpha\cap U_\beta)\subset\mathbf{R}^m,$$

$$\varphi_\beta(U_\alpha\cap U_\beta)\subset\mathbf{R}^m$$

均是开集,而映射

$$\varphi_\beta\circ\varphi_\alpha^{-1}:\varphi_\alpha(U_\alpha\cap U_\beta)\to\varphi_\beta(U_\alpha\cap U_\beta)$$

是 $\mathbf{R}^m$ 的开集间的同胚映射. 所以讨论它们的光滑性质是有意义的.

例 6.2.1　前面的章节中讨论的曲线、曲面均是微分流形.

例 6.2.2　m 维射影空间 P^m.

在 $\mathbf{R}^{m+1}-\{0\}$中定义如下的关系～:设 $x,y\in\mathbf{R}^m-\{0\}$,$x\sim y$ 当且仅当存在非零实数 a,使 $x=ay$. 显然,～是等价关系. 对于 $x\in\mathbf{R}^{m+1}-\{0\}$,$x$ 的～等价类记作

$$[x]=[x_1,\cdots,x_{m+1}].$$

所谓 m 维射影空间 P^m 就是指商空间

$$P^m=(\mathbf{R}^{m+1}-\{0\})/\sim=\{[x]\mid x\in\mathbf{R}^{m+1}-\{0\}\}.$$

数组$(x_1,\cdots,x_{m+1})$称为点$[x]$的齐次坐标,它被$[x]$确定到差一个非零实因子. P^m 也就是 $\mathbf{R}^{m+1}$所有过原点的直线构成的空间.

命

$$\begin{cases}U_i=\{[x_1,\cdots,x_{m+1}]\mid x_i\neq 0\},\\ \varphi_i([x])=({}_i\xi_1,\cdots,{}_i\xi_{i-1},{}_i\xi_{i+1},\cdots,{}_i\xi_{m+1}),\end{cases}$$

其中 $1\leqslant i\leqslant m+1$,${}_i\xi_h=x_h/x_i(h\neq i)$. 显然,$\{U_i\}_{1\leqslant i\leqslant m+1}$构成 P^m 的开覆盖. 在 $U_i\cap U_j(i\neq j)$上有坐标变换

$$\begin{cases}{}_j\xi_h=\dfrac{{}_i\xi_h}{{}_i\xi_j}\quad(h\neq i,j),\\ {}_j\xi_i=\dfrac{1}{{}_i\xi_j}.\end{cases}$$

所以$\{(U_i,\varphi_i)\}_{1\leqslant i\leqslant m+1}$给出了 P^m 的光滑结构.

必须注意到,虽然坐标邻域$(U_\alpha,\varphi_\alpha)$,$\alpha\in\mathscr{A}$决定了流形的微分构造,但一般来说,在一个流形中还存在另外的坐标邻域. 事实上,流形可以由完全不同的开集族(V_β,φ_β),$\beta\in\mathscr{B}$,来决定. 因而,为了方便,在微分流形的定义中,有时对覆盖开集族 $\mathscr{U}$加以极大性条件,即:对 M 的任何一个开集 U,若有同胚

$$\varphi:U\rightarrow\varphi(U),$$

如果对每一个$(U_\alpha,\varphi_\alpha)\in\mathscr{U}$,

$$\varphi\circ\varphi_\alpha^{-1}:\varphi_\alpha(U\cap U_\alpha)\rightarrow\varphi(U\cap U_\alpha),$$

$$\varphi_\alpha\circ\varphi^{-1}:\varphi(U\cap U_\alpha)\rightarrow\varphi_\alpha(U\cap U_\alpha)$$

均是光滑映射,则$(U,\varphi)\in\mathscr{U}$.

有了微分流形,下一步应讨论微分流形上的一些"微分"性质. 我们这里只介绍切空间及切向量的基本概念.

在曲面论中,曲面在一点的切空间可视为过该点的所有光滑曲线在这一点的切向量的全体. 流形上也可以类似地定义一点的切空间,唯一的困难是如

何定义曲线的切向量.

首先,我们在一个流形上定义可微函数. 设 M 是一个 m 维微分流形, $G\subset M$是一个开集,

$$f:G\to\mathbf{R}$$

是 G 上实值函数. 设 $(U_\alpha,\varphi_\alpha)$, $\alpha\in\mathscr{A}$ 是覆盖 M 的坐标邻域, $p\in G\cap U_\alpha$,则 $f\circ\varphi_\alpha^{-1}$是定义在开集 $\varphi_\alpha(G\cap U_\alpha)\in\mathbf{R}^m$ 上的函数. 我们说函数 f 在 p 点可微, 如果 $f\circ\varphi_\alpha^{-1}$ 在 $\varphi_\alpha(p)$点可微. 由于任取$(U_\alpha,\varphi_\alpha)$, (U_β,φ_β), $\alpha,\beta\in\mathscr{A}$, $\varphi_\alpha\circ\varphi_\beta^{-1}$ 光滑,所以函数 f 在 p 点的可微性与坐标邻域的选取无关. 我们称 G 上函数 f 是可微的,如果 f 在G 的每一点处均可微.

设 ε 是任意正数, $\gamma:(-\varepsilon,\varepsilon)\to M$ 是一个映射. 任取坐标邻域$(U_\alpha,\varphi_\alpha)$,若 $\mathrm{Im}\gamma\cap U_\alpha\neq\varnothing$,(其中 $\mathrm{Im}\gamma$ 是 γ 的像集),则 $\varphi_\alpha\circ\gamma$ 为$(-\varepsilon,\varepsilon)$的开集到 $\mathbf{R}^m$ 上的映射. 如果对每一个 $\alpha\in\mathscr{A}$, $\mathrm{Im}\gamma\cap U_\alpha\neq\varnothing$, $\varphi_\alpha\circ\gamma$ 光滑,则称 γ 是M 上的参数曲线. 记 Γ_p 为M 上过点 $p\in M$ 的参数曲线,任取定义在 p 点某个邻域上的可微函数 f 及 $\gamma(t)\in\Gamma_p$,定义

$$\ll\gamma,f\gg=\left.\frac{\mathrm{d}(f\circ\gamma)}{\mathrm{d}t}\right|_{t=0},$$

其中设 $\gamma(0)=p$.

设 $\gamma_1,\gamma_2\in\Gamma_p$,如果对每一个定义在 p 的某个邻域上的可微函数 f 均有

$$\ll\gamma_1,f\gg=\ll\gamma_2,f\gg,$$

则称 γ_1 与 γ_2 等价. 记作 $\gamma_1\sim\gamma_2$. 不难验证: $\sim$确实是一个等价关系. 记 $\gamma\in\Gamma_p$ 所在的等价类为$[\gamma]$,于是我们可定义

$$\langle[\gamma],f\rangle=\ll\gamma,f\gg.$$

任取包含 p 点的一个坐标邻域(U,φ),局部坐标记作$(x_1,\cdots,x_m)$. 对于 $\gamma\in\Gamma_p$ 有参数方程

$$x_i=x_i(t),\ i=1,\cdots,m.$$

事实上, $x_i(t)$为 $\varphi_\alpha\circ\gamma(t)$的第 i 个坐标. 记

$$F=f\circ\varphi_\alpha^{-1},$$

则有

$$\begin{aligned}\langle[\gamma],f\rangle&=\ll\gamma,f\gg\\&=\left.\frac{\mathrm{d}(f\circ\gamma)}{\mathrm{d}t}\right|_{t=0}\\&=\left.\frac{\mathrm{d}F(x_1(t),\cdots,x_m(t))}{\mathrm{d}t}\right|_{t=0}\\&=\left.\sum_{i=1}^{m}\frac{\partial F}{\partial x_i}\frac{\mathrm{d}x_i}{\mathrm{d}t}\right|_{t=0}.\end{aligned}$$

设 $a_i=\left.\dfrac{\mathrm{d}x_i}{\mathrm{d}t}\right|_{t=0}$,那么

$$\langle[\gamma], f\rangle = \sum_{i=1}^{m} a_i \left.\frac{\partial F}{\partial x_i}\right|_{t=0}.$$

于是我们有：

命题 6.2.1　任取 $\gamma_1(t), \gamma_2(s) \in \Gamma_p$，它们的参数方程分别为

$$x_i = x_i(t),\ i = 1, \cdots, m,$$

$$x_i = x_i(s),\ i = 1, \cdots, m,$$

则 $\gamma_1(t) \sim \gamma_2(s)$ 当且仅当

$$\left.\frac{\mathrm{d}x_i}{\mathrm{d}t}\right|_{t=0} = \left.\frac{\mathrm{d}x_i}{\mathrm{d}s}\right|_{s=0}.$$

记 $T_pM = \Gamma_p/\sim$（即全体等价类的集合）. 我们下面要做的事情是在 T_pM 中给出线性空间结构. 首先我们考虑一些特殊的参数曲线，其参数方程为

$$x_i = a_i t,\ i = 1, \cdots, m, a_i \in \mathbf{R},$$

记其为 $\gamma_{a_1, \cdots, a_m}$. 由前面的讨论有

$$\langle[\gamma_{a_1, \cdots, a_m}], f\rangle = \sum_{i=1}^{m} a_i \left.\frac{\partial F}{\partial x_i}\right|_{t=0}.$$

由命题 6.2.1 不难得到：

命题 6.2.2　(1) 任取 $\gamma \in \Gamma_p$，存在 $a_1, \cdots, a_m \in \mathbf{R}$，使

$$\gamma \sim \gamma_{a_1, \cdots, a_m};$$

(2) $\gamma_{a_1, \cdots, a_m} \sim \gamma_{b_1, \cdots, b_m}$ 当且仅当 $a_i = b_i, i = 1, \cdots, m$.

由命题 6.2.2，我们可以视

$$T_pM = \{\gamma_{a_1, \cdots, a_m} \mid (a_1, \cdots, a_m) \in \mathbf{R}^m\},$$

并且可在 T_pM 中自然地定义数乘与加法：

$$c\gamma_{a_1, \cdots, a_m} = \gamma_{ca_1, \cdots, ca_m},$$

$$\gamma_{a_1, \cdots, a_m} + \gamma_{b_1, \cdots, b_m} = \gamma_{a_1+b_1, \cdots, a_m+b_m}.$$

显然有

$$c(\gamma_{a_1, \cdots, a_m} + \gamma_{b_1, \cdots, b_m}) = c\gamma_{a_1, \cdots, a_m} + c\gamma_{b_1, \cdots, b_m},$$

于是我们有：

定理 6.2.1　在上述定义的运算下，T_pM 是一个 m 维线性空间.

T_pM 称作 M 在 p 点的切空间. T_pM 中的元素称为 M 在 p 点的切向量. 习惯上，记

$$\gamma_{a_1, \cdots, a_m} = \sum_{i=1}^{m} a_i \frac{\partial}{\partial x_i}.$$

于是$\frac{\partial}{\partial x_1},\cdots,\frac{\partial}{\partial x_m}$是$T_pM$的一组基.

记$C^\infty(M)$为M上所有光滑函数. 我们可以自然地在$C^\infty(M)$上定义加法、乘法及数乘结构. 任取$X\in T_pM$, $f\in C^\infty(M)$,定义

$$Xf=\langle X,f\rangle.$$

由前面的讨论不难证明:

定理 6.2.2 任取$X,Y\in T_pM$, $f,g\in C^\infty(M)$, $a\in\mathbf{R}$,则有:

(1) $X(f+g)=Xf+Xg$;

(2) $(X+Y)f=Xf+Yf$;

(3) $X(fg)=(Xf)g+f(Xg)$;

(4) $(aX)f=a(Xf)$.

如果对M的任意一点p,指定M在点p的一个切向量X_p,则称$X=\{X_p\mid p\in M\}$是M上的切向量场. 若$f\in C^\infty(M)$,命

$$(Xf)(p)=X_pf,$$

则Xf是M上的实函数.

定义 6.2.3 设X是光滑流形M上的一个切向量场,若对任意的$f\in C^\infty(M)$,仍有$Xf\in C^\infty(M)$,则称X是M上的**光滑切向量场**.

我们还可以引进流形上的微分形式、张量场、外微分以及联络等一些重要概念,进而研究流形的局部及整体性质. 限于篇幅,不再一一叙述.

习　题

1. 试给出定理 6.1.9 的证明.

2. 试证明n维 Euclid 空间的m维曲面的第二基本形式与参数选取无关.

3. 试给出 3 维 Euclid 空间的正则曲线的第二基本形式.

4. 求E^n中单位球面$x_1^2+\cdots+x_n^2=1$的第二基本形式.

5. E^n中曲面经过运动变换后,其第一、第二基本形式将有何变化?

6. 给出E^n中$n-1$维曲面(见例 6.1.3)的曲面论基本定理.

7. 描述一般曲面的保长变换,并考虑曲面在保长变换下哪些量是不变量.

8. 试证明E^n中$n-1$维球面的测地线是大圆.

9. 试证明E^n中m维平面的第二基本形式为零,反之如何?

10. 试证明E^n中m维平面的曲线是测地线当且仅当其为直线.

11. 设γ是E^n中m维曲面S上的一条直线,证明γ是S上的测地线.

12. 设$GL(n,R)$为所有非异n阶方阵,自然可作为$n\times n$维 Euclid 空间的一个子集. 证明可导出$GL(n,R)$的一个$n\times n$维流形结构.

13. 所有n阶正交矩阵集合$O(n)$作为$GL(n,R)$的子集也可导出一个微分流形结构,其维数是多少?

参考文献

[1] 陈省身. Euclidean Differential Geometry Notes(油印讲义),天津:南开大学数学系
[2] 陈省身,陈维桓. 微分几何讲义,第三版. 北京:北京大学出版社,1993
[3] 陈维桓. 微分几何初步. 北京:北京大学出版社,1990
[4] 苏步青,胡和生等. 微分几何. 北京:人民教育出版社,1979
[5] 吴大任. 微分几何,第三版. 北京:高等教育出版社,1979
[6] 虞言林,郝凤歧. 微分几何讲义. 北京:高等教育出版社,1989

索　引

B

C

D

F

G

H

J

K

L

M

N

P

Q

R

S

T

W

X

Y

Z